高等院校课程设计案例精编

C#程序设计与开发
经典课堂

张才千　钱慎一　主编

清华大学出版社
北京

内 容 简 介

本书遵循"理论够用，重在实践"的原则，全面、系统地对C#语言进行详细介绍，主要内容包括 C#的特点、C#程序的组成、常量与变量、数据类型、运算符与表达式、结构化程序设计、数组与集合、结构与枚举、面向对象技术、数据库访问技术、文件与数据流技术、报表与打印技术、网络编程技术等。

本书在讲解的过程中，引用了大量的实例，且每个实例都包含详细的操作步骤和技巧提示，有助于初学者理解和把握问题的精髓，从而能够在短时间内迅速掌握C#程序设计的知识，并应用到实际的项目开发过程中。

本书体系结构合理，内容安排得当，图文并茂、浅显易懂，适合作为本专科院校相关专业教材，也可作为各类计算机培训班以及广大数据库爱好者的参考用书。

图书在版编目(CIP)数据

C#程序设计与开发经典课堂 / 张才千，钱慎一主编. 一北京：清华大学出版社，2020.7
（高等院校课程设计案例精编）
ISBN 978-7-302-55834-7

Ⅰ.①C… Ⅱ.①张… ②钱… Ⅲ.①C语言—程序设计—高等学校—教学参考资料 Ⅳ.①TP312.8

中国版本图书馆CIP数据核字（2020）第107329号

责任编辑：李玉茹
封面设计：张　伟
责任校对：王明明
责任印制：丛怀宇

出版发行：清华大学出版社
　　　　　网　　　址：http://www.tup.com.cn，http://www.wqbook.com
　　　　　地　　　址：北京清华大学学研大厦A座　　　　邮　　编：100084
　　　　　社 总 机：010-62770175　　　　　　　　　　邮　　购：010-62786544
　　　　　投稿与读者服务：010-62776969，c-service@tup.tsinghua.edu.cn
　　　　　质量反馈：010-62772015，zhiliang@tup.tsinghua.edu.cn
印 装 者：小森印刷霸州有限公司
经　　销：全国新华书店
开　　本：185mm×260mm　　　　印　　张：19　　　　字　　数：462千字
版　　次：2020年8月第1版　　　　印　　次：2020年8月第1次印刷
定　　价：69.00元

产品编号：087162-01

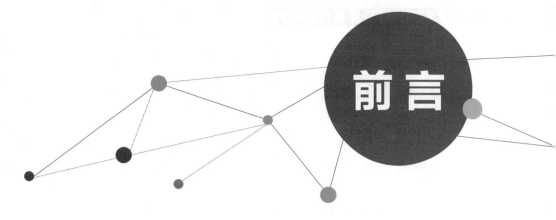

前言

 为什么要学这些课程？

随着科技的飞速发展，计算机行业发生了翻天覆地的变化，硬件产品不断更新换代，应用软件也得到了长足发展，应用软件不仅拓宽了计算机系统的应用领域，还促进了硬件功能的提高。那些用于开发应用软件的基础语言便成为大家热烈追求的香饽饽。如3D打印、自动驾驶、工业机器人、物联网等人工智能都离不开这些基础学科的支持。

问：学计算机组装与维护的必要性？

答：计算机硬件设备正朝着网络化、微型化、智能化方向发展。不仅计算机本身的外观、性能、价格越来越亲民，而且它的信息处理能力也将更强大。计算机组装与维护是一门追求动手能力的课程，读者不仅要掌握理论知识，还要在理论的指导下亲身实践。掌握这门技能后，将为后期的深入学习奠定良好的基础。

问：一名合格的程序员应该学习哪些语言？

答：需要学习的程序语言包含C#、Java、C++、Python等，要是能成为一名多语言开发人员将是十分受欢迎的。学习一门语言或开发工具，语法结构、功能调用是次要的，最主要是学习它的思想，有了思想，才可以触类旁通。

问：学网络安全有前途吗？

答：目前，网络和IT已经深入到日常生活和工作当中，网络速度飞跃式的增长和社会信息化的发展，突破了时空的界限，使信息的价值不断提高。与此同时，网页篡改、计算机病毒、系统非法入侵、数据泄密、网站欺骗、漏洞非法利用等信息安全事件时有发生，这就要求有更多的专业人员去维护。

问：没有基础如何学好编程？

答：其实，最重要的原因是你想学！不论是作为业余爱好还是作为职业，无论是有基础还是没有基础，只要认真去学，都会让你很有收获。需要强调的是，要从基础理论知识学起，只有深入理解这些概念（如变量、函数、条件语句、循环语句等）的语法、结构，吃透列举的应用示例，才能建立良好的程序思维，做到举一反三。

C# 程序设计与开发经典课堂

经典课堂系列新成员

继设计类经典课堂上市后，我们又根据读者的需求组织具有丰富教学经验的一线教师、网络工程师、软件开发工程师、IT经理共同编写了以下图书作品：

《C#程序设计与开发经典课堂》
《ASP.NET程序设计与开发经典课堂》
《SQL Server数据库开发与应用经典课堂》
《Java程序设计与开发经典课堂》
《计算机组装与维护经典课堂》
《局域网组建与维护经典课堂》
《计算机网络安全与管理经典课堂》
……

系列图书主要特点

结构合理，从课程教学大纲入手，从读者的实际需要出发，内容由浅入深、循序渐进，具有很强的针对性。

用语通俗，在讲解过程中安排更多的示例进行辅助说明，理论联系实际，注重实用性和可操作性，以使读者快速掌握知识点。

易教易学，每章最后都安排了针对性的练习题，读者在学习前面知识的基础上，可以自行跟踪练习，同时也可以达到检验学习效果的目的。

配套齐全，包含书中所有的代码及实例，便于读者练习。

获取同步学习资源

本书由张才干（开封大学）、钱慎一、朱付保编写，其中张才干编写了第1~5章，钱慎一编写了第6~10章，朱付保编写了第11~15章。由于水平有限，书中难免出现疏漏和不妥之处，希望各位读者批评指正。本书配套教学资源请扫描此二维码：

适用读者群体

- 本专科院校的老师和学生。
- 相关培训机构的老师和学员。
- 步入相关工作岗位的"菜鸟"。
- 程序测试及维护人员。
- 程序开发爱好者。
- 初中级数据库管理员或程序员。

目 录

CONTENTS

第 1 章 .NET 平台与集成开发环境

1.1 .NET平台概述 /2
1.1.1 .NET平台简介 /2
1.1.2 .NET平台的构成 /3
1.1.3 .NET Framework、Mono和.NET Core /4
1.1.4 .NET 程序的编译和执行 /6
1.1.5 C#与.NET /8

1.2 集成开发环境Visual Studio /8
1.2.1 启动Visual Studio开发环境 /9
1.2.2 Visual Studio主窗口 /11
1.2.3 Visual Studio帮助系统 /14

强化练习 /16

第 2 章 简单的 C# 应用程序

2.1 Windows窗体应用程序 /18
2.1.1 创建Windows窗体应用程序 /18
2.1.2 Windows窗体应用程序的基本结构 /20

2.2 C#控制台应用程序 /22
2.2.1 创建C#控制台应用程序 /22
2.2.2 C#控制台应用程序的基本结构 /25
2.2.3 C#控制台应用程序代码文件分析 /25

2.3 简单的Web应用程序 /28

强化练习 /32

第 3 章 C# 语言入门必学

3.1 C#数据类型 /34
3.1.1 值类型 /34
3.1.2 引用类型 /40
3.1.3 数据类型转换 /47

3.2 变量和常量 /50
3.2.1 变量的声明和使用 /50

3.2.2 变量的分类 /50
3.2.3 常量 /52

3.3 常用运算符和表达式 /52
3.3.1 C#中常见的运算符 /52
3.3.2 C#表达式 /55

3.4 C#方法及其重载 /55
3.4.1 方法的定义 /56
3.4.2 方法的参数 /57
3.4.3 方法的调用 /61
3.4.4 方法的重载 /61

3.5 控制台的输入和输出 /62

3.6 常见的预处理指令 /64

强化练习 /66

第 4 章 字符与字符串

4.1 字符类Char的使用 /68
4.1.1 Char类 /68
4.1.2 转义字符 /69

4.2 字符串类String的使用 /69
4.2.1 静态方法 /70
4.2.2 非静态方法 /71

4.3 可变字符串类 /74
4.3.1 StringBuilder类的定义 /74
4.3.2 StringBuilder类的使用 /74
4.3.3 StringBuilder类与String类的区别 /75

强化练习 /76

第 5 章 流程控制语句

5.1 条件分支语句 /78
5.1.1 if语句 /78
5.1.2 switch语句 /79

5.2 循环控制语句 /80
5.2.1 while语句 /80

5.2.2 do-while语句 /81

5.2.3 for语句 /81

5.2.4 foreach语句 /82

5.3 跳转语句 /82

5.3.1 break语句 /83

5.3.2 continue语句 /83

5.3.3 goto语句 /83

5.3.4 return语句 /84

5.4 异常处理 /85

强化练习 /88

第 6 章 集合与泛型

6.1 集合 /90

6.1.1 集合概述 /90

6.1.2 非泛型集合类 /90

6.1.3 泛型集合类 /90

6.2 常用非泛型集合类 /91

6.2.1 ArrayList类 /91

6.2.2 HashTable类 /97

6.3 泛型 /99

6.3.1 泛型概述 /99

6.3.2 List<T>类 /100

6.3.3 Dictionary<K,V>类 /101

6.3.4 泛型使用建议 /101

6.4 泛型接口 /102

6.4.1 IComparer<T>接口 /102

6.4.2 IComparable<T>接口 /103

6.4.3 自定义泛型接口 /104

强化练习 /106

第 7 章 对象和类

7.1 面向对象概述 /108

7.2 类 /108

7.2.1 类的概念 /108

7.2.2 类的声明 /108

7.2.3 构造函数和析构函数 /109

7.2.4 对象的创建及使用 /113

7.2.5 this关键字 /114

7.2.6 类与对象的关系 /114

7.3 类的成员 /115

7.3.1 类的数据成员 /115

7.3.2 类的方法成员 /117

7.3.3 类的属性成员 /120

7.4 类的面向对象特性 /124

7.4.1 类的封装 /124

7.4.2 类的继承 /125

7.4.3 类的多态 /130

强化练习 /134

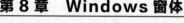

第 8 章 Windows 窗体

8.1 Form窗体 /136

8.1.1 窗体的常用属性 /136

8.1.2 窗体的常用方法和事件 /139

8.1.3 窗体设计的事件机制 /140

8.2 MDI窗体 /142

8.2.1 MDI应用程序 /142

8.2.2 MDI窗体属性 /143

8.2.3 创建MDI父窗体及子窗体 /143

8.3 继承窗体 /144

8.3.1 继承窗体的概念 /144

8.3.2 创建继承窗体 /145

8.3.3 在继承窗体中修改继承的控件属性 /145

强化练习 /146

**第 9 章 Windows 应用
程序常用控件**

9.1 控件概述 /148

9.1.1 控件的分类及作用 /148

9.1.2 控件常见的通用属性 /149

9.2 控件的相关操作 /149

9.2.1 添加控件 /149

9.2.2 对齐控件 /150

9.2.3 锁定控件 /150

9.2.4 删除控件 /150

9.3 文本类控件 /150

9.3.1 标签控件（Label） /151

9.3.2 按钮控件（Button） /152

9.3.3 文本框控件（TextBox） /154

9.3.4　有格式文本控件（RichTextBox）　/157

9.4　选择类控件　/159

9.4.1　组合框控件（ComboBox）　/159

9.4.2　复选框控件（CheckBox）　/161

9.4.3　单选按钮控件（RadioButton）　/162

9.4.4　列表框控件（ListBox）　/164

9.5　分组类控件　/166

9.5.1　面板控件（Panel控件）　/167

9.5.2　分组框控件（GroupBox）　/168

9.5.3　选项卡控件（TabControl）　/168

9.6　菜单、工具栏和状态栏控件　/170

9.6.1　菜单控件（MenuStrip）　/171

9.6.2　工具栏控件（ToolStrip）　/175

9.6.3　状态栏控件（StatusStrip）　/177

强化练习　/178

第 10 章　数据库访问技术

10.1　数据库基础知识　/180

10.1.1　数据库简介　/180

10.1.2　关系型数据库　/181

10.1.3　SQL语言简介　/183

10.1.4　典型的SQL语句　/184

10.2　ADO.NET概述　/187

10.3　Connection对象　/189

10.3.1　常用属性和方法　/189

10.3.2　连接数据库步骤　/190

10.4　Command对象　/192

10.4.1　常用属性和方法　/192

10.4.2　执行SQL语句步骤　/193

10.5　DataReader对象　/194

10.5.1　常用属性和方法　/195

10.5.2　读取数据步骤　/197

10.6　DataAdapter对象　/198

10.6.1　常用属性和方法　/198

10.6.2　一般使用步骤　/200

10.7　DataSet对象　/201

10.7.1　常用属性和方法　/201

10.7.2　一般使用步骤　/203

强化练习　/204

第 11 章　面向对象技术高级应用

11.1　抽象类与抽象方法　/206

11.1.1　抽象类概述及声明　/206

11.1.2　抽象方法概述及声明　/206

11.1.3　抽象类与抽象方法的使用　/206

11.2　接口　/207

11.2.1　接口的概念及声明　/207

11.2.2　接口成员的声明　/208

11.2.3　接口的实现与继承　/209

11.2.4　显式接口成员实现　/210

11.2.5　接口与抽象类　/212

11.3　密封类与密封方法　/212

11.3.1　密封类概述及声明　/212

11.3.2　密封方法概述及声明　/212

强化练习　/214

第 12 章　程序调试与异常处理

12.1　程序调试概述　/216

12.2　常用的程序调试操作　/216

12.2.1　断点操作　/216

12.2.2　开始执行　/218

12.2.3　中断执行　/218

12.2.4　停止执行　/219

12.2.5　单步执行和逐过程执行　/219

12.2.6　运行到指定位置　/220

12.3　异常处理概述　/220

12.4　异常处理语句　/221

12.4.1　try-catch语句　/221

12.4.2　throw语句　/221

12.4.3　try-catch-finally语句　/223

强化练习　/224

第 13 章　文件及数据流技术

13.1　文件　/226

13.1.1　文件类型　/226

13.1.2　文件的属性　/226

13.1.3　文件访问方式　/227

VII

13.2　System.IO模型　/227
　13.2.1　什么是System.IO模型　/227
　13.2.2　文件编码　/228
　13.2.3　C#的文件流　/228
13.3　文件夹和文件操作　/229
　13.3.1　文件夹操作　/229
　13.3.2　文件操作　/230
13.4　FileStream类　/233
13.5　文本文件的操作　/234
　13.5.1　StreamReader类　/234
　13.5.2　StreamWriter类　/235
13.6　二进制文件操作　/237
　13.6.1　BinaryReader类　/237
　13.6.2　BinaryWriter类　/238
　13.6.3　二进制文件的随机查找　/239
强化练习　/240

第 14 章　报表与打印技术

14.1　开发环境介绍　/242
14.2　报表的基本操作　/242
　14.2.1　创建报表文件　/242
　14.2.2　添加数据源　/243
14.3　设计报表　/246
14.4　使用ReportViewer控件显示报表　/249
14.5　Windows打印技术　/250
　14.5.1　PageSetupDialog 控件　/250
　14.5.2　PrintDocument 控件　/251
　14.5.3　PrintDialog 控件　/251
　14.5.4　PrintPreviewControl 控件　/252

　14.5.5　PrintPreviewDialog 控件　/253
强化练习　/254

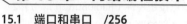

第 15 章　网络编程技术

15.1　端口和串口　/256
15.2　端口扫描技术　/256
　15.2.1　端口扫描器　/256
　15.2.2　端口扫描技术分类　/257
　15.2.3　TCP 全连接扫描程序设计　/257
　15.2.4　高级端口扫描程序设计　/260
15.3　串口通信技术　/260
　15.3.1　概述　/260
　15.3.2　SerialPort类　/261
15.4　TCP/IP通信技术　/262
　15.4.1　TCP/IP介绍　/262
　15.4.2　阻塞/非阻塞模式及其应用　/263
　15.4.3　同步套接字编程技术　/263
　15.4.4　异步套接字编程技术　/270
　15.4.5　TcpClient和TcpListener　/272
15.5　SMTP与POP3应用编程　/273
　15.5.1　概述　/273
　15.5.2　SMTP协议　/273
　15.5.3　发送邮件实现　/274
　15.5.4　POP3协议　/280
　15.5.5　接收邮件实现　/281
强化练习　/292

参考文献　/293

第1章
.NET平台与集成开发环境

内容概要

　　.NET 平台提供了一个多语言组件开发和执行的环境，它不但使得应用程序的开发和发布更加简单，并且实现了众多语言间的无缝集成。本章将介绍 .NET 平台的发展历程和构成，.NET 的三个实现平台 .NET Framework、Mono 和 .NET Core，并解释 .NET 程序的编译和执行过程，然后进一步介绍基于 .NET 平台的 Visual Studio 2019 集成开发环境。通过本章的学习，读者将会熟悉使用 C# 语言编程的环境基础，为下一步深入学习 Visual Studio 2019 集成开发环境下的 C# 语言编程奠定基础。

学习目标

◆ 了解 .NET 平台的构成
◆ 熟悉集成开发环境 Visual Studio 2019
◆ 熟悉 C# 与 .NET 的关系
◆ 掌握 .NET 程序的编译和执行

课时安排

◆ 理论学习　2 课时
◆ 上机操作　1 课时

1.1 .NET 平台概述

.NET 平台又称 .NET 框架（.NET Framework），是 .NET 的核心组成部分，提供了一个多语言组件开发和执行的环境，是一个完全可操控的、安全的和特性丰富的应用开发执行环境，这不但使得应用程序的开发和发布更加简单，并且实现了众多语言间的无缝集成。C# 语言是微软公司针对 .NET 平台推出的主流语言，它不但继承了 C++、Java 等面向对象语言的强大功能特性，同时还继承了 Visual Basic、Delphi 等编程语言的可视化快速开发功能，是当前第一个完全面向组件的语言。作为 .NET 平台的第一语言，C# 语言几乎集中了所有关于软件开发和软件工程研究的最新成果。本节主要介绍与 C# 语言密切相关的 .NET 平台和 Visual Studio 2019 集成开发环境。

1.1.1 .NET 平台简介

作为微软的集成开发平台，.NET 技术提供了迅速修改、部署、处理并且使用连接的能力，提高了 Web 服务的高效性；同时，.NET 技术也使创建稳定、可靠而又安全的 Windows 桌面应用程序更为容易。目前，.NET 已经成为一个庞大而复杂的软件开发与运行平台，包含"一堆"的子技术领域。

1. 桌面应用程序开发技术

在很长的一段时间，Windows Form 成为 .NET 桌面领域的主流技术，而且有一大批各式各样的第三方控件，其功能可谓应有尽有，使用方便。然而 .NET 3.0 中出现的 WPF，在界面设计和用户体验上比 Windows Form 要强得多，比如其强大的数据绑定、动画、依赖属性和路由事件机制等。WPF 的性能在 .NET 4.0 上有了进一步的改进。WPF 相对于 Windows 客户端的开发来说，向前跨出了巨大的一步，提供了超丰富的 .NET UI 框架，集成了矢量图形、丰富的流动文字支持 flow text support、3D 视觉效果和强大无比的控件模型框架。

2. 数据存取技术

.NET 平台融合了 ADO.NET、LINQ 和 WCF Data Service 等数据存取技术。ADO.NET 不仅提供了对 XML 的强大支持，还引入了一些新的对象，如驻于内存的数据缓冲区 DataSet、用来高效率读取数据并且只读的记录集 DataReader 等。LINQ (Language Integrated Query，语言集成查询) 是 Visual Studio 2008 和 .NET Framework 3.5 版本中引入的一项创新功能，它在对象领域和数据领域之间架起了一座桥梁。LINQ 是编程语言的一个组成部分，在编写程序时可以得到很好的编译时语法检查、丰富的元数据、智能感知、静态类型等强类型语言的好处。

3. Web 开发技术

.NET 平台底层使用 ADO.NET 实体框架或 LINQ to SQL 构造数据模型，通过提取数据模型中的元数据，动态选择合适的模板生成网页，避免了真实项目中不得不为每个数据存取任务设计不同网页的负担，而且提供了很多方式允许用户定制网站。.NET 平台的另一种 Web 应用架构代表技术 Silverlight 充分利用客户端的计算资源，大大地降低了对服务端的依赖，并且易于构造良好的用户体验。

4. 插件技术

.NET 4.0 引入了 Managed Extensibility Framework(MEF) 技术。MEF 通过简单地给代码附加 [Import] 和 [Export] 标记就可以清晰地表明组件之间的"服务消费"与"服务提供"关系，并在底层使用反射动态地完成组件识别、装配工作，从而使得开发基于插件架构的应用系统变得简单。

5. 函数式编程语言 F#

F# 是微软 .NET 平台上一门新兴的函数式编程语言，通过 F#，开发人员可以轻松应对多核多并发时代的并行计算和分布问题。

.NET 发展至今，几乎可以在所有可用的平台上使用：从服务器、台式机到移动设备、游戏机、虚拟现实、增强现实环境、手表，甚至是像 Raspberri-Pi 等的小型嵌入式系统。整个框架以一种最开放的方式开源了代码，这也增加了其成为未来 UNIX 系统的核心组件到业界制造的新型秘密设备的可能。

1.1.2　.NET 平台的构成

众所周知，微软的灵魂产品 Windows 操作系统是硬件设备和软件运行环境的平台，它消除了不同硬件设备之间的差别，使外部设备都变成了可以自由使用、无缝集成的一个整体。与 Windows 操作系统类似，微软推出的 .NET 平台能够消除互联环境中不同硬件、软件、服务的差别，使不同的设备、不同的操作系统都可以相互通信，使不同的程序和服务之间都可以相互调用。.NET 平台几乎包含微软正在研发或已经得到广泛应用的各种软件开发技术。对 .NET 程序员来说，应主要关心 .NET 平台的以下几个组成部分。

◎ .NET 平台：微软推出的一种运行于各个操作系统之上的新的软件运行平台，提供了 .NET 程序运行时支持和功能强大的类库，是其他所有 .NET 技术产品的坚实基础。只要安装了 .NET Framework，则从 Windows 98 到 Windows XP 都可以运行 .NET 程序。

◎ .NET 编程语言：.NET 平台支持 20 多种编程语言，传统的各种编程语言有许多都已经或正在被移植到 .NET 平台。目前由微软公司提供的 .NET 编程语言主要有 Visual Basic.NET（改进过的 Visual Basic）、C++、C#、F#。

◎ Visual Studio.NET 集成开发环境：用来开发、测试和部署应用程序。Visual Studio. NET 历经微软公司持续多年的完善，已经成为世界一流的"软件集成开发环境（Integrated Development Environment，IDE）"。

◎ .NET 软件产品：微软公司几乎所有的软件产品都基于 .NET Framework 或包容 .NET 技术，包括 Windows 操作系统、SQL Server 数据库服务器、Office 商业应用开发与运行平台、Azure 云计算平台等。

1.1.3　.NET Framework、Mono 和 .NET Core

随着微软 .NET 开源的推进，现在 .NET 的实现上有了四个平台：.NET Framework、Mono、.NET Core 和 .NET Native，如图 1-1 所示。

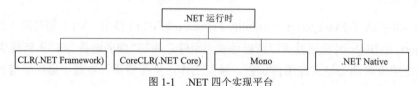

图 1-1　.NET 四个实现平台

1. .NET Framework

.NET Framework 是 .NET 平台的关键组件，提供了 .NET 程序运行时支持和功能强大的类库。从开发各种应用软件的程序员角度来看，.NET Framework 用易于理解与使用的面向对象方式调用 Windows 操作系统提供的各种功能。.NET Framework 在应用程序和操作系统之间起到承上启下的作用，向内包容着操作系统内核，向外给运行于其上的 .NET 应用程序提供访问操作系统核心功能的服务。在 .NET Framework 下编程，程序员不再需要与各种复杂的 Windows API 函数打交道，只需使用现成的 .NET Framework 类库即可。

.NET Framework 的体系结构如图 1-2 所示，主要由公共语言运行库（CLR，Common Language Runtime）和 .NET Framework 类库构成。

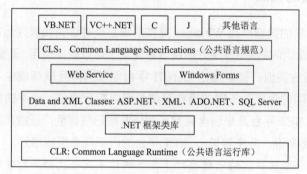

图 1-2　.NET Framework 的体系结构

CLR 是 .NET Framework 的核心执行环境，也称为 .NET 运行库。CLR 是一个技术规范，无论程序使用什么语言编写，只要能编译成 CIL 公共中间语言（最早称微软中间语言 MSIL），就可以在它的支持下运行。这意味着在不久的将来，可以在 Windows 环境下运行传统的非 Windows 语言。而 .NET Framework 类库是一个由 Microsoft .NET Framework SDK 中包含的类、接口和值类型组成的库，提供对系统功能的访问，是建立 .NET Framework 应用程序、组件和控件的基础，该库可以完成以前要通过 Windows API 来完成的绝大多数任务。

2. Mono

Windows 平台下开发的 .NET 应用程序都依赖于 .NET Framework，而 .NET Framework 又依赖于 Windows 平台下的 CLR，因此，无法实现跨平台。在这种背景下，Mono 出现了，跨平台实现了 .NET Framework 的编译器、CLR 和基础类库。

Mono 是一个由 Xamarin 公司（先前是 Novell，最早为 Ximian）所主持的自由开放源代码项目。该项目的目的是创建一系列符合 ECMA 标准（Ecma-334 和 Ecma-335）的 .NET 工具，包括 C# 编译器和通用语言架构。与微软的 .NET Framework 不同，Mono 项目不仅可以运行于 Windows 系统上，还可以运行于 Linux、FreeBSD、UNIX、OS X 和 Solaris 系统上，甚至可以运行在一些游戏平台上，如 Playstation 3、Wii 和 XBox 360。近几年由于移动设备的兴起，Mono 的衍生项目（MonoTouch 和 Mono for Android）还可以让基于 .NET 框架的程序轻易地移植到 Android 和 iOS 设备上，这让原本 Windows 上的 C# 程序员上手移动开发的周期大大缩短。

Mono 通过内置的 C# 语言编译器、CLR 运行时和各种类库，可以使 .NET 应用程序运行在 Windows、Linux、FreeBSD 等不同的平台上。2019 年底，Mono 6.4 版本发布，引入了显式接口 bug。Mono 的体系结构如图 1-3 所示。Mono 通常与实时编译器一起使用，支持所有当前已发布的 .NET Standard 版本。Mono 实时编译引擎可以将代码实时编译或者预先编译到原生代码。对于那些没有列出来的系统，使用的是代码解释器。

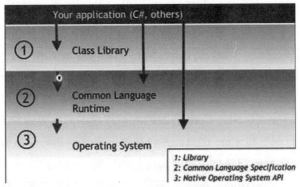

图 1-3　Mono 的体系结构

3. .NET Core

早在 2004 年，Novell 公司 (Xamarin 公司的前身) 就开始研发如何实现 .NET 的跨平台化应用。当时，Xamarin 公司的 Mono Project 开源项目陆续实现了在大部分 Linux 版本、Android 甚至一些游戏开发平台上运行 .NET 应用。2014 年，微软改变了 .NET 技术的发展策略，在 connect(); 大会上发布开源 .NET Core，称 .NET Core 的愿景是成为所有平台的单一代码库。2016 年微软收购了 Xamarin 公司，其所有的 Mono Project 采用 MIT 协议开源。

2016 年 6 月 27 日，微软在 Red Hat DevNation 大会上正式发布了 .NET Core 以及 ASP. NET Core 1.0，并提供了下载。.NET Core 是一个开源的、跨平台的 .NET 实现，是新一代 .NET 的基石，支持 Windows、Linux、macOS 和 Docker。

4. .NET Framework、Mono 和 .NET Core 三者的关系

.NET Core、.NET Framework 和 Mono 是新一代 .NET 平台的三大框架，.NET Core 是一个开源的、跨平台的 .NET 实现，而 .NET Framework 是基于 Windows 的 .NET 实现，Mono 是 .NET Framework 的一个开源、跨平台的实现。.NET Core 定位于跨平台服务端应用开发，.NET Framework 定位于 Windows 桌面应用开发，Mono (Xamarin-flavored Mono)

定位于移动应用开发。另一方面，.NET Framework、Mono、.NET Core 都是微软基于 .NET 标准库上的实现，具有共同的语言工具、运行时组件和构建工具，三者的区别和联系如图 1-4 所示。到目前为止，微软在 Windows 平台上的 .NET Framework 的实现最为完整，.NET Core 只完成了 .NET Framework 的 25% 的功能。

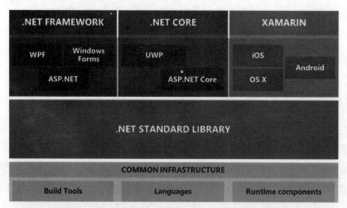

图 1-4 .NET Core、.NET Framework 和 XAMARIN

.NET Core 是第一个由微软官方所开发，具有跨出 Windows 平台能力的开发平台，作为下一代 .NET 开发的基石，同时它会和现有的 .NET Framework 并行，在 Windows 上可同时存有这两种执行环境。另外，.NET Core 的程序可存取 .NET Framework 的类别库以保有相容性（仅限 Windows 系统），.NET Core 本身的类别库也重新设计，改为以套件散布方式提供，也就是说，以 .NET Core 开发的应用程序不再需要传统大包装的 Framework Runtime，只需要执行前下载 Core CLR，并且在执行程序前先行还原套件就可以执行，套件的版本与各应用程序可各自独立。同时套件化的管理也保有版本相容性，应用程序可视需要抓取所需的版本，而不用固定在一个版本。这一重大进步使得以往写个小程序还要带打包 Framework 的景象将不再出现。

随着 .NET Core Framework 的开发完成，.NET Framework 与 Mono 将基于 .NET Core 重新构建。NET Framework 将成为 .NET Core 在 Windows 上的一个发行版，Mono 将成为 .NET Core 的一个跨平台发行版。

1.1.4 .NET 程序的编译和执行

与传统的 Windows 应用程序相比，.NET 应用程序有很多不同的地方，尤其是在编译与执行期间。传统的 Windows 应用程序会被编译器直接编译成与特定机器相关的本地应用程序，这类程序只能在特定操作系统及硬件系统上运行，而 .NET 应用程序在编译时只会被编译成 CIL 中间代码，在运行期间被即时编译成本地指令，从而可达到跨平台的效果，使平台与上层软件完全隔离。由公共语言运行库 CLR（而不是直接由操作系统）执行的托管代码的编译和执行过程如图 1-5 所示，具体步骤如下。

1. 选择编译器

为获得公共语言运行库 CLR 提供的优秀运行能力，必须使用一个或多个针对 CLR 的语言编译器，如 Visual Basic、C#、Visual C++、JScript 或许多第三方编译器（如 Eiffel、Perl 或 COBOL 编译器）中的某一个。

不同的编程语言往往使用不同的特定术语表达相同的程序构造，要想让不同的语言之间有最佳的相容性，以便互相调用或继承，这些面向 .NET 的语言编译器就需共同遵守 CLS。CLS 清晰地描述了支持 .NET 的编译器必须支持的最小和完全特征集，以便生成可由 CLR 承载的代码，被基于 .NET 平台的其他语言用统一的方式进行访问，以使由不同编程语言编写的程序能无缝地融入 .NET 世界。

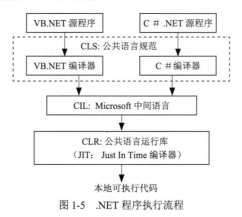

图 1-5　.NET 程序执行流程

2. 将代码编译为 CIL

将源代码翻译为 Microsoft 中间语言 CIL 并生成所需的元数据。

CIL 是一组可以有效地转换为本机代码且独立于 CPU 的指令，它不仅包括用于加载、存储和初始化对象以及调用对象方法的指令，还包括用于算术和逻辑运算、控制流、直接内存访问、异常处理和其他操作的指令。当编译器产生 CIL 时，它也产生元数据。元数据描述代码中的类型，包括每种类型的定义、每种类型成员的签名、代码引用的成员和执行时使用的其他数据。CIL 和元数据包含在一个可移植可执行（Portable Executable，PE）文件中，此文件基于并扩展过去用于可执行内容的已发布 Microsoft PE 和通用对象文件格式 (COFF)，使得操作系统能够识别公共语言运行库 CLR 映像。

3. 将 CIL 翻译为本机代码

在执行时，实时编译器 (JIT) 将 CIL 翻译为本机代码。

要使代码可运行，必须先将 CIL 转换为特定于 CPU 的代码，这通常是通过实时编译器 (JIT) 来完成的。由于公共语言运行库 CLR 为它支持的每种计算机结构都提供了一种或多种 JIT 编译器，因此同一组 CIL 可以在所支持的任何结构上 JIT 编译和运行。JIT 编译考虑了在执行过程中某些代码可能永远不会被调用的可能性，它不是耗费时间和内存将 PE 文件中的所有 CIL 都转换为本机代码，而是在执行期间根据需要转换 CIL 并将生成的本机代码存储在内存中，以供该进程上下文中的后续调用访问。

在编译为本机代码的过程中，CIL 代码必须通过验证过程，检查 CIL 和元数据以确定代码是否是类型安全的。类型安全将帮助对象彼此隔离，因而可以保护它们免遭无意或恶意的破坏。

4. 运行代码

公共语言运行库 CLR 提供使执行能够发生以及可在执行期间使用的各种服务结构。在执行过程中，托管代码接收若干服务，这些服务涉及垃圾回收、安全性、与非托管代码的互操作性、跨语言调试支持、增强的部署以及版本控制支持等。

1.1.5 C# 与 .NET

C# 是 Microsoft 专门为 .NET 平台创建的、用于开发运行在公共语言运行库 CLR 上的应用程序的语言之一。虽然 C# 本身并不是 .NET 的一部分，但是由于 C# 语言是和 .NET 平台一起使用的，如果要使用 C# 高效地开发应用程序，理解 .NET 非常重要。.NET 为 C# 提供了一个强大的、易用的、逻辑结构一致的程序设计环境。在 .NET 运行库的支持下，.NET 框架的各种优点在 C# 中表现得淋漓尽致。

C# 具有如下特点。

◎ 语法简洁。

◎ 面向对象设计。

◎ 与 Web 紧密结合。

◎ 完整的安全性和错误处理。

◎ 兼容性。

◎ 灵活性。

C# 是 .NET 公共语言运行环境的内置语言，符合 .NET CLR 中的公共语言运行规范。由 C# 编写的所有代码总是在 .NET 平台上运行，因此，C# 代码可以从公共语言运行库的服务中获益。C# 与 .NET 的密切关系反映在以下两个方面。

◎ C# 的结构和方法论反映了 .NET 基础方法论。

◎ 在许多情况下，C# 的特定语言功能取决于 .NET 的功能，或依赖于 .NET 基类。

1.2 集成开发环境 Visual Studio

目前，C# 编程语言最成熟的开发环境仍然是 Microsoft Visual Studio 集成开发环境。Visual Studio 是由微软自行研发的一个功能强大的可自定义编程系统，可以利用它所包含的各种工具快速有效地开发功能强大的 Windows 和 Web 程序。C# 最新的开发环境 Visual Studio 2019(简称 VS 2019) 可在官方网站免费下载。

Visual Studio 2019 是一套完整的开发工具集，提供了用于创建不同类别应用程序的多种项目模板，这些模板包括 Microsoft Windows 窗体、控制台、ASP.NET 网站、ASP.NET Web 服务以及其他类型 (如移动设备) 的应用程序。此外，开发人员还可以根据需要选择不同的编程语言，包括 C#、Microsoft Visual Basic .NET 和托管的 C++ 等。

1.2.1 启动 Visual Studio 开发环境

选择【开始】|【所有程序】| Microsoft Visual Studio 2019 命令，启动 Visual Studio 2019 开发环境，即出现如图 1-6 所示的 Visual Studio 2019 集成开发环境起始页。

图 1-6　VS 2019 起始页

开发人员要使用 Visual Studio 2019 IDE 创建应用程序，可以在如图 1-6 所示的界面中选择【文件】|【新建项目】菜单命令，或者直接选择【新建项目】选项，Visual Studio 2019 将弹出如图 1-7 所示的【创建新项目】对话框。

在【所有语言】下拉列表框中选择 C# 选项，在【所有平台】下拉列表框中选择 Windows 选项，【所有项目类型】下拉列表框中选择【桌面】选项，并从出现的项目类型中选择【Windows 窗体应用(.NET Framework)】（当然也可以选择其他类型），如图 1-8 所示，单击【下一步】按钮，弹出如图 1-9 所示的【配置新项目】对话框，最后单击【创建】按钮，弹出如图 1-10 所示的 Visual Studio 2019 默认开发主界面，就完成了项目的创建。

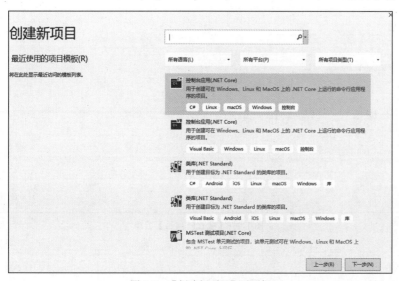

图 1-7　【创建新项目】对话框

图 1-8　选择【Windows 窗体应用】（.NET Framework）类型

配置新项目

Windows 窗体应用(.NET Framework)　C#　Windows　桌面

项目名称(N)

```
WindowsFormsApp1
```

位置(L)

```
C:\Users\Student\source\repos                    ...
```

解决方案名称(M) ⓘ

```
WindowsFormsApp1
```

☐ 将解决方案和项目放在同一目录中(D)

框架(F)

```
.NET Framework 4.7.2
```

上一步(B)　　创建(C)

图 1-9　【配置新项目】窗口

1.2.2　Visual Studio 主窗口

　　Visual Studio 2019 集成开发环境将代码编辑器、编译器、调试器、图形界面设计器等工具和服务集成在一个环境中，能够有效提高开发软件的效率。在 Visual Studio 2019 集成开发环境中开发的每一个程序集对应一个项目（Project），而多个相关的项目又可以组成一个解决方案（Solution）。创建项目后打开的如图 1-10 所示的默认主界面主要包括以下几个部分。

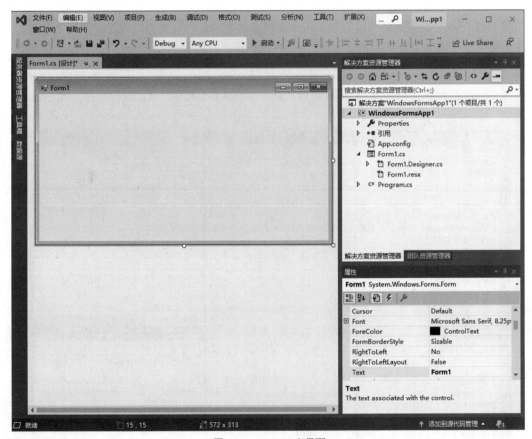

图 1-10　VS 2019 主界面

1. 菜单栏

　　位于标题栏的下方，其中包含用于开发、维护、编译、运行和调试程序以及配置开发环境的各项命令。Visual Studio 2019 菜单栏中所有可用的命令既可以通过鼠标单击执行，也可以通过 Alt+ 相应字母快捷键执行。其中，【文件】、【编辑】和【视图】是三个比较常用的主菜单。

2. 工具栏

　　位于菜单栏的下方，提供了常用命令的快捷方式。为了操作更方便、快捷，Visual

Studio 2019 常用的菜单命令按功能分组，被分别放入相应的工具栏中。根据当前窗体的不同类型，工具栏会动态改变。工具栏包括【布局】、【标准】、【数据设计】、【格式设置】、【生成】、【调试】、【文本编辑器】等选项，可通过【视图】|【工具栏】中的菜单命令打开或关闭工具栏选项，默认打开的工具栏选项有【标准】工具栏和【布局】工具栏。

3. 工具箱

工具箱以选项卡的形式来分组显示常用控件，包括公共控件、容器、数据等工具的集合，如图 1-11 所示。当需要某个控件时，可以通过双击所需控件直接将其添加到窗体上；也可以先单击选择需要的控件，再将其拖曳到设计窗体上。工具箱中的控件可以通过工具箱右键快捷菜单来进行排序、删除、设置显示方式等。

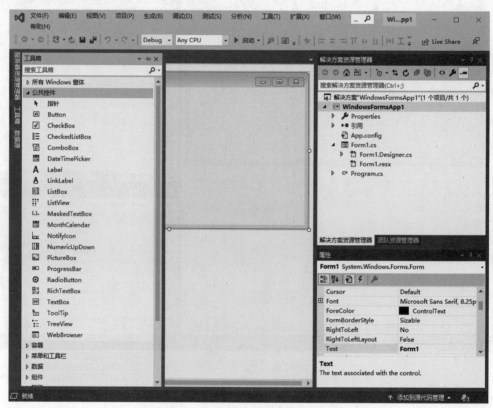

图 1-11　工具箱

4. 工作区

位于开发环境中央，用于具体项目的开发，如设计界面各控件的整体布局，事件代码的编写等。新建项目时，Visual Studio 2019 会自动添加一个窗体设计界面，如图 1-10 所示，可以根据需要把工具箱中的控件加入窗体中设置用户界面，此时，Visual Studio 2019 会自动在源文件中添加必要的 C# 代码，并在项目中实例化这些控件 (在 .NET 中，所有的控件实际上都是特定基类的实例）。在窗体中的任意位置右击，在弹出的快捷菜单中选择【查看代码】命令，即可切换到如图 1-12 所示的窗体代码编辑窗口。

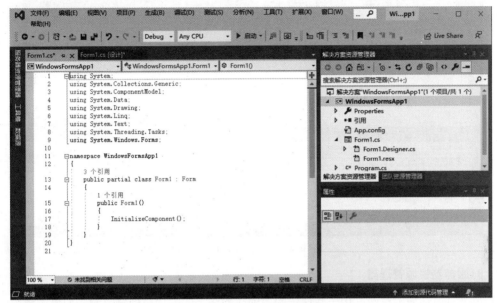

图 1-12　工作区中的代码编辑窗口

在代码编辑窗口中，程序员可以编写 C# 代码。代码编辑窗口的功能相当复杂，例如，在输入语句时，可以自动布局代码，方法是缩进代码行、匹配代码块的左右花括号等。同时，在输入语句时，还能执行一些语法检查，给可能产生编译错误的代码加上下划线，这也称为设计期间的调试。另外，代码编辑窗口还提供了 IntelliSense（智能感知）功能。在开始输入时，IntelliSense 会自动显示类名、字段名或方法名。在开始输入方法的参数时，IntelliSense 也会显示可用的重载方法的参数列表。当 IntelliSense 列表框因某种原因不可见时，可以按快捷键 Ctrl+Backspace 打开。

5. 解决方案资源管理器

位于开发环境的右侧，如图 1-12 所示，通过树形视图对当前解决方案进行管理。解决方案是树的根节点，解决方案中的每一个项目都是根节点的子节点，项目节点下则列出了该项目中使用的各种文件、引用和资源。

6. 状态栏

位于开发环境的底部，用于对光标位置、编辑方式等当前状态给出提示。

7. 错误列表

位于工作区的下方，用于输出当前操作的错误信息，如图 1-13 所示。如果主窗口中没有显示错误列表，可通过【视图】|【错误列表】命令打开错误列表。

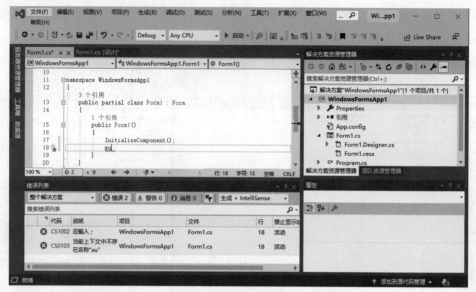

图 1-13　错误列表窗口

8. 服务器资源管理器

位于开发环境的左侧，用于快速访问本地或网络上的各项服务器资源。如果主窗口中没有显示服务器资源管理器，可通过【视图】|【服务器资源管理器】命令打开服务器资源管理器。

9.【属性】窗口

位于解决方案资源管理器的下方，如图 1-11 所示，用于查看或编辑当前所选元素的具体信息。窗体应用程序开发中的各个控件属性都可以通过【属性】窗口来设置；此外，【属性】窗口还提供了针对控件的事件的管理功能，方便编程时对事件的处理。如果主窗口中没有显示【属性】窗口，可通过【视图】|【属性窗口】命令打开【属性】窗口。

其他常用的窗口还有管理程序中的类及其关系的类视图、显示当前操作输出结果的输出窗口等。用户可以根据需要来移动、调整、打开、关闭它们，或是通过【视图】菜单来控制它们的显示。大部分窗口还可以通过选项卡的方式切换，如代码编辑区可一次打开多个源文件，以便能最大限度地利用有限的屏幕空间。

1.2.3　Visual Studio 帮助系统

Visual Studio 中提供了一个广泛的帮助工具，包含对 C# 语言各方面知识的讲解，用户可以在其中查看任何 C# 语句、类、属性、方法、编程概念及一些编程的例子。在 Visual Studio 2019 菜单栏中选择【帮助】|【技术支持】命令，弹出如图 1-14 所示的联机帮助主界面。

联机帮助实际上就是 .NET 语言的超大型词典，用户可以在该词典中查找 .NET 语言的结构、声明以及使用方法。联机帮助还是一个智能的查询软件，它为使用者提供了一种强大的搜索功能。在如图 1-14 所示的联机帮助主界面中单击工具栏中的 Search 按钮，并在文本框中输入搜索的内容提要，按 Enter 键后，搜索的结果将以概要的方式呈现在主界面中，开发人员可以根据自己的需要选择不同的文档进行阅读，如图 1-15 所示。

图 1-14　联机帮助主界面

图 1-15　联机帮助的【搜索】功能

本章主要介绍了 .NET 平台的发展历程、.NET 平台的构成、.NET 程序的编译和执行、集成开发环境 Visual Studio 2019 的启动和主要组成。在此基础上，重点介绍了 .NET 程序的执行流程、.NET Framework 的体系结构以及如何通过集成开发环境 Visual Studio 2019 创建项目。熟练掌握 .NET 程序的执行流程和 .NET Framework 的体系结构后，读者可以自行练习以下操作，亲身体验通过集成开发环境 Visual Studio 2019 编程的乐趣。

练习：创建一个项目，熟悉 Visual Studio 2019 主窗口的构成。

第2章
简单的C#应用程序

内容概要

　　C# 是微软公司推出的一种基于 .NET 平台的、类型安全的面向对象编程语言，利用 C# 语言和基于 .NET 平台的 Visual Studio 2019 集成开发环境，程序员可以方便快捷地开发出各种安全可靠的应用程序。本章将介绍 Windows 窗体应用程序和 C# 控制台应用程序的创建和基本构成。通过学习本章内容，读者将进一步熟悉 Visual Studio 2019 集成开发环境，学习三种类型的简单 C# 应用程序的创建和使用。

学习目标

◆ 掌握简单的 Windows 窗体应用程序的创建
◆ 掌握简单的 C# 控制台应用程序的创建
◆ 熟悉 C# 应用程序的基本构成
◆ 熟悉 Web 应用程序的创建过程

课时安排

◆ 理论学习　2 课时
◆ 上机操作　2 课时

2.1　Windows 窗体应用程序

Windows 窗体应用程序是在 Windows 操作系统中以图形界面运行的程序，可以理解为在 Windows 操作系统中打开的窗口。本节将介绍一个简单的 Windows 窗体应用程序的开发过程，并给出开发过程中应该注意的一些事项。

2.1.1　创建 Windows 窗体应用程序

创建 Windows 窗体应用程序的一般步骤如下。

第一步，新建项目。

第二步，添加控件和设置控件属性。

第三步，编写代码。

第四步，运行调试程序。

第五步，保存程序。

【例 2-1】编写 Windows 窗体应用程序输出字符串：Hello, VS 2019！

Step 1　启动 Visual Studio 2019 开发环境，参照 1.2.1 小节内容创建项目，打开主窗口。

注意：创建 Windows 窗体应用程序项目后，Visual Studio 2019 将自动打开窗体设计界面，并自动生成一个 Windows 窗体，供用户进行程序界面的设计。这个窗体是一个标准的 Windows 应用程序窗口，包含最基本的窗口组成元素，如标题栏、控制菜单、最大化按钮和关闭按钮，窗体文件名默认为窗体名称，扩展名为"cs"，解决方案中的第一个窗体的文件名默认为"Form1.cs"。

Step 2　在窗体设计界面中添加一个 Label 控件和一个 Button 控件，如图 2-1 和图 2-2 所示。

注意：可以通过【属性】窗口修改窗体、按钮控件和标签控件的显示属性。

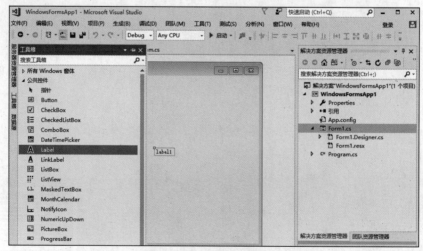

图 2-1　为窗体添加 Label 控件

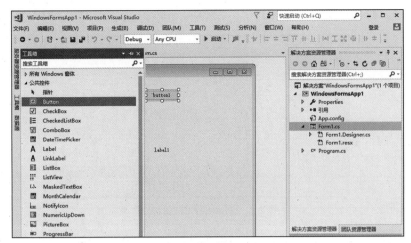

图 2-2　为窗体添加 Button 控件

Step 3　在窗体设计界面中双击按钮控件，打开代码编辑窗口，Visual Studio 2019 自动添加按钮控件的默认 Click（单击）事件处理方法，并把光标定位在 button1_Click 事件的一对大括号之间，如图 2-3 所示，直接在其中输入代码：

```
label1.Text ="Hello, VS2019！";
```

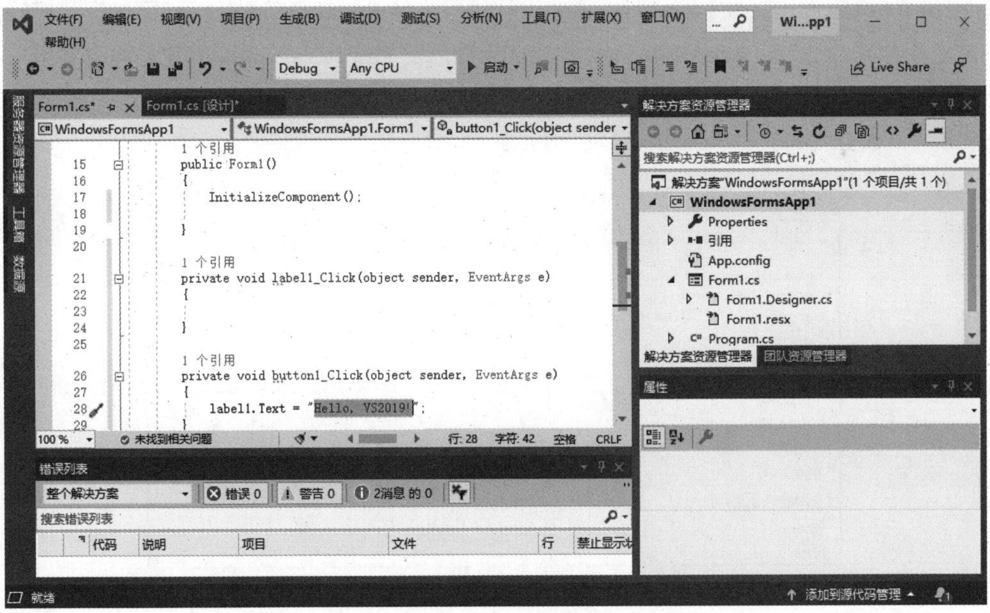

图 2-3　代码编辑

　　注意：创建 Windows 应用程序以及为窗体添加控件并进行设置时，Visual Studio 2019 为了快速开发程序和保证程序能够正常运行，会自动生成运行程序所必需的代码。

Step 4　在如图 2-3 所示的窗口工具栏上单击 ▶ 启动▾ 按钮，将编译和运行程序，在运行窗口中单击按钮控件，标签控件将显示字符串"Hello, VS 2019！"，效果如图 2-4 所示，此时程序也已经被自动保存。

在整个程序设计过程中，只编写了一行代码，但程序已经可以完成特定的功能了。

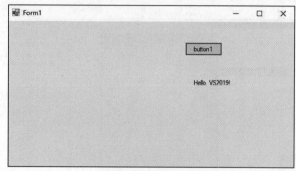

图 2-4　窗体应用程序运行结果

2.1.2　Windows 窗体应用程序的基本结构

上述例子中，WindowsFormsApp1 解决方案目录下包含解决方案文件 WindowsFormsApp .sln 和一个与项目同名的文件夹 WindowsFormsApp1，如图 2-5 所示。打开 WindowsFormsApp1 文件夹，显示如图 2-6 所示的项目文件结构。WindowsFormsApp1 文件夹中除了包括项目文件 WindowsFormsApp1.csproj、应用程序文件 Program.cs 及 bin、obj 和 Properties 文件夹外，还包括窗体响应代码文件 Form1.cs、窗体设计代码文件 Form1.Designer.cs 和窗体资源编辑器生成的资源文件 Form1.resx。Windows 窗体应用程序的 Properties 文件夹除包含程序集属性设置文件 AssemblyInfo.cs 外，还包含 XML 项目设置文件 Settings.settings、资源文件 Resources. resx 和资源设计代码文件 Resources.Designer.cs。

图 2-5　WindowsFormsApp1 解决方案

创建 Windows 窗体应用程序时，Microsoft Visual Studio 2019 集成开发环境除自动创建一个默认类文件 Program.cs 外，还从基类 System.Windows.Forms.Form 派生出一个窗体类 Form1。Program 类包含 Main 入口主方法，如图 2-7 所示。Main 方法中的语句 "Application. Run(new Form1());" 用来创建窗体 Form1 对象，并以其为程序界面（主框架窗口）来运行本窗体应用程序，是最重要的一条语句。

图 2-6　WindowsFormsApp1 项目

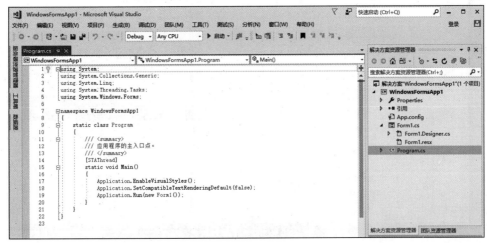

图 2-7　Program 类包含 Main 入口主方法

窗体类 Form1 被定义在两个同名的部分类中，这两个部分类分别位于 Form1.cs 和 Form1.Designer.cs 两个代码文件中。其中，窗体响应代码文件 Form1.cs 包含窗体部分类 Form1 的一部分定义，用于程序员编写事件处理代码，也是我们今后工作的主要对象。窗体设计代码文件 Form1.Designer.cs 包含窗体部分类 Form1 的另一部分定义，用于存放系统自动生成的窗体设计代码。在【解决方案资源管理器】窗口中选择 Form1.cs 项目后，单击鼠标右键，在弹出的快捷菜单中选择【查看代码】菜单项，将以代码方式打开该文件，选择【视图设计器】菜单项，将以视图方式打开该文件。

窗体响应代码文件 Form1.cs 的结构如图 2-8 所示。分析文件 Form1.cs 和 Program. cs，可以看出 Form1.cs 与 Program.cs 都包含系统预定义元素、命名空间和类三部分。与 Program.cs 不同的是，Form1.cs 不包含主方法，而是包含窗体初始化方法和窗体控件的事件响应处理方法。

在 .NET 窗体应用程序开发中涉及大量对象的事件响应及处理，比如在 Windows 窗口上单击按钮或是移动鼠标等都将有事件发生。在 C# 编程中，事件响应方法都是以如下的形式声明。

```
private void button1_Click(object sender, System.EventArgs e)
```

一个事件响应方法包括存取权限、返回值类型、方法名称及参数列表几部分。一般情况下，事件的响应方法中都有两个参数，其中一个代表引发事件的对象即 sender，由于引发事件的对象不可预知，因此我们把其声明为 object 类型，所有的对象都适用。第二个参数代表引发事件的具体信息，根据类中事件成员的说明决定。

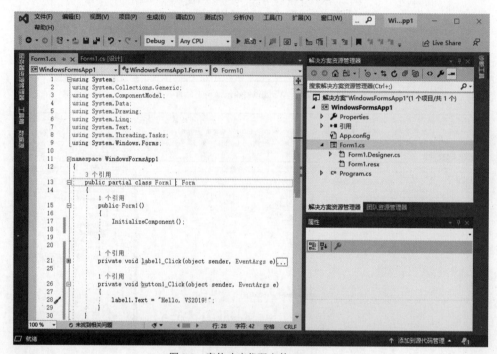

图 2-8　窗体响应代码文件 Form1.cs

 ## 2.2　C# 控制台应用程序

学习了前面的内容以后，就可以开始编写属于自己的第一个 C# 控制台应用程序了。本节将介绍一个最简单的 C# 控制台应用程序的开发过程，并给出开发过程中应该注意的一些事项。

2.2.1　创建 C# 控制台应用程序

创建 C# 控制台应用程序的一般步骤如下。

第一步，新建项目。

第二步，编写代码。

第三步，运行调试程序。

第四步，保存程序。

【例 2-2】编写 C# 控制台应用程序输出字符串：Hello, Visual Studio 2019！

Step 1　启动 Visual Studio 2019 开发环境，打开如图 2-1 所示的窗口，选择【文件】|【新建项目】
菜单项，Visual Studio 2019 将弹出如图 1-7 所示的【创建新项目】对话框。

在【所有语言】下拉列表框中选择 C# 选项，在【所有平台】下拉列表框中选择
Windows 选项，在【所有项目类型】下拉列表框中选择【控制台】选项，并从出现的项目
类型中选择【控制台应用 (.NET Framework)】类型（当然也可以选择其他类型），如图 2-9
所示。

图 2-9　设置参数

Step 2　单击【下一步】按钮，弹出如图 2-10 所示的【配置新项目】对话框，最后单击【创建】
按钮，弹出如图 2-11 所示的 Visual Studio 2019 默认开发主界面，就完成了项目的创建。

注意：默认项目名称由"控制台"与"应用程序"两个英文单词加序号（ConsoleApp1）
组成。该名称既是项目名称，又是解决方案文件夹名称。必要时用户可以为应用程序重新
命名或指定项目存放的位置及所属的解决方案。

Step 3　在如图 2-11 所示主界面中的代码编辑窗口中的 Main 函数中输入如下代码：

```
Console.WriteLine("Hello, Visual Studio 2019！");
Console.ReadLine();
```

注意：Visual Studio 2019 已经为程序自动生成了必需的代码，在默认状态下，绿色字
符串为注释，蓝色字符串为关键字。上述添加代码中，Console 是一个类，表示控制台程序
标准的输入输出流和错误流，WriteLine 与 Read Line 是 Console 类中的两个方法，分别用
于向屏幕输出一行字符和从键盘输入字符。

Step 4　单击工具栏上的【启动】按钮，将编译和运行程序，并在控制台窗口显示如图 2-12

所示的运行结果。通常只要执行启动命令编译运行程序，程序即予以保存。

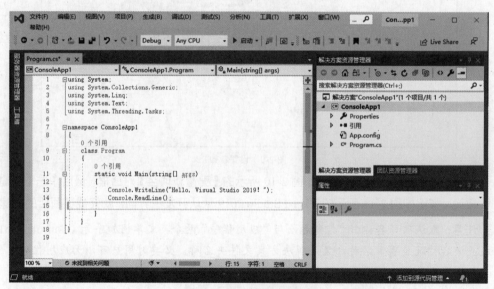

图 2-10　【配置新项目】对话框

图 2-11　控制台程序主界面

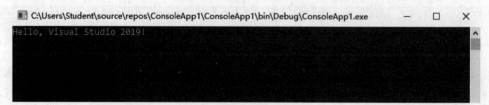

图 2-12　控制台程序运行结果

至此一个简单的 C# 控制台应用程序就开发成功了。

2.2.2　C# 控制台应用程序的基本结构

在创建项目时，Visual Studio 2019 会自动创建一个与项目同名的文件夹。如上述例子中，ConsoleApp1 解决方案目录下包含解决方案文件 ConsoleApp1.sln 和 ConsoleApp1 项目文件夹，如图 2-13 所示。打开 ConsoleApp\ 项目文件夹，显示如图 2-14 所示的文件夹结构，其中包括项目文件夹 ConsoleApp1、应用程序文件 Program.cs 及 bin（存放可执行文件）、obj（存放项目的目标代码）和 Properties（存放项目属性）文件夹。bin 和 obj 文件夹下都有一个 Debug 子目录，其中包含可执行文件 ConsoleApp1.exe，Properties 文件夹包含程序集属性设置文件 AssemblyInfo.cs。单击解决方案资源管理器工具栏中的【显示所有文件】按钮，也可查看 ConsoleApp1 项目的结构。

图 2-13　ConsoleApp1 解决方案

图 2-14　ConsoleApp1 项目

2.2.3　C# 控制台应用程序代码文件分析

创建 Windows 窗体应用程序或控制台应用程序时，Microsoft Visual Studio 2019 集成开发环境都会自动创建一个默认类文件，名称为 Program.cs。分析 Program.cs，可以看出 C# 应用程序文件主要由以下五部分组成：导入其他系统预定义元素部分、命名空间、类、主方法及主方法中的 C# 代码，以控制台应用程序为例，如图 2-15 所示。

1. 导入其他系统预定义元素部分

高级程序设计语言总是依赖许多系统预定义元素，为了在 C# 程序中能够使用这些预定义元素，需要对这些元素进行导入。

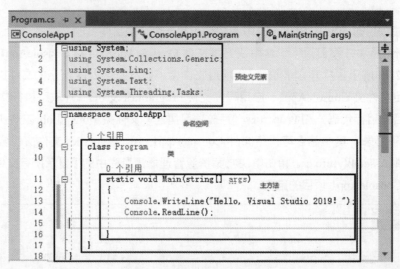

图 2-15　ConsoleApp1 程序结构

2. 命名空间

C# 使用关键字 namespace 和命名空间标识符构建用户命名空间，空间的范围用一对花括号限定。C# 引入命名空间的概念是为了便于类型的组织和管理，一组类型可以属于一个命名空间，而一个命名空间也可以嵌套在另一个命名空间中，从而形成一个逻辑层次结构。命名空间的组织方式和目录式的文件系统组织方式类似。

命名空间使用 using 关键字导入，上述例子中 Program.cs 文件的第一行通过关键字 using 引用了一个 .NET 类库中的命名空间 System，之后程序就可以自由使用该命名空间下定义的各种类型了；第七行则通过关键字 namespace 定义了一个新的与项目同名的命名空间 ConsoleApp1，在其后的一对大括号"｛｝"中定义的所有类型都属于该命名空间。

命名空间的使用还有利于避免命名冲突。不同开发人员可能会使用同一个名称来定义不同的类型，在程序相互调用时可能会产生混淆，而将这些类型放在不同的命名空间中就可以解决此问题。

3. 类

C# 要求程序中的每一个元素都要属于一个类，类的声明格式为 Class+ 类名（默认类名为 Program），程序的功能主要就是依靠类来完成的。类必须包含在某个命名空间中，类的范围用一对花括号限定。

在 C# 应用中，类是最为基本的一种数据类型，类的属性称为"字段"（field），类的操作称为"方法"（method）。上述例子中就定义了一个名为 program 的类，并为其定义了一个方法 Main，在其中执行文本输出的功能。

4. 主方法

每个应用程序都有一个执行的入口，指明程序执行的开始点。C# 应用程序中的入口用主方法标识，主方法的名字为 Main。一个 C# 应用程序必须有而且只能有一个主方法，如果一个应用程序仅由一个方法构成，这个方法的名字就只能为 Main。

我们知道，程序的功能是通过执行方法代码来实现的，每个方法都是从其第一行代码开始执行，直到执行完最后一行代码结束，期间可以通过代码来调用其他的方法，从而完成各种各样的操作。也就是说，应用程序的执行必须要有一个起点和一个终点。C# 程序的起点和终点都是由 Main 主方法定义的，程序总是从 Main 主方法的第一行代码开始执行，在 Main 主方法结束时停止程序的运行。

5. 方法中的 C# 代码

在方法体（方法的左右花括号之间）书写实现方法逻辑功能的代码。

上述例子中，主方法中的代码"Console.WriteLine("Hello, Visual Studio 2019！ ");"调用了 System 命名空间下 Console 类提供的方法 WriteLine，目的是向控制台输出文本""Hello, Visual Studio 2019！"。

控制台应用程序在运行的时候会产生一个类似 DOS 窗口的控制台窗口，System 命名空间下的 Console 类提供向控制台窗口输入和输出信息的方法。如果要直接调用 Console 类中的方法，需要在代码文件的开头加上"using System;"语句引入 System 命名空间，如图 2-16 所示；如果代码文件中没有使用"using System;"语句引入 System 命名空间，则需指出 Console 类的全称"System.Console"，上述例子中的代码"Console.WriteLine("Hello, Visual Studio 2019！ ");"需改写为代码"System.Console.WriteLine("Hello, Visual Studio 2019！ ");"。

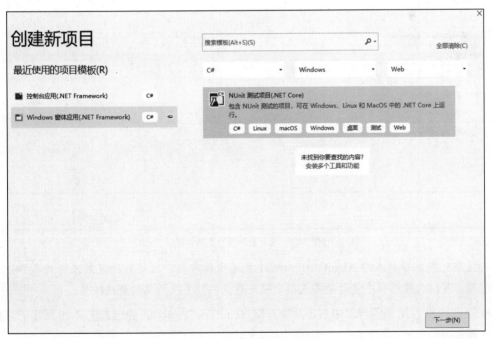

图 2-16　【创建新项目】对话框

2.3　简单的 Web 应用程序

2016 年 6 月 28 日，微软发布 .NET Core 1.0、ASP.NET Core 1.0 和 Entity Framework Core 1.0。.NET Core 是微软在 2014 年发起的开源跨平台 .NET 框架项目，支持 Windows、OS X 和 Linux 平台，可用于开发各种类型的应用。微软还出了 Visual Studio 扩展，允许开发者在 Visual Studio 开发环境中创建 .NET Core 项目。在 Visual Studio 2019 平台上便可创建 Web 应用程序。

【例 2-3】基于 Visual Studio 2019 平台创建简单的 Web 应用程序。

Step 1　启动 Visual Studio 2019 开发环境，选择【文件】|【新建项目】命令，弹出【创建新项目】对话框。在【所有语言】下拉列表框中选择 C# 选项，在【所有平台】下拉列表框中选择 Windows 选项，在【所有项目类型】下拉列表框中选择 Web 选项，并从出现的项目类型中选择【NUnit 测试项目 (.NET Core)】类型，如图 2-16 所示。

Step 2　单击【下一步】按钮，弹出如图 2-17 所示的【配置新项目】对话框，最后单击【创建】按钮，弹出如图 2-18 所示的 Visual Studio 2019 默认开发主界面，就完成了项目的创建。

图 2-17　【配置新项目】对话框

注意：默认项目名称 NUnitTestProject1 既是项目名称，又是解决方案文件夹名称。必要时用户可以为应用程序重新命名或指定项目存放的位置及所属的解决方案。

Step 3　在如图 2-18 所示界面中右击解决方案 NUnitTestProject1，弹出如图 2-19 所示的快捷菜单。

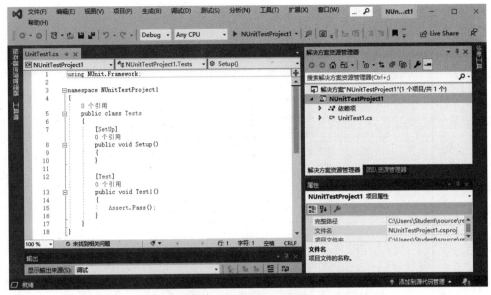

图 2-18 Web 程序主界面

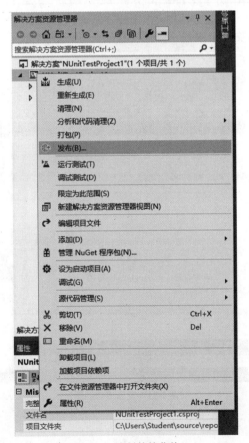

图 2-19 右键快捷菜单

Step 4 选择【发布】菜单项，出现如图 2-20 所示的【选取发布目标】对话框，保留默认发布目标位置。

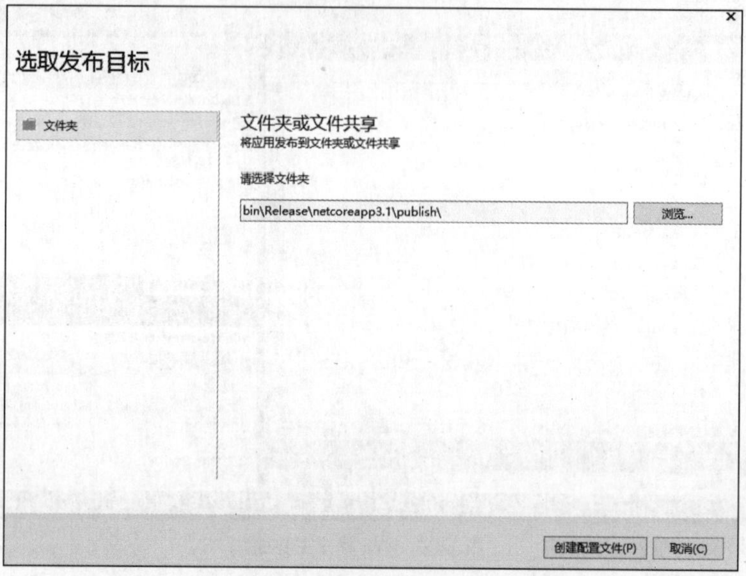

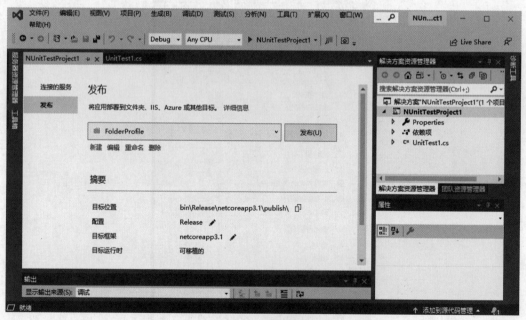

图 2-20　选取发布目标

Step 5　单击【创建配置文件】按钮，弹出如图 2-21 所示的界面，至此一个简单的 Web 应
用程序就发布成功了。

图 2-21　发布成功界面

在创建项目时，Visual Studio 2019 会自动创建一个与项目同名的文件夹。如上述例子中，NUnitTestProject1 解决方案目录下包含解决方案文件 NUnitTestProject1.sln 和 NUnitTestProject1 项目文件夹，如图 2-22 所示。打开 NUnitTestProject1 项目文件夹，显示如图 2-23 所示的文件夹结构，其中包括项目文件 NUnitTestProject1.csproj.user、应用程序文件 UnitTest1.cs 及 bin（存放可执行文件）、obj（存放项目的目标代码）和 Properties（存放项目属性）文件夹。bin 和 obj 文件夹下都有一个 Debug 子目录，其中包含 .NetCore 应用文件夹 netcoreapp3.1。单击解决方案资源管理器工具栏中的【显示所有文件】按钮，也可查看 NUnitTestProject1 项目的结构。

图 2-22　NUnitTestProject1 解决方案

图 2-23　NUnitTestProject1 项目

 强化练习

本章通过几个简单的例子向读者介绍了三种类型的 C# 应用程序的创建过程、基本构成与注意事项，并简单分析了 C# 控制台应用程序的代码结构。在此基础上，重点介绍了 Windows 窗体应用程序项目的创建过程和基本构成，C# 控制台应用程序的创建过程和基本构成。熟练掌握 Windows 窗体应用程序和 C# 控制台应用程序的创建过程后，读者可以自行练习以下操作，体会 Windows 窗体应用程序和 C# 控制台应用程序的不同。

练习 1：创建一个 Windows 窗体应用程序项目，熟悉 Windows 窗体应用程序的基本构成。

练习 2：创建一个 C# 控制台应用程序项目，熟悉 C# 控制台应用程序的基本构成。

第3章

C#语言入门必学

内容概要

　　本章将对 C# 语言的基础知识进行介绍，内容包括数据类型及其转换、常量和变量、运算符和表达式、方法及重载、语句结构、控制台的输入和输出等。通过学习本章内容，读者将学会使用 C# 编程所需要的基本工具，如运算符和表达式的使用、方法及重载的使用等，并能够编写简单的 C# 程序。

学习目标

◆ 掌握 C# 中常用的数据类型和数据类型之间的转换
◆ 掌握 C# 中常用的运算符
◆ 掌握 C# 的定义和使用
◆ 掌握控制台的输入和输出方法
◆ 熟悉常见的预处理指令

课时安排

◆ 理论学习　6 课时
◆ 上机操作　6 课时

3.1 C# 数据类型

为了让计算机了解需要处理的是什么样的数据，采用哪种方式进行处理，按什么格式来保存数据等，每种高级语言都提供了一组数据类型。根据在内存中存储位置的不同，C# 中的数据类型可分为以下两类。

1. 值类型

该类型的数据长度固定，存放于堆栈 (stack) 上。值类型变量直接保存变量的值，一旦离开其定义的作用域，就立即会从内存中删除。每个值类型的变量都有自己的数据，因此对一个该类型变量的操作不会影响其他变量。

2. 引用类型

该类型的数据长度可变，存放于堆 (Heap) 上。引用类型变量保存的是数据的引用地址，并一直被保留在内存中，直到 .NET 垃圾回收器将它们销毁。不同引用类型的变量可能引用同一个对象，因此对一个引用类型变量的操作会影响引用同一对象的另一个引用类型变量。

作为完全面向对象的语言，C# 中的数据类型都是直接或间接地从 object 类型派生来的，任何类型的值都可以被当作对象。另外，C# 是个强类型的安全语言，编译器要对所有变量的数据类型作严格的检查，保证存储在变量中的每个数值与变量类型一致。

3.1.1 值类型

C# 的值类型是从 System.ValueType 类继承而来的，包括简单类型、枚举类型、结构类型和可空类型，如表 3-1 所示。

表 3-1 C# 中的值类型

类　别		说　明
简单类型	有符号整型	包括 sbyte、short、int 和 long
	无符号整型	包括 byte、ushort、uint 和 ulong
	Unicode 字符型	char
	实数型	包括 float、double 和 decimal
	布尔型	bool
枚举类型		enum E {…} 形式的用户定义类型
结构类型		struct S {…} 形式的用户定义类型
可空类型		具有 null 值的值类型扩展，如 int？表示可为 null 的 int 类型

1. 简单类型

简单类型是 C# 预置的数据类型，具有如下特性：首先，它们都是 .NET 系统类型的别名；其次，由简单类型组成的常量表达式仅在编译时而不是运行时受检测；最后，简单类型可以直接被初始化。C# 简单类型又包括 13 种不同的数据类型，它们的存储空间大小、取值范围、表示精度和用途都有所区别，如表 3-2 所示。

1）整数类型

数学上的整数可以从负无穷到正无穷，但是计算机的存储单元是有限的，所以计算机语言提供的整数类型的值总是在一定范围之内的。C# 中有 8 种数据类型：短字节型（sbyte）、字节型（byte）、短整型（short）、无符号短整型（ushort）、整型（int）、无符号整型（uint）、长整型（long）、无符号长整型（ulong）。各种类型的数值范围及所占内存空间可以参照表 3-2。

在 C# 程序中，如果书写的一个十进制的数值常数不带有小数，就默认该常数的类型是整型。向整型类型变量赋值时，必须注意变量的有效表示范围。如果企图使用无符号整数类型变量保存负数，或者数值的大小超过了变量的有效表示范围，就会发生错误。

表 3-2　C# 中的简单类型

类　型	长　度	范　围	预定义结构类型
sbyte	8 位	-128 ～ 127	System.SByte
byte	8 位	0 ～ 255	System.Byte
char	16 位	U+0000 ～ U+ffff（Unicode 字符集中的字符）	System. Char
short	16 位	-32,768 ～ 32,767	System.Int16
ushort	16 位	0 ～ 65,535	System.UInt16
int	32 位	-2 147 483 648 ～ 2 147 483 647	System.Int32
uint	32 位	0 ～ 4 294 967 295	System.UInt32
long	64 位	-9 223 372 036 854 775 808 ～ 9 223 372 036 854 775 807	System.Int64
ulong	64 位	0 ～ 18 446 744 073 709 551 615	System.UInt64
float	32 位	$1.5 \times 10e\text{-}45$ ～ $3.4 \times 10e38$	System.Single
double	64 位	$5.0 \times 10e\text{-}324$ ～ $1.7 \times 10e308$	System.Double
decimal	128 位	NA	System.Decimal
bool	NA	Ture 与 False	System.Boolean

例如，通过 Visual Studio 2019 创建控制台应用程序，并编写程序代码如下：

```
class Program
{
    static void Main(string[] args)
    {
        short a, b, c;
        a = 6280;
        b = 10;
        c = a * b;
        Console.WriteLine(c);
        Console.Read();
    }
}
```

程序调试运行时出现错误，如图 3-1 所示，原因是表达式 a * b 的值超出 short 数据类型的有效表达范围，在代码编辑窗口中将以波浪下划线标出错误发生位置。

图 3-1　错误列表中显示的错误信息

2）字符类型

除了数字外，计算机处理的信息还包括字符。字符主要包括数字字符、英文字符、表达式符号等。C# 提供的字符类型按照国际上公认的标准，采用 Unicode 字符集。字符型数据占用两个字节的内存，可以用来存储 Unicode 字符集当中的一个字符（注意，只是一个字符，不是一个字符串）。

字符型变量可以用单引号引起来的字符常量直接赋值，例如：

```
char char1='c';
```

除此之外，还可以用十六进制的转义符前缀"\x"或 Unicode 表示法前缀"\u"给字符型变量赋值，例如：

```
char char2='\x0046';// 字母 "A" 的十六进制表示
char char3='\u0046'; // 字母 "A" 的 Unicode 表示
```

有些特殊字符无法直接用引号引起来给字符变量赋值，需要使用转义字符表示，常用的转义字符如表 3-3 所示。

表 3-3　C# 常用的转义字符

转义序列	字　符	Unicode 编码（十六进制）
\'	单引号	\u0027
\"	双引号	\u0022
\\	反斜杠	\u005C
\0	空字符 null	\u0000
\a	响铃	\u0007
\b	退格（backspace）	\u0008
\f	换页（从当前位置移到下一页开头）	\u000C
\n	换行（从当前位置移到下一列开头）	\u000A
\r	回车（从当前位置移到下一行开头）	\u000D
\t	水平制表（跳到下一个 tab 位置）	\u0009
\v	垂直制表	\u000B
\x	1 到 4 位十六进制数表示的字符	
\u	4 位十六进制数表示的字符	

3）实数类型

C# 有三种实数类型：float（单精度型）、double（双精度型）、decimal（十进制小数型）。其中，double 的取值范围最广，decimal 的取值范围比 double 类型的范围小很多，但它的精度最高。用 decimal 类型进行数值计算时，可以避免单精度或双精度数值计算的舍入误差，但同时也会比单精度或双精度数值计算耗费更多的时间和内存空间。

4）布尔类型

布尔类型是用来表示"真"和"假"两个概念的，在 C# 里用 true 和 false 来表示。值得注意的是，在 C 和 C++ 中，用 0 来表示"假"，用其他任何非 0 值来表示"真"。但是在 C# 中，整数类型与布尔类型之间不再进行转换，将整数类型转换成布尔型是不合法的。因此，不能将 true 值与整型非 0 值进行转换，也不能将 false 值与整型 0 值进行转换。例如，语句"bool Isloop=1;"在 C# 中被认为是错误的表达式，不能通过编译。

2. 枚举类型

枚举（enum）实际上是为一组在逻辑上密不可分的整数值提供便于记忆的符号。例如，定义一个代表颜色的枚举类型的变量：

```
enum Color
{
            Red,Green,Blue
};
```

在定义的枚举类型中，每个枚举成员都有一个对应的常量值，默认情况下 C# 规定第一个枚举成员的值为 0，后面每一个枚举成员的值加 1 递增。当然，程序设计人员可以根据需要对枚举成员自行赋值。例如，默认枚举类型 Color 中成员 Red 的值为 0，Green 的值为 1，Blue 的值为 2。也可以直接对枚举成员赋值，但是为枚举类型的成员所赋的值类型限于 long、int、short 和 byte 等整数类型。例如：

```
enum Color
{
            Red=10,Green=20,Blue=30
};
```

声明枚举类型变量与声明简单数据类型变量类似，采用枚举类型名称 + 枚举类型变量名称的方式声明，如"Color c1;"定义了一个枚举类型的变量 c1。在 C# 语言中，枚举不能作为一个整体被引用，只能使用"枚举类型名.枚举成员名"的方式访问枚举中的个别成员。枚举成员本质上是一个枚举类型常量，因而不允许向其赋值，只能被读取，而且只有通过强制类型转换才能将其转换为基本类型的数据。下面的示例可以形象地展示枚举类型的用法：

```
static void Main(string[] args)
{
    Color c1;
            c1=Color.Red;
    Console.WriteLine("The selected color is "+c1);
    Console.Read();
}
```

示例程序运行的结果是：

The selected color is Red

3. 结构类型

利用简单数据类型，可以进行一些常用的数据运算、文字处理。但是日常生活中，经常要碰到一些更复杂的数据类型，比如学生学籍记录中可以包含学生姓名、年龄、籍贯和家庭住址等信息。如果按照简单类型来管理，每一条记录都要放到三个不同的变量中，不仅工作量大，并且不够直观。

C# 程序里定义了一种数据类型，它将一系列相关的变量组织为一个实体，该类型称为结构 (struct)，每个变量称为结构的成员。定义结构类型的方式如下：

```
struct Student
{
    string name;// 结构里，默认为私有（private）成员
    public int age;
    string address;
}
```

C# 结构中，除了可以包含变量外，还可以有构造函数、常数、方法等。如上面的结构 Student 可以进一步扩展为如下形式：

```
struct Student
{
    string name;// 结构里，默认为私有（private）变量
    public int age;
    string address;
    public Student(int a)// 与结构同名的构造函数
    {
        age = a;
        address = "";
        name = "";
    }
    public string AccessName()    // 访问私有变量的成员方法
    {
        return name;
    }
}
```

C# 语言中有两种声明结构类型变量的方式：可以与声明 int、double 等简单类型变量一样，采用结构名称 + 结构变量名称的方式声明，如"Student s1"；也可以利用 new 关键字来声明结构变量，如"Student s1= new Student();"。下面的示例可以形象地展示结构类型变量的用法：

```
static void Main(string[] args)
{
    Student s1=new Student(19);
    Console.WriteLine("The age of student s1 is "+s1.age);
    Console.Read();
}
```

示例程序运行的结果是：

```
The age of student s1 is 19
```

在形式上，枚举类型与结构类型非常相似，所不同的是枚举类型中每个元素之间的相隔符为逗号，而结构类型一般用分号来分隔各个成员。另外，结构是不同类型的数据组成的一个新的数据类型，结构类型的变量值由各个成员的值组合而成，而枚举类型用于声明一组具有相同性质的常量，枚举类型的变量在某一时刻只能取枚举中的某一个元素的值。例如，s1 是结构类型 Student 的变量，s1 的值可以根据其声明类型随意赋值；而 c1 是枚举类型 Color 的变量，c1 在某个时刻只能代表具体的某种颜色，其值只能是 Red、Green 或 Blue 中的一个。

4．可空类型

可空 (Nullable) 类型也是值类型，只是它是包含 null 的值类型。简而言之，可空类型可以表示所有基础类型的值加上 null。因此，如果声明一个可空的布尔类型变量（System.Boolean），就可以从集合 {true,false,null} 中进行赋值。可空类型在和关系数据库打交道时很有用，因为在数据库表中遇到未定义的列是很常见的事情。可空类型是在 .NET 2.0 中引入的。有了可空数据类型的概念，在 C# 中就可以用很简便的方式来表示没有值的数值数据。

为了定义一个可空变量类型，在底层数据类型中添加问号（？）作为后缀。在 C# 中，? 后缀记法实际上是创建一个泛型 System.Nullable<T> 结构类型实例的简写。System.Nullable<T> 类型提供了一组所有可空类型都可以使用的成员。? 后缀只是使用 System.NUllable<T> 的一种简化表示。与非可空变量一样，局部可空变量必须赋一个初始值。例如，下面的代码声明了一些局部可空类型变量：

```
// 定义一些局部可空类型变量
int? nullableInt = 1;
double? nullableDouble = 5.64;
bool? nullableBool = null;
char? nullableChar = 'a';
```

也可以用如下方式实现这些变量的声明：

```
// 定义一些局部可空类型变量
Nullable<int> nullableInt = 1;
Nullable<double> nullableDouble = 5.64;
```

```
Nullable<bool> nullableBool = null;
Nullable<char> nullableChar = 'a';
```

注意，这种语法只对值类型是合法的。如果试图创建一个可空引用类型（包括字符串），就会遇到编译时错误。例如，下面的代码将会遇到编译时错误，因为字符串是引用类型。

```
String? S = 'oops';
```

3.1.2 引用类型

引用类型和值类型不同，引用类型不存储它们所代表的实际数据，而是存储对实际数据的引用。引用类型的变量通常被称为对象，对象的实例使用 new 关键字创建，存储在堆中（堆是由系统弹性配置的内存空间，没有特定大小与存活时间，可以被弹性地运用于对象的访问）。C# 中提供的引用类型包括类、接口、数组和委托，其中类类型又包括 Object 类型、string 类型和用户自定义类型三种，如表 3-4 所示。

表 3-4 C# 引用类型

类 别		说 明
类类型	Object	其他所有类型的基类
	string	Unicode 字符串
	用户自定义类型	Class C {…} 形式的用户定义类型
接口类型		Interface I {…} 形式的用户定义类型
数组类型		一维和多维数组
委托类型		Delegate int D {…} 形式的用户定义类型

1. 类类型

类是面向对象编程的基本单位，是对一组同类对象的抽象描述。类是一种包含数据成员、函数成员和嵌套类型的数据结构。类的数据成员包括常量、域和事件，函数成员包括方法、属性、索引指示器、运算器、构造函数和析构函数。

类和结构同样都包含自己的成员，但它们之间最主要的区别在于：类是引用类型，而结构是值类型。另外，类支持继承机制而结构不支持，通过继承，派生类可以扩展基类的数据成员和函数方法，进而达到代码重用和设计重用的目的。因此，类一般用于定义复杂实体，而结构主要用于定义小型数据结构。

1）Object 类型

在 C# 的统一类型系统中，所有类型（预定义类型、用户自定义类型、引用类型和值类型）都是直接或间接从类 System.Object 继承的。对 Object 类型的变量声明，采用 object 关键字，这个关键字是在 .NET 框架结构中提供的预定义命名空间 System 中定义的，是类 System.Object 的别名。由于 object 类型是所有其他类型的基类，因此可以将任何类型的值赋给 object 类型的变量。例如：

```
int x = 1;
```

```
object obj1;
obj1 = x;      // 赋予对象类型变量为整型的数值
object obj2 = "B";  // 赋予对象类型变量为字符值
```

2）string 类型

C# 还定义了一个基本的类 string，专门用于操作字符串。类 string 也是在 .NET 框架结构的命名空间 System 中定义的，是类 System.String 的别名。.NET 对 string 类型变量提供了独特的管理方式，与别的引用类型不同，不需要使用 new 关键字就能声明 string 类型的变量，因此，string 类型被看成是一个"独特"的引用类型。

C# 支持两种形式的字符串：正则字符串和原义字符串。正则字符串由在双引号中的零个或多个字符组成。 如果正则字符串中包含特殊字符，需要使用转义字符表示，如"D:\\student"表示 D 盘下的 student 目录，其中"\\"是转义字符。原义字符串由 @ 字符开头，后面是在双引号中的零个或多个字符，原义字符串中的特殊字符不需要使用转义字符表示，如"@D:\student"同样表示 D 盘下的 student 目录。

3）用户自定义类型

C# 程序员除了可以使用 .NET Framework 类库中系统自定义的类以外，还可以使用 class 关键字自定义类类型。如上文中定义的结构类型 Student 也可以用类类型定义（把 struct 关键字替换为 class 关键字），代码如下：

```
class Student
{
    string name;              // 结构里，默认为私有（private）变量
    public int age;
    string address;
    public Student(int a)     // 与结构同名的构造函数
    {
        age = a;
        address = "";
        name = "";
    }
    public string AccessName()   // 访问私有变量的成员方法
    {
        return name;
    }
}
```

2. 接口类型

C# 不支持类的多重继承（指一个子类可以有一个以上的直接父类，该子类可以继承它所有直接父类的成员），但是客观世界出现多重继承的情况又比较多。为了避免传统的多重继承给程序带来的复杂性等问题，C# 提出了接口的概念，通过接口可以实现多重继承的功能。

C# 中的接口在语法上和抽象类 (abstract class) 相似，它定义了若干个抽象方法、属性、索引、事件，形成一个抽象成员的集合，每个成员通常反映事物某方面的功能。程序中接口的用处主要体现在以下几个方面。

（1）通过接口可以实现不相关类的相同行为，而不需要考虑这些类之间的层次关系。

（2）通过接口可以指明多个类需要实现的方法。

（3）通过接口可以了解对象的交互界面，而无须了解对象所对应的类。

例如，Airplane、Bird、Superman 类都具有"飞"这个相同的行为，这时就可以将有关飞的方法 takeoff()、fly()、land() 等集合到一个名为 Flyable 的接口中，而 Airplane、Bird、Superman 类都实现这个接口，也就是说实现了"飞"的功能。Airplane、Bird、Superman 类之间没有继承关系，也不一定处于同样的层次上。

定义接口使用 interface 关键字，在接口中可以有 0 至多个成员。接口的成员必须是抽象的方法、属性、事件或索引，这些抽象成员都没有实现体，并且所有接口成员隐含的都是公共访问性。接口不能包含常数、域、操作符、构造函数、静态构造函数或嵌套类型，也不能包括任何类型的静态成员。接口本身可以带修饰符，如 public、internal，但是接口成员声明中不能使用除 new 以外的任何修饰符。按照编码惯例，接口的名字都以大写字母 I 开始。例如，下面的代码定义了一个接口：

```
public interface IStudentList
{
    void Add(Student s);
}
```

该接口中包含一个 Add 方法。事实上，接口定义的仅仅是一组特定功能的对外接口和规范，接口中的方法都是抽象方法，这个功能的真正实现是在"继承"这个接口的各个类中完成的，要由这些类来具体定义接口中各方法的方法体。因而在 C# 中，通常把对接口功能的"继承"称为"实现（implements）"。总之，接口把方法的定义和对它的实现区分开，一个类可以实现多个接口来达到类似于"多重继承"的目的。接口的继承关系用冒号表示，如果有多个基接口，则用逗号分开。下面例子中，类 Bird 从两个基接口 Flyable 和 Eatable 继承：

```
class Bird : Flyable, Eatable
{
    void MethodA();
    void MethodB();
}
```

3. 数组类型

数组（array）是一种常用的引用数据类型，是由抽象类 System.Array 派生而来的。从字面意义上理解数组的概念，可以解释为"一组数"，但正确的理解应该为"一组元素"，即数组是由一组相同数据类型的元素构成的。数组占用一块连续的内存，元素按顺序连续存放在一起，数组中的每一个单独元素并没有自己的名字，但是可以通过其下标（索引）

来进行访问或修改。不同的下标表示数组中不同的元素，配合数组的名称便可以访问数组中的所有元素。在 C# 中，数组的下标是从 0 开始的，数组的长度定义为数组中包含的元素个数。

数组的"秩"也称数组的维数，用来确定和每个数组元素关联的索引个数，数组最多可以有 32 个维数。"秩"为 1 的数组称为一维数组。"秩"大于 1 的数组称为多维数组。维度大小确定的多维数组通常称为二维数组、三维数组等。数组的每个维度都有一个关联的长度，它是一个大于或等于零的整数。维度的长度确定了该维度的索引的有效范围：对于长度为 N 的维度，索引的范围可以为 0 到 N–1（包括 0 和 N–1）。数组中的元素总数是数组中各维度长度的乘积。如果数组的一个或多个维度的长度为零，则称该数组为空。

1）一维数组的声明

声明数组时，主要声明数组的名称和所包含的元素类型，一般格式如下：

```
数组类型 [] 数组名 ;
```

其中，数组类型可以是 C# 中任意有效的数据类型，包括数组类型；数组名可以是 C# 中任意有效的标识符。下面是声明数组的几个例子：

```
int[] Inum;
string[] Sname;
Student[] Sclass1;          //Student 是已定义类类型
```

注意：数据类型 [] 是数组类型，变量名放在 [] 的后面，这与 C 和 C++ 是不同的。

2）一维数组的创建

声明数组时并没有真正创建数组，可以在声明数组的同时使用 new 操作符来创建数组对象。创建数组时需要指定数组的长度，便于系统为数组对象分配内存。例如：

```
int[] Inum= new int[10];
```

也可以先声明数组再创建数组，上面的代码等价于：

```
int[] Inum;
Inum =new int[10];
```

3）一维数组的初始化

数组的初始化就是给数组元素赋值。数组的初始化方法有以下几种。

（1）在声明数组时进行数组的初始化。

声明数组时进行数组的初始化形式为：数据类型 [] 数组名 = new 数据类型 [元素个数] { 初始值列表 }，根据习惯，可以简化为：数据类型 [] 数组名 = new 数据类型 []{ 初始值列表 } 或数据类型 [] 数组名 = { 初始值列表 }。以下是声明数组变量 Inum 时可以使用的几种初始化形式：

```
int[] Inum = new int[2] { 1, 2 };
int[] Inum = new int[] { 1, 2 };
```

```
int[] Inum = { 1, 2 };
```

（2）在声明数组后进行数组的初始化。

声明数组后进行数组的初始化形式为：数组名 = new 数据类型 [元素个数]{ 初始值列表 }，根据习惯，可以简化为：数组名 = new 数据类型 []{ 初始值列表 }。以下是声明数组变量 Inum 后采用的两种初始化形式：

```
int[] Inum; // 先声明数组
Inum = new int[2] { 1, 2 };
Inum = new int[] { 1, 2 };
```

注意： 在声明数组后进行数组的初始化时，new 操作符不能省略。

（3）在创建数组后进行数组的初始化。

使用 new 关键字创建的数组，如果没有初始化，则其元素都会使用 C# 的默认值，例如 int 类型的默认值为 0、bool 类型的默认值为 false 等。如果想自行初始化数组元素，则创建数组后进行数组的初始化形式为：数组名 [索引] = 初始值。以下是创建数组变量 Inum 后的初始化形式：

```
int[] Inum = new int[2]; // 先创建数组
Inum[0] = 1; Inum[1]= 2;
```

建立的数组可以利用索引来存取数组元素，上面的代码即是通过逐个访问数组元素并为其赋值实现创建后数组的初始化的。

4）多维数组

多维数组是指维数大于 1 的数组，常用的是二维数组和三维数组。程序中常用二维数组来存储二维表中的数据，C# 语言支持两种类型的二维数组，一种是二维矩形数组，另一种是二维交错数组。

二维矩形数组类似于矩形网格，数组中的第一行都有相同的元素个数。例如，下面的语句声明一个 3 行 2 列的二维矩形数组：

```
int[,] Inum = new int[3,2]{{1,2},{3,4},{5,6} };
```

和一维数组一样，使用索引访问二维矩形数组的元素，如 Inum[2,1] 的值为 3。

交错二维数组相当于每个元素又都是一维数组，元素数组的维数和长度可以不同。例如，下面的语句声明一个包含 3 个一维数组元素的二维交错数组：

```
int[][] Inum = new int[3][]
{
new int [] {2,4,6},
new int [] {1,3,5},
new int [] {8,9}
};
```

5）常见的数组操作

C# 中的数组是从类 System.Array 中派生出来的，因此，可以使用类 System.Array 中的方法对数组进行不同的操作。

（1）数组排序。

数组的排序是一个经典的问题，C# 为开发人员提供了一个便捷的数组排序方法，即 Array.Sort() 方法。开发人员在进行数组排序时直接调用此方法即可，无须自己编写排序方法的代码。下面通过一个实例介绍 Array.Sort() 方法的使用，修改 Program.cs 文件中 Main 方法的内容如下：

```
int[] a = new int[4] { 16,8,12,10};
Console.WriteLine("The original array：");
Console.Write(a[0].ToString() + " " + a[1].ToString() + " " + a[2].ToString() + " " + a[3].ToString());
Array.Sort(a);
Console.WriteLine();
Console.WriteLine("The sorted array：");
Console.Write(a[0].ToString() + " " + a[1].ToString() + " " + a[2].ToString() + " " + a[3].ToString());
Console.Read();
```

按 Ctrl+F5 组合键运行程序，结果如图 3-2 所示。可以看到，数组中的元素按照从大到小的方式被重新排列。在本实例中，进行排序的代码只有一行，即 Array.Sort(a)。

图 3-2　数组排序

（2）查找数组元素。

在使用数组的时候，若需要快速地知道数组中是否含有某个元素，并获得该元素的位置，就需要对数组中的元素进行查找。C# 为开发人员提供了两种便捷查找数组元素的方法，即 Array.IndexOf() 和 Array.LastIndexOf() 方法。其中，Array.IndexOf() 方法的作用就是找到在数组中某元素首次出现的位置，而 Array.LastIndexOf 方法的作用就是找到数组中某元素最后一次出现的位置。下面通过一个实例介绍这两个方法的使用，修改 Program.cs 文件中 Main 方法的内容如下：

```
int[] a = new int[5] {2,6,4,2,1};
int b = Array.IndexOf(a,2);
Console.WriteLine("The first location of the element 2：  "+b.ToString());
int c = Array.LastIndexOf(a, 2);
Console.WriteLine("The first location of the element 2：  "+c.ToString());
Console.Read();
```

按 Ctrl+F5 组合键运行程序，结果如图 3-3 所示。可以看到，数值 2 在数组 a 中出现两次，分别位于下标为 0 和 3 的位置。因此，Array.IndexOf() 方法查找数值 2 时返回的位置为 0，而 Array.LastIndexOf() 方法查找数值 2 时返回的位置为 3。

```
C:\Users\Student\source\repos\ConsoleApp1\ConsoleApp1\bin\Debug\ConsoleApp1.exe
The first location of the element 2: 0
The last location of the element 2: 3
```

图 3-3　查找数组元素

（3）数组逆序。

逆序也是数组的常见操作，即将数组中元素排列的顺序逆转。C# 为开发人员提供了一种便捷逆序数组元素的方法，即 Array.Reverse() 方法。开发人员在进行数组逆序操作时直接调用此方法即可，无须自己编写代码。下面通过一个实例介绍 Array.Reverse() 方法的使用，修改 Program.cs 文件中 Main 方法的内容如下：

```
int[] a = new int[4] { 6, 4, 2, 1 };
Console.WriteLine("The original array：");
Console.Write(a[0].ToString() + " " + a[1].ToString() + " " + a[2].ToString() + " " + a[3].ToString());
Array.Reverse(a);
Console.WriteLine();
Console.WriteLine("The reverse array：");
Console.Write(a[0].ToString() + " " + a[1].ToString() + " " + a[2].ToString() + " " + a[3].ToString());
Console.Read();
```

按 Ctrl+F5 组合键运行程序，结果如图 3-4 所示。可以看到，数组中的元素按照和原来相反的顺序重新排列。在本实例中，进行逆序操作的代码只有一行，即 Array.Reverse(a)。

```
C:\Users\Student\source\repos\ConsoleApp1\ConsoleApp1\bin\Debug\ConsoleApp1.exe
The original array:
6 4 2 1
The reverse array:
1 2 4 6
```

图 3-4　数组的逆序操作

（4）复制数组。

复制数组是一类常见的操作，即将一个数组中的内容复制到另一个数组中。C# 为开发人员提供了一种便捷复制数组元素的方法，即 Array.Copy() 方法。下面通过一个实例介绍 Array.Copy() 方法的使用，修改 Program.cs 文件中 Main 方法的内容如下：

```
int[] a = new int[4] { 6, 4, 2, 1 };
int [] b =new int[5];
Array.Copy(a,b,a.Length);
Console.WriteLine("The copied array：");
Console.Write(b[0].ToString() + " " + b[1].ToString() + " " + b[2].ToString() + " " + b[3].ToString());
Console.Read();
```

按 Ctrl+F5 组合键运行程序，结果如图 3-5 所示。可以看到，a 数组中的所有元素都被复制到 b 数组中。在本实例中，进行数组复制操作的代码只有一行，即 Array.Copy(a,b,a .Length)，其中 a.Length 通过数组的 Length 属性获得数组 a 的元素个数。

图 3-5　数组的复制

4．委托类型

委托可以用来处理其他语言（如 C++、Pascal 和 Modula）需要用函数指针来处理的情况。不过与 C++ 函数指针不同，委托是完全面向对象的和类型安全的。另外，C++ 指针仅指向成员函数，而委托同时封装了对象实例和方法。委托声明定义一个从 System.Delegate 类派生的类，在声明委托类型时，只需要指定委托指向的原型的类型，它不能有返回值，也不能带有输出类型的参数。委托实例封装了一个调用列表，该列表列出了一个或多个方法，每个方法称为一个可调用实体。对于实例方法，可调用实体由该方法和一个相关联的实例组成。对于静态方法，可调用实体仅由一个方法组成。用一个适当的参数集来调用一个委托实例，就是用给定的参数集来调用委托实例的每个可调用实体。

3.1.3　数据类型转换

在高级语言中，数据类型是很重要的一个概念，只有具有相同数据类型的对象才能够互相操作。很多时候，为了进行不同类型数据的运算（如整数和浮点数的运算等），需要把数据从一种类型转换为另一种类型，即进行类型转换。

如果是从一种值类型转换为另一种值类型，或者是从一种引用类型转换为另一种引用类型，有两种转换方式：隐式转换和显式转换。如果是值类型与引用类型之间的转换，需要使用装箱和拆箱技术来实现。

1．隐式转换

隐式转换就是系统默认的、无须指明的转换。进行隐式转换时，编译器不需要进行检查就能自动将操作数转换为相同的类型。隐式转换只允许发生在从值范围较小的数据类型到值范围较大的数据类型的转换，转换后的数值大小不受影响，这是因为值范围较大的数据具有足够的空间存放值范围较小的数据。下面的代码执行时将发生隐式转换：

```
int i = 1; // 声明一个 int 类型变量并初始化
long result= i; //int 类型隐式转换为 long 类型
```

注意：从 int、uint、long、ulong 到 float，以及从 long、ulong 到 double 的转换可能会导致精度损失，但不会影响它的数量级。

2．显式转换

显式类型转换，又称强制类型转换，需要在代码中明确地声明要转换的类型。当需要把值范围较大的数据类型转换为值范围较小的数据类型时，不能使用隐式转换，而必须使用显式转换。当然，所有的隐式转换都可以采用显式转换的形式来表示。

下面的代码进行了不同数据类型间的显式转换：

```
int i = 1; // 声明一个 int 类型变量并初始化
long result= (long)i; //int 类型显式转换为 long 类型
double m = 5.6; // 声明一个 double 类型变量并初始化
int n =(int)m; //double 类型显式转换为 int 类型
```

显式转换在把值范围较大的数据类型转换为值范围较小的数据类型时，可能会导致溢出错误。例如：

```
double m = 2222222222.6;
int n =(int)m;
```

上述语句执行后，得到的 n 值为 -2147483648，显然是不正确的。这是因为上述语句中，double 类型变量 m 的值比 int 类型变量的最大值还要大，发生了溢出错误。因此，在进行显式类型转换时，通常使用 checked 运算符来检查转换是否安全。如上述语句可以改写为：

```
double m = 2222222222.6;
int n = checked((int)m);
```

这时再执行上述语句，系统会抛出一个异常，提示"算术运算导致溢出"。

3．装箱和拆箱

装箱和拆箱允许值类型变量和引用类型变量相互转换。装箱是将值类型转换为引用类型，拆箱是将引用类型转换为值类型。

对值类型进行装箱转换时，会在内存堆中分配一个对象实例，并将该值复制到该对象中。例如，修改 Program.cs 文件中 Main 方法的内容如下：

```
int i = 123;
object o = i; // 装箱转换
i = 456; // 改变 i 的内容
Console.WriteLine("value type i: {0}", i);
Console.WriteLine("reference type o: {0}", o);
Console.Read();
```

按 Ctrl+F5 组合键运行程序，结果如图 3-6 所示。可以看到，将 int 类型变量 i 装箱转换为 Object 类型的变量 o 后，修改变量 i 的值，变量 o 的值保持不变。

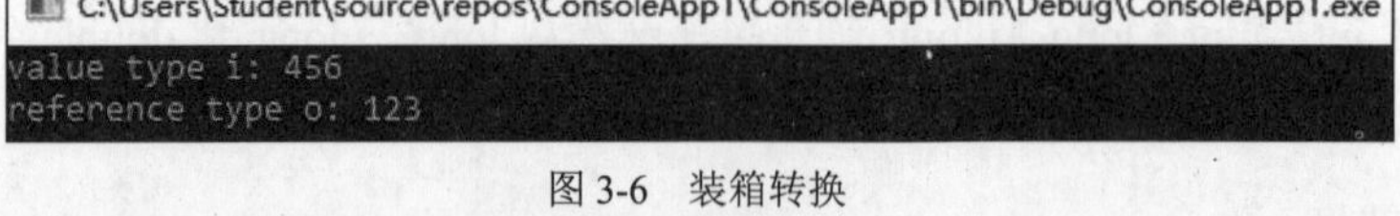

图 3-6 装箱转换

对引用类型进行拆箱转换时，需要使用强制操作符，将存放在堆中的引用类型的值复制到栈中形成值类型。拆箱转换的执行过程分两个阶段。

（1）检查引用类型变量，确认它是否包装了值类型的数。

（2）把引用类型变量的值复制到值类型的变量中。

例如，修改 Program.cs 文件中 Main 方法的内容如下：

```
int i = 123;
Console.WriteLine("The original value of i: {0}", i);
object o = i;  // 装箱转换
o = 456;  // 改变 o 的内容
i = (int)o;  // 拆箱转换
Console.WriteLine("The value of i after boxing and unboxing: {0}", i);
Console.Read();
```

按 Ctrl+F5 组合键运行程序，结果如图 3-7 所示。将 int 类型变量 i 装箱转换为 Object 类型的变量 o 后，修改变量 o 的值，再将 Object 类型变量 o 拆箱的值赋给变量 i，i 的值发生了变化。可以看出，拆箱转换正好是装箱转换的逆过程。

```
C:\Users\Student\source\repos\ConsoleApp1\ConsoleApp1\bin\Debug\ConsoleApp1.exe
The original value of i: 123
The value of i after boxing and unboxing: 456
```

图 3-7　拆箱转换

注意：在执行拆箱转换时，要遵循类型一致的原则。比如，上述例子中将一个 int 类型变量进行了装箱转换，那么在对其进行拆箱转换时，一定也要拆箱为 int 类型变量，否则会出现异常。

4．Convert 类转换

Convert 类用于将一个基本数据类型转换为另一个基本数据类型，返回与指定类型的值等效的类型。受支持的基类型有 boolean、char、sbyte、byte、int16、int32、int64、uint16、uint32、uint64、single、double、decimal、datetime 和 string。可根据不同的需要使用 Convert 类的公共方法实现不同数据类型的转换。Convert 类所执行的实际转换操作分为以下三类。

（1）从某种类型到它本身的转换只返回该类型，不实际执行任何转换。

（2）无法产生有意义的结果的转换引发 InvalidCastException 异常，不实际执行任何转换。下列转换会引发异常：char 类型与 boolean、single、double、decimal、datetime 类型之间的转换，以及 datetime 类型与除 string 之外的任何类型之间的转换。

（3）某种基类型与其他基类型的相互转换（引发 InvalidCastException 的除外）。

Convert 类的所有方法都是静态的，因此可以直接调用。Convert 类中方法的形式都为 ToXXX(xxx)，即实现把参数 xxx 转换为 XXX 类型。下面通过一个实例介绍 Convert 类方法的使用，修改 Program.cs 文件中 Main 方法的内容如下：

```
string str1 = "123";
int i = Convert.ToInt32(str1);
Console.WriteLine("The value of i after convert is：  {0}", i);
Console.Read();
```

按 Ctrl+F5 组合键运行程序，结果如图 3-8 所示。可以看到，通过使用 Convert. ToInt32() 方法，string 类型变量被转换为 int 类型变量。

```
C:\Users\Student\source\repos\ConsoleApp1\ConsoleApp1\bin\Debug\ConsoleApp1.exe
The value of i after convert is: 123
```

图 3-8　Convert 类的使用

3.2　变量和常量

在程序执行过程中，数值发生变化的量称为变量，数值始终不变的量称为常量。变量通常用来表示一个数值、一个字符串值或一个实例对象，变量存储的值可能会发生改变，但变量名称保持不变。常量存储的值固定不变，而且常量的值在编译时就已经确定了。

3.2.1　变量的声明和使用

变量通常用来保存程序执行过程中的输入数据、计算获得的中间结果和最终结果等。变量被定义后，在程序执行阶段会一直存储在内存中。变量的值可根据指定运算符或增、或减来改变。声明变量时，需要指明变量的名称和类型。通过声明变量，可以在内存中为该变量申请存储空间。声明变量时指明的变量名称必须符合 C# 变量命名规则，具体如下。

（1）必须以字母或下划线开头。

（2）只能由字母、数字、下划线组成，不能包含空格、标点符号、运算符等特殊符号。

（3）不能与 C# 关键字（如 class、new 等）同名。

（4）在变量的作用域内不能再定义同名的变量。

C# 变量在使用之前必须已经被初始化，否则编译时会报错。可以在声明变量的同时进行变量的初始化，也可以在变量声明后使用前进行变量的初始化。例如语句：

```
string str1 = "123";
```

与语句：

```
string str1;
str1 = "123";
```

的作用是等价的。下面的示例演示了变量的声明和使用。这段代码中声明了三个变量，其中变量 b 和 x 在声明时直接进行了赋值，变量 i 在声明后使用变量 b 和 x 进行赋值。

```
char b='a';
int x=3;
int i;
i = b+x;
Console.WriteLine("b+x 的值为 {0}", i);
```

3.2.2　变量的分类

C# 语言中，主要定义了以下几种类型的变量：静态变量（static variable）、非静态变量（instance variable）、数组元素（array element）、局部变量（local variable）、值参数（value parameters）、引用参数（reference parameters）和输出参数（output parameters）。这里只介绍常用的数据类型：静态变量、非静态变量和局部变量。

1. 静态变量

带有 static 修饰符声明的变量称为静态变量。静态变量只需创建一次，在后面的程序中就可以多次引用。一旦静态变量所属的类被装载，直到包含该类的程序运行结束，它将一直存在。静态变量的初始值就是该变量类型的默认值，不需要建立其所属类的对象，便可直接存取这个变量。例如可以在类中书写如下代码声明一个静态变量：

```
static int i;
```

2. 非静态变量

不带有 static 修饰符声明的变量称为非静态变量，也称普通变量。非静态变量只有在建立变量所属类型的对象后，才开始存在于内存里。如果变量定义在类中，那么只有当类的对象被建立时，变量才随之诞生；对象消失，变量也随之消失。如果变量定义在结构里，那么结构存在多久，变量也存在多久。

下面的示例代码展示了静态变量与非静态变量的主要区别：静态变量 name 和 age 都可以使用所属类直接调用，即 VariableInclude.name、VariableInclude.age；而非静态变量 country 在使用前必须先声明其所属类的实例 vi1，即"VariableInclude vi1 = new VariableInclude();"，再通过实例 vi1 进行调用，即 vi1.country。

```
public class VariableInclude
{
    public static string name = "AndyLau";        // 定义了静态字符串变量
    public static int age = 40;                   // 定义了静态整型变量
    public string country = "china-Honkong";      // 定义了非静态变量
}
class Program
{
    static void Main(string[] args)
    {
        // 静态变量不用定义实例对象，可直接调用
Console.WriteLine(VariableInclude.name);
Console.WriteLine(VariableInclude.age);
        // 非静态变量不能直接调用，编译报错
        //Console.WriteLine(VariableInclude.country);
        // 定义类的对象后，才能调用非静态变量
        VariableInclude vi1 = new VariableInclude();
Console.WriteLine(vi1.country);
        Console.Read();
    }
}
```

3. 局部变量

局部变量是指在一个独立的程序块中（如一个 for 语句、switch 语句或者一个方法）声明的变量，它只在该范围有效。当程序运行到这一范围时，该变量开始生效，程序离开时，变量就失效了，例如：

```
for(int i=1;i<9;i++)
{
    Console.WriteLine(i); // 正确的代码，因为此时还在有效范围内
}
Console.WriteLine(i); // 错误的代码，因为此时局部变量 i 已经失效了
```

需要注意的是，局部变量不会自动被初始化，所以也就不存在默认值，必须赋值后才能使用。

3.2.3 常量

同变量一样，常量也用来存储数据，但常量通常用来表示有意义的固定数值。常量和变量的区别在于，常量一旦被初始化就不再发生变化，可以理解为符号化的常数。使用常量可以使程序变得更加灵活易读，例如，可以用常量 PI 来代替 3.1415926，一方面程序变得易读，另一方面，需要修改 PI 精度的时候无须在每一处都修改，而只需在代码中改变 PI 的初始值即可。

常量的声明和变量类似，需要指定其数据类型、常量名和初始值，但是常量的声明需要使用 const 关键字，且必须在声明时进行初始化。常量总是静态的，但声明时不必包含 static 修饰符。在对程序进行编译时，编译器会把所有常量全部替换为初始化的常数。常量的声明如下：

```
const double PI = 3.1415;
```

3.3 常用运算符和表达式

运算符在 C# 程序中应用广泛，尤其在应用计算功能时，常常需要大量的运算符。运算符结合操作数，便形成了表达式，并返回运算结果。

3.3.1 C# 中常见的运算符

运算符是一种专门用来处理数据运算的特殊符号，用来指挥计算机进行某种操作。接受一个操作数的运算符称为一元运算符 (如 new、++)，接受两个操作数的运算符称为二元运算符 (+、－)，接受三个操作数的运算符称为三元运算符 (？：是 C# 中唯一的三元运算符)。下面将介绍 C# 中常见的运算符。

1. 算术运算符

算术运算符用来对数值型数据进行计算。C# 提供的算术运算符如表 3-5 所示。

表 3-5 算术运算符

运算符	+	-	*	/	%	++	--
含义	加法	减法	乘法	除法	求模	自增	自减
示例	8+2	8-2	8*2	8/2	8%2	8++,++8	8--,--8
结果	10	6	16	4	0	9	7

在 C# 语言中，根据两个操作数的类型，加法运算符具有多重作用，规则如下。

（1）两个操作数均为数字，相加的结果为两个操作数之和。

（2）两个操作数均为字符串，把两个字符串连接在一起。

（3）两个操作数分别为数字和字符串，则先把数字转换成字符串，然后连接在一起。

（4）两个操作数分别为数字和字符，则先把字符转换成 Unicode 代码值，然后求和。

算术运算符中的求模运算 (%) 本质上也是一种除法运算，只不过它舍弃商而把小于除数的未除尽部分（即余数）作为运算结果，又称为取余运算。

2．关系运算符

关系运算符又称为比较运算符，用来比较两个操作数的大小，或者判断两个操作数是否相等，运算的结果为 True 或 False。C# 提供的关系运算符如表 3-6 所示。

表 3-6 关系运算符

运算符	==	!=	>	<	>=	<=
含义	相等	不相等	大于	小于	大于或等于	小于或等于
示例	8==2	8!=2	8>2	8<2	8>=2	8<=8
结果	False	True	True	False	True	True

关系运算符中，== 和 != 用来判断两个操作数是否相等，操作数可以是值类型的数据，也可以是引用类型的数据。而 <、<=、>、>= 用来比较两个操作数的大小，操作数只能是值类型的数据。

3．逻辑运算符

逻辑运算符对操作数或表达式执行布尔逻辑运算，常见的逻辑运算符如表 3-7 所示。

表 3-7 逻辑运算符

运算符	!	&			^	&&	||
含义	逻辑非	逻辑与	逻辑或	逻辑异或	条件与	条件或
示例	!(8>2)	8&2	8	2	8^2	(8>2)&&(3>4)	(8>2)||(3>4)
结果	False	0	10	10	False	True

逻辑非 (!) 的运算结果是操作数原有逻辑值的反值。逻辑与 (&)、逻辑或 (|) 和逻辑异或 (^) 三个运算符都是比较两个整数的相应位。只有当两个整数的对应位都是 1 时，逻辑与 (&) 运算符才返回结果 1，否则返回结果 0；当两个整数的对应位都是 0 时，逻辑或 (|) 运算符才返回结果 0，否则返回结果 1；当两个整数的对应位一个是 1 而另外一个是 0 时，逻辑异或 (^) 运算符才返回结果 1，否则返回结果 0。条件与 (&&) 与条件或 (||) 运算符用于计算两个条件表达式的值，当两个条件表达式的结果都是真时，条件与 (&&) 运算符才返回结果真，否则返回结果假；当两个条件表达式的结果都是假时，条件或 (||) 运算符才返回结果假，否则返回结果真。

4．赋值运算符

赋值运算符的作用是把某个常量、变量或表达式的值赋值给另一个变量。除了简单赋值运算符"="外，常见的复合赋值运算符如表 3-8 所示。

表 3-8　复合赋值运算符

运算符	+=	-=	*=	/=	%=
含义	加法赋值	减法赋值	乘法赋值	除法赋值	取模赋值
示例	8+=2	8-=2	8*=2	8/=2	8%=2
结果	10	6	16	4	0

从表 3-8 中的示例可以看出，复合赋值运算符实际上是特殊赋值运算的一种缩写形式，目的是使对变量的改变更为简洁。

5．其他特殊运算符

C# 中还有一些比较特殊的运算符，不能简单地归于某个类型，下面对一些常用的特殊运算符进行简单介绍。

1）is 运算符

is 运算符用于检查变量是否为指定的类型，如果是，返回真，否则返回假。例如，下面的语句将返回 true。

```
bool b = 8 is int;
```

2）as 运算符

as 运算符用于在相互兼容的引用类型之间执行转换操作，如果无法进行转换则返回 null 值。例如，下面的语句将把 string 类型的常量 a string 转换为 object 类型的变量 temp1。

```
object temp1 = "a string" as object;
```

3）条件运算符

条件运算符 (?:) 根据条件表达式的取值返回两个可选值中的一个：如果条件取值为 true，则返回第 1 个可选值；如果条件取值为 false，则返回第 2 个可选值。例如，下面的语句将返回 true。

```
bool b= (3<5)?true:false;
```

4）new 运算符

new 运算符用于创建一个新的类型实例，包括值类型、类类型、数组类型和委托类型的实例。例如，下面的语句用来创建一个数组类型的实例。

```
int [] a= new int [5];
```

5）typeof 运算符

typeof 运算符用于返回特定类型的 System.Type 对象，并可通过 Type 对象访问基类及本类的一些信息。例如，下面的语句将返回 System.Int32，表明 int 值类型的 System.Type 对象是 System.Int32。

```
System.Type t = typeof(int);
```

6. 运算符的优先级

当表达式中包含一个以上的运算符时，程序会根据运算符的优先级进行运算，优先级高的运算符会比优先级低的运算符先执行。在表达式中，也可以通过括号 () 来调整运算符的运算顺序，将想要优先运算的运算符放置在括号中，当程序开始执行时，括号内的运算符会被优先执行。如表 3-9 所示为常见运算符的优先级，位于同一行中的运算符优先级相同。当一个表达式中出现两个或两个以上相同优先级的运算符时，按照运算符的出现顺序从左到右执行。

表 3-9　常用运算符的优先级（由高到低）

分　类	运　算　符
特殊	new、typeof
一元	+（正）、-（负）、!、++、--
乘除	*、/、%
加减	+、-
关系	>、<、>=、<=、is、as
关系	==、!=
逻辑与	&
逻辑异或	^
逻辑或	|
条件与	&&
条件或	||
条件	?:
赋值	+=、-=、*=、/=、%=

3.3.2　C# 表达式

表达式由操作数（变量、常量、函数）、运算符和括号 () 按一定规则组成。表达式通过运算产生结果，运算结果的类型由操作数和运算符共同决定。表达式既可以很简单，也可以非常复杂。例如：

```
int i = 127;
int j = 36;
Console.WriteLine(Math.Sin(i*i+j*j));
```

上述代码中，表达式"i*i+j*j"作为 Math.Sin() 方法的参数使用，而同时，表达式"Math.Sin(i*i+j*j)"还是 Console.WriteLine() 方法的参数。

3.4　C# 方法及其重载

通过前面内容的学习，读者对 C# 方法应该不陌生了。例如，前面内容用到的 Main() 方法、

toString() 方法、Console.WriteLine() 方法等。本节将介绍 C# 方法及其重载的相关知识。

3.4.1 方法的定义

方法是指在类的内部定义的，并且可以在类或类的实例上运行的具有某个特定功能的模块。C# 方法必须包含以下三个部分。

（1）方法的名称。

（2）方法返回值的类型。

（3）方法的主体。

定义方法的语法如下：

```
[访问修饰符] 返回值的类型 方法名 ([ 参数列表 ])
{
// 方法体
}
```

1．访问修饰符

方法的访问修饰符控制方法的访问权限，public 表示公共的，private 表示私有的。在程序中，如果将变量或者方法声明为 public，就表示其他类可以访问该方法，如果声明为 private，那么就只能在其所属类里面使用。

2．方法返回值的类型

方法是供别人调用的，调用后可以返回一个值，这个返回值的数据类型就是方法的返回类型，可以是 int、float、double、bool、string 等。如果方法不返回任何值，就使用 void。

3．方法名

方法名主要在调用这个方法时用，命名方法就像命名变量、类一样，要遵守一定的规则。方法名一般使用 Pascal 命名法，就是组成方法名的单词直接相连，每个单词的首字母大写，如 WriteLine()、ReadLine()。

方法的名称应该有明确意义，这样别人在使用的时候，就能清楚地知道这个方法能做什么，比如在前面反复出现的 Console.WriteLine() 方法，一看就知道是写一行的意思。因此，方法名要有实际的意义，最好使用动宾短语，表示做一件事。

4．参数列表

方法中可以传递参数，这些参数就组成参数列表，如果没有参数就不用参数列表。参数列表中的每个参数都是"类型 参数名"的形式，参数之间用逗号分开。

5．方法的主体

方法的主体部分就是方法要执行的代码了。在编写方法时，应该先写明方法的声明，包括访问修饰符、返回类型、方法名、参数列表，然后再写方法的主体。

3.4.2 方法的参数

C# 中的方法可以传递的参数类型主要是值类型和引用类型，传递的方式有多种。

1．方法参数的类型

当方法传递的参数是值类型时，变量的栈数据会完整地复制到目标参数中，即实参和形参中的数据相同但存放在内存的不同位置。所以，在目标方法中对形参所做的更改不会对调用者的初始变量产生任何影响。

当方法传递的参数是引用类型时，只是将变量的引用复制到目标参数中，实参和形参的引用指向内存中的同一位置。所以，在目标方法中对形参所做的更改会影响调用者的初始变量。

1）值类型参数

下面的示例代码说明了值传递方式的应用，修改 Program.cs 文件的内容如下：

```csharp
public static void Swap(int n1, int n2)
{
    int temp;
    temp = n1;
    n1 = n2;
    n2 = temp;
}
static void Main(string[] args)
{
    int s1 = 1, s2 = 10;
    Console.WriteLine("The values before exchange: " + s1+" "+s2);
    Swap(s1, s2);
    Console.WriteLine("The values after exchange: " + s1+" "+s2);
Console.Read();
}
```

按 Ctrl+F5 组合键运行程序，结果如图 3-9 所示。可以看到，调用 Swap() 方法并没有达到交换两个变量值的目的。这是因为采用值传递方式传递参数 s1 和 s2 时，尽管方法执行时交换了两个参数的值，但是方法执行结束后这种修改并没有被保留。

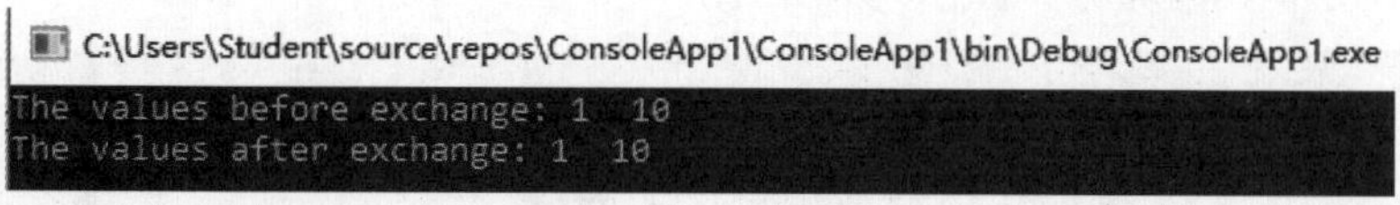

```
C:\Users\Student\source\repos\ConsoleApp1\ConsoleApp1\bin\Debug\ConsoleApp1.exe
The values before exchange: 1  10
The values after exchange: 1  10
```

图 3-9　值传递结果

2）引用类型参数

要想使参数按照引用传递方式传递，需要在方法声明和调用时使用 ref 关键字修饰参数。下面的示例代码说明了引用传递方式的应用，修改 Program.cs 文件的内容如下：

```csharp
public static void Swap(ref int n1, ref int n2)
```

```
    {
        int temp;
        temp = n1;
        n1 = n2;
        n2 = temp;
    }
    static void Main(string[] args)
    {
        int s1 = 1, s2 = 10;
        Console.WriteLine("The values before exchange：" + s1+" "+s2);
        Swap(ref s1, ref s2);
        Console.WriteLine("The values after exchange：" + s1+" "+s2);
    Console.Read();
    }
```

按 Ctrl+F5 组合键运行程序，结果如图 3-10 所示。可以看到，调用 Swap() 方法达到了交换两个变量值的目的。这是因为采用引用传递方式传递参数 s1 和 s2 时，方法执行时交换了两个参数的值，方法执行结束后这种修改被保留。

```
C:\Users\Student\source\repos\ConsoleApp1\ConsoleApp1\bin\Debug\ConsoleApp1.exe
The values before exchange: 1  10
The values after exchange: 10  1
```

图 3-10　引用传递结果

2．特殊的方法参数传递

下面是几种特殊的方法参数传递方式。

1）输出参数——out 关键字

除了将参数单向传入一个方法（传值），或同时将参数传入和传出一个方法（传引用）之外，还可以将数据从一个方法内部单向传出。为此，代码中需要使用关键字 out 来修饰参数类型。

输出参数和引用参数有一定程度的类似，输出参数可用于将值从方法内传递到方法外，实际上就相当于有多个返回值。要使用输出参数只需要将引用参数的 ref 关键字替换为 out 关键字即可。但有一点必须注意，只有变量才有资格作为输出参数，文本值和表达式都不可以。下面的示例代码说明了输出参数的应用：

```
public class Program
  {
    static void Main(string[] args)
    {
      int i = 1;
      int j = 2;
      int k = Plus(i,out j);    // 实参前也要加 out 关键字
      Console.WriteLine(i);   // 输出 1
```

```
        Console.WriteLine(j);  // 输出 100
        Console.WriteLine(k);  // 输出 102
        Console.ReadKey();
    }
    public static int Plus(int i, out int j)
    {
        i = i + 1;
        j = 100;
        return i + j;
    }
}
```

编译器禁止在为输出参数赋值前读取它,这意味着输出参数的初始值基本上没有意义,因为它在使用前要被赋予新的值,如示例代码中的变量 j。

2)参数数组——params 关键字

一般情况下,参数的数量都是由目标方法声明所确定的。然而,有时我们希望参数的数量是可变的,因此最好的方法是为方法传一个数组。然而,这会使调用代码变得稍微复杂一些,因为需要事先构造一个数组,再将这个数组作为参数来传递。为了简化代码,C#提供了一个特殊的关键字 params,它允许将相同类型、数量可变的多个参数传给一个方法。

下面的示例代码说明了输出参数数组的应用:

```
static void Main(string[] args)
{
    int count1 = Plus(1);      // 输出 1
    Console.WriteLine(count1);
    int count2 = Plus(1, 2, 3);// 输出 6
    Console.WriteLine(count2);
    int count3 = Plus();    // 输出 0 参数数组本身可选,没传入值也不会出错
    {
        Console.WriteLine(count3);
    }
    Console.ReadKey();
}
public static int Plus(params int[] values)
{
    int count = 0;
    foreach (int i in values)
    {
        count = count + i;
    }
    return count;
}
```

3）可选参数

可选参数，顾名思义，它不是必需的。对于一般的参数，如果不为它指定值，可能会导致运行出错。但是可选参数不会。可选参数的使用规则如下。

(1) 可选参数不能作为参数列表中的第一个参数，它必须位于所有必选参数之后。

(2) 可选参数必须指定一个默认值。

(3) 可选参数的默认值必须是一个常量表达式。

(4) 所有可选参数以后的参数都必须是可选参数。

下面的示例代码说明了可选参数的应用：

```csharp
static void Main(string[] args)
    {
        int count1 = Plus(5);   // 当不指定可选参数时，是默认值
        Console.WriteLine(count1); // 输出 15
        int count2 = Plus(5,5); // 当指定可选参数时，有默认值
        Console.WriteLine(count2); // 输出 10
        Console.ReadKey();
    }
    public static int Plus(int i, int j = 10)  // 可选参数 j
    {
        return i + j;
    }
```

4）命名参数

可选参数解决的是参数默认值的问题，而命名参数解决的是参数顺序的问题，命名参数将我们从记忆每个方法数目繁多的参数列表中解放了出来，调用时可以不按顺序输入参数。利用命名参数，调用者可显式指定参数名，并为该参数赋值。下面的示例代码说明了命名参数的应用：

```csharp
static void Main(string[] args)
{
//string str = " 字符串 ";
//int i = 10;
//Console.WriteLine(Plus(str:str,i:i)); // 虽然很怪异，但这 3 行代码是能正常运行的
Console.WriteLine(Plus(str:"string",i:10)); // 注意顺序与方法签名参数中的不一样
Console.ReadKey();
}
public static string Plus(int i, string str)
{
return str + i.ToString();
}
```

还有一种参数也可以保留修改后的结果，那就是输出参数。输出参数以 out 修饰符声明。和 ref 类似，在方法声明和调用时都必须明确地指定 out 关键字。但和 ref 不同的是，out 参

数声明方式不需要变量在传递给方法前进行初始化，因为其目的只是输出。out 参数通常用在需要多个返回值的方法中。

3.4.3　方法的调用

方法就像一个"黑匣子"，用于完成某个功能，并且可能在执行完后返回一个结果。在方法的主体内，如果方法具有返回类型，则必须使用关键字 return 返回值。

在程序中使用方法的名称，可以执行该方法中包含的语句，这个过程就称为方法调用。方法调用的一般形式如下：

```
对象名 . 方法名 ();
```

例如下面这句代码中，对象名是 Console 类名，方法名是 WriteLine。关于方法调用的内容将在后面的章节中进一步补充。

```
Console.WriteLine(" 这是一个方法调用 ");
```

注意：*如果定义方法时添加了 static 关键字，则表明该方法是静态方法，调用该方法时直接用所属类名调用，如上述语句中就直接使用 WriteLine() 方法的所属类名 Console 调用；否则，需要先生成该方法所属类的一个实例，再由实例名调用。*

3.4.4　方法的重载

方法重载是指在同一个类的内部定义同名方法，但这些同名方法的参数列表不能相同，以便在用户调用方法时系统能够自动识别应调用的方法。

例如，要编程实现面积的计算功能，要求既可以计算圆的面积，也可以计算矩形的面积，还可以计算三角形的面积，则使用方法重载实现的代码如下：

```
class CalcArea
{
    // 计算圆的面积
    public static double Area(double r)
    {
        return (Math.PI*r*r);
    }
    // 计算矩形的面积
    public static double Area(double a,double b)
    {
        return (a * b);
    }
    // 计算三角形的面积
    public static double Area(double a, double b,double c)
    {
```

```
        double l;
        l = (a + b + c) / 2;
        return (Math.Sqrt(l*(l-a)*(l-b)*(l-c)));
    }
}
```

下面的二条语句调用 Area 方法时带有不同的参数，也就执行不同的 Arca 方法。

```
Console.WriteLine(" 圆的面积是：" + Convert.ToInt32(CalcArea.Area(5)));
Console.WriteLine(" 矩形的面积是：" + Convert.ToInt32(CalcArea.Area(6,10)));
Console.WriteLine(" 三角形的面积是：" + Convert.ToInt32(CalcArea.Area(4,5,6)));
```

3.5 控制台的输入和输出

在控制台应用程序中，人机交互操作主要是通过输入输出语句进行的。System.Console 类的静态方法 Read() 和 ReadLine() 用来实现控制台输入，静态方法 Write() 和 WriteLine() 用来实现控制台输出。下面分别予以介绍。

1．Read() 和 ReadLine() 方法

Read() 方法每次通过控制台标准输入设备（实际上就是键盘）接收一个字符，直到接收到 Enter 键才返回。如果通过控制台输入的是多个字符，也只接收第一个字符。Read() 方法接收的是一个字符，但它的返回值却是 int 类型，即接收的是字符的 Unicode 代码。如果需要把返回值当作一个字符来使用，则必须进行显式类型转换。

ReadLine() 方法通过控制台标准输入设备接收一个字符串，直到接收到 Enter 键才返回。ReadLine() 方法的返回值是一个字符串，所以接收该返回值的变量必须是字符串类型。如果需要把返回值当作别的内容来使用，则必须进行显式类型转换。

2．Write() 和 WriteLine() 方法

Write() 方法通过控制台标准输出设备（实际上就是显示器）输出一段信息，并且光标仍在输出信息的末尾。WriteLine() 方法的作用与方法 Write() 相似，也是通过控制台标准输出设备输出一段信息，其主要区别就是方法在输出信息之后，自动将光标移到下一行的开头。

Write() 和 WriteLine() 方法的调用格式相同，以 Write() 方法为例，其两种调用格式如下：

```
// 直接输出表达式的值
Console.Write( 表达式 );
// 按控制字符串规定的格式输出
Console.Write(" 格式控制字符串 "，输出数据项列表 );
```

其中，控制字符串是一个包含静态文本和形式参数 {0}{1}{2}…{n} 的字符串，变量列表是用逗号分隔的一组变量或表达式。下面将介绍如何通过控制字符串控制输出格式。

3. 输出格式控制

数据输出时，对数据的表达格式加以控制或修饰，是十分必要的。例如，金额 100 万元，如果直接输出为 1000000，用户很难一眼看出到底是多少。但如果表示成规范的货币格式 ¥1,000,000.00，就十分直观了。在控制台应用程序的 Write() 和 WriteLine() 方法中，可以用格式控制字符串来修饰数据输出格式，调用形式如下：

```
Console.Write(" 格式控制字符串 "，输出数据项列表 );
```

注意：在 Windows 窗体应用程序中，可以通过 String 类的静态方法的调用形式 String. Format("格式控制字符串",输出数据项列表) 实现输出格式控制。

格式控制字符串由静态文本和格式控制项组成，其中静态文本在方法执行时照原样输出，格式控制项由一对花括号括起来，每个格式控制项对应一个输出数据项列表中的数据，格式控制项的一般形式如下：

```
{p:mn}
```

其中：p 为格式对应的输出数据项序号，从 0 开始编号；m 为格式控制字符（见表 3-10）；n 为数据项输出时所占的宽度，当指定的宽度小于数据的实际需要时，则按实际需要输出，对于实型数据项则用来指定输出的小数位数。

表 3-10　格式控制字符

格式控制符	解　释	应用举例	输出结果
d 或 D	Decimal（限整数）	Console.Write("{0:D8}",10);	00000010
x 或 X	Hexadecimal（限整数）	Console.Write("{0:x}",10);	A
c 或 C	Currency	Console.Write("{0:c}",10.45);	¥10.45
e 或 E	Scientific	Console.Write("{0:e}",10.45);	1.045000e+001
f 或 F	Fixed point	Console.Write("{0:f1}",10.45);	10.5
g 或 G	General	Console.Write("{0:g1}",110.45);	1.1e+02
n 或 N	Number	Console.Write("{0:n2}",10.456);	10.46
p 或 P	Percent	Console.Write("{0:p2}",10.45);	1,045.00%

4. 实例

通过控制台窗口输入和输出信息，是 C# 初学者必须掌握的基本技能之一。本实例主要演示如何使用 System.Console 类的静态方法 ReadLine() 和 WriteLine() 来实现控制台的输入和输出。修改 Program.cs 文件的内容如下：

```
static void Main(string[] args)
{
int a, b;
Console.Write("Please input the length and width of Rectangle, blank to separate, enter to end：");
    string str = Console.ReadLine();
    string[] result = str.Split(' ');
    a = Convert.ToInt32(result[0]);
```

```
b = Convert.ToInt32(result[1]);
Console.WriteLine("length is {0}; width is{1}; the area is{2}", a, b, a*b);
Console.ReadKey();
}
```

按 Ctrl+F5 组合键运行程序，结果如图 3-11 所示。

C:\Users\Student\source\repos\ConsoleApp1\ConsoleApp1\bin\Debug\ConsoleApp1.exe

```
Please input the length and width of Rectangle, blank to separate, enter to end:9 8
length is 9; width is 8; the area is 72
```

图 3-11　控制台输入和输出实例

3.6　常见的预处理指令

所谓的预处理指令，就是用来控制编译器工作的一些指令。预处理指令从来不会转化为可执行代码中的命令，但会影响编译过程的各个方面。例如，使用预处理指令可以禁止编译器编译代码的某一部分。如果计划发布两个版本的代码，即基本版本和有更多功能的企业版本，就可以使用这些预处理指令。在编译软件的基本版本时，使用预处理指令还可以禁止编译器编译与额外功能相关的代码。另外，在编写提供调试信息的代码时，也可以使用预处理指令。所有的 C# 预处理指令都是以符号 # 开头的，常见的 C# 预处理指令如下。

1. #define 和 #undef

#define 指令告诉编译器存在给定名称的符号，这个符号不是实际代码的一部分，而只在编译器编译代码时存在。例如：

```
#define DEBUG
```

#undef 指令和 #define 指令正好相反，用来删除 #define 指令对符号的定义，例如：

```
#undef DEBUG
```

如果符号不存在，#undef 就没有任何作用。同样，如果符号已经存在，#define 也不起作用。

必须把 #define 和 #undef 命令放在 C# 源代码的开头，在声明要编译的任何对象的代码之前。#define 和 #undef 指令本身没有什么用，但与其他预处理指令（特别是 #if）结合使用时，其功能就非常强大了。

注意： 预处理指令不用分号结束，一般一行只有一个命令。这是因为对于预处理指令，C# 不再要求命令用分号结束。如果它遇到一个预处理指令，就会假定下一个命令在下一行上。

2. #if, #elif, #else 和 #endif

#if、#elif、#else 和 #endif 指令告诉编译器是否需要编译某个代码块。例如：

```
#if Debug
        Console.WriteLine("#IF 预处理器指令 ");
#else
        Console.WriteLine("#ELSE 预处理器指令 ");
#endif
```

如果在 C# 源代码的开头声明了 #define Debug，则会输出：

```
#IF 预处理器指令
```

如果是 #undef Debug，则输出：

```
#ELSE 预处理器指令
```

3．#warning 和 # error

当编译器遇到 #warning 和 # error 指令时，会分别产生警告或错误。如果编译器遇到 #warning 指令，会给用户显示 #warning 指令后面的文本，之后编译继续进行。如果编译器遇到 #error 指令，就会给用户显示后面的文本，作为一个编译错误信息，然后会立即退出编译，不会生成 IL 代码。

使用 #error 指令可以检查 #define 语句是不是做错了什么事，使用 #warning 语句可以让程序员想起做过什么事。例如：

```
#if DEBUG && RELEASE
#error "You've defined DEBUG and RELEASE simultaneously! "
#endif
#warning "Don't forget to remove this line before the boss tests the code! "
Console.WriteLine("*I hate this job*");
```

4．#line

#line 指令可用于改变编译器在警告和错误信息中显示的文件名和行号信息。如果编写代码时，在把代码发送给编译器之前，要使用某些软件包改变键入的代码，就可以使用这个指令，因为这意味着编译器报告的行号或文件名与文件中的行号或编辑的文件名不匹配。#line 指令可用于恢复这种匹配。也可以使用语法 #line default 把行号恢复为默认的行号。

5．#pragma

#pragma 指令可以抑制或恢复指定的编译警告。#pragma 指令可以在类或方法上执行，对抑制警告的内容和抑制的时间进行更精细的控制。

6．#region 和 #endregion

使用 #region 和 #endregion 指令，可以指定一块代码在视图中隐藏并使用易懂的文字标记来标识。#region 和 #endregion 指令的使用能使较长的 *.cs 文件更便于管理。

强化练习

本章首先介绍了 C# 语言中的两种数据类型及不同数据类型之间的转换；接着重点介绍了 C# 基本编程工具的运用，主要包括常量和变量的声明和使用、常用运算符和表达式的使用、方法及重载的运用、控制台的输入和输出方法等；最后介绍了常见的 C# 预处理指令。

练习 1：

创建一个 C# 控制台应用程序项目，编写代码实现比较两个整数的大小，并输出较大的整数。

练习 2：

创建一个 C# 控制台应用程序项目，编写代码实现比较两个字符串数据的大小，并输出较大的字符串数据。

练习 3：

创建一个 C# 控制台应用程序项目，编写代码实现整数到字符串类型的转换，并输出转换后的字符串对象。

练习 4：

创建一个 C# 控制台应用程序项目，编写代码实现比较两个不同类型数据（整型、字符串类型、类类型）大小的三个重载方法，每个方法均输出较大的数据对象。

第4章
字符与字符串

内容概要

本章将介绍 Char 类、string 类和 StringBuilder 类的基本使用方法。通过本章的学习，读者将学会在 C# 程序中使用 Char 类、string 类和 StringBuilder 类完成字符和字符串操作。

学习目标

◆ 熟悉 Char 类的常用方法和基本操作
◆ 熟悉 string 类的常用方法和基本操作
◆ 掌握 string 类和 StringBuilder 类的区别

课时安排

◆ 理论学习　1 课时
◆ 上机操作　2 课时

4.1 字符类 Char 的使用

4.1.1 Char 类

在 C# 中，字符类型使用关键字 char 定义，同时，C# 还提供了一个 Char 类，可以使用该类的方法对字符类型数据进行操作。表 4-1 中列出了 Char 类的常用方法。

表 4-1 Char 类的常用方法

方　法	功　能
CompareTo 、 Equals	比较 Char 对象
GetUnicodeCategory	获取一个字符的 Unicode 类别
IsControl、IsDigit、IsHighSurrogate、IsLetter、IsLetterOrDigit、IsLower、IsLowSurrogate、IsNumber、IsPunctuation、IsSeparator、IsSurrogate、IsSurrogatePair、IsSymbol、IsUpper、IsWhiteSpace	确定字符是否为特定 Unicode 类别，例如数字、字母、标点中控制字符，以此类推
GetNumericValue	将指定的数字 Unicode 字符转换为双精度浮点数
Parse、TryParse	将指定字符串的值转换为等效的 Unicode 对象
ToString	将 Char 对象转换为等效的字符串表示形式
ToLower、ToLowerInvariant、ToUpper、ToUpperInvariant	更改 Char 对象的大小写

【例 4-1】给出 Char 类方法的使用实例。

```
using System;
using System.Collections.Generic;
using System.Linq;
using System.Text;
namespace Example4_1
{
  class Program
  {
    static void Main(string[] args)
    {
      char c1 = 'a';
      char c2 = 'b';
      int t1=c1.CompareTo(c2);
      Console.WriteLine(t1);
      bool t2 = c1.Equals(c1);
      Console.WriteLine(t2);
      Console.WriteLine(c1.ToString());
      Console.WriteLine(Char.Equals(c1, c2));
      Console.WriteLine(Char.IsLetterOrDigit(c1));
```

```
Console.WriteLine(Char.GetUnicodeCategory(c1));
Console.WriteLine(Char.ToUpper(c1));
Console.WriteLine(Char.Parse("x"));
Console.ReadKey();

        }
    }
}
```

程序输出结果为：

```
-1
True
a
False
True
LowercaseLetter
A
x
```

4.1.2 转义字符

有些字符在 C# 中有特殊意义，例如双引号作为字符串的分界符；有些字符不方便在代码中直接输入，如换行符、分页符，这些字符在 C# 程序中若作为字符类型数据或者字符串类型数据的值，则需要使用转义字符的形式来表示。

例如：

```
char c1='\\';
char c2 = '\n';
Console.WriteLine(c1);
Console.WriteLine(c2);
```

程序输出结果为：

```
\
```

即输出一个斜杠"\"，然后再输出一个换行符。

 ## 4.2 字符串类 String 的使用

字符串是 C# 中的一种重要的数据类型，在项目开发中，离不开字符串操作。C# 提供了 String 类用于实现字符串操作。与 Convert 类相似，String 类中的方法有静态方法和非静态方法。注意，在 C# 中 String 和 string 可以认为是等同的。

4.2.1 静态方法

使用"string.方法名"格式调用。

1. 字符串比较

格式：String.Compare(str1, str2)

比较两个字符串 str1 和 str2 的大小，若 str1 大于 str2 则返回 1，若 str1 小于 str2 则返回 -1，相等则返回 0。例如：

```
string str1 = "test";
string str2 = "t";
Console.WriteLine(String.Compare(str1,str2));
```

程序输出结果为：

```
1
```

两个字符串比较，字符串中第一个不相同字符的 ASCII 码大的字符串较大。

2. 字符串复制

格式：String.Copy(str)

创建一个与指定字符串具有相同值的新字符串实例。使用 String.Copy(str) 是在内存中开辟新的存储空间，并复制字符串 str，得到一个新的字符串实例。例如：

```
string str1 = "test";
string str2 = String.Copy(str1);
Console.WriteLine(str2);
```

程序输出结果为：

```
test
```

注意，下面的代码也是合法的，执行完毕后，str1 和 str2 指向内存中的同一个字符串。

```
string str1 = "test";
string str2 = str1;
```

3. 字符串判等

```
string.Equals(str1,str2)
```

判断两个字符串 str1 和 str2 是否相等，相等则返回 True，否则返回 False。

注意：string.Equals(str1,str2) 与 str1 == str2 的作用相同。

4. 字符串合并

```
string.Join(separator, arr)
```

其中，separator 为字符串，arr 为字符串数组。

将字符串数组 arr 中的所有字符串合并成一个字符串，相邻字符串之间添加分隔符。例如：

```
string[] a = { "hello", "world" };
Console.WriteLine(string.Join(",",a));
```

程序输出结果为：

```
hello, world
```

4.2.2 非静态方法

使用"对象名 . 方法名"格式调用。

1. 字符串比较

```
对象名 .CompareTo(string str)
```

比较字符串对象与字符串 str 的大小，返回值规则与 String.Compare() 相同。例如：

```
string str1 = "test";
string str2 = "hello";
Console.WriteLine(str1.CompareTo(str2));
```

程序输出结果为：

```
1
```

2. 判断是否包含给定子串

```
对象名 .Contains(str)
```

判断字符串对象中是否包含子字符串 str，是则返回 True，否则返回 False。例如：

```
string str1 = "hello world";
string str2 = "hello";
Console.WriteLine(str1.Contains(str2));
```

程序输出结果为：

```
True
```

3. 截取给定长度子串

```
对象名 .Substring（startindex, length）
startindex 和 length 为整型值
```

从字符串对象的给定位置（startindex）截取长度为 length 的子串。例如：

```
string str1 = "test";
```

```
Console.WriteLine(str1.Substring(2,2));
```

程序输出结果为：

```
st
```

注意，字符串的字符编号从 0 开始，所以起始位置 2 的对应字符为 s。

4. 查找给定子串的位置

```
对象名 .IndexOf(str)
```

查找字符串对象中给定子字符串 str 首次出现的位置，如果子字符串在字符串对象中不存在，则返回 -1。例如：

```
string str1 = "hello world";
string str2 = "world";
Console.WriteLine(str1.IndexOf(str2));
```

程序输出结果为：

```
6
```

也可以指定在字符串对象中查找子串的起始位置：

```
Console.WriteLine(str1.IndexOf(str2,7));/* 从字符串数组 str1 中下标为 7 的字符开始查找 */
```

则输出变为 -1。

5. 查找字符串是否包含给定字符数组中的字符

```
对象名 .IndexOfAny(arr )
```

其中，arr 为字符数组。

查找字符串对象中是否包含字符数组 arr 中的任一字符元素，如果有则返回第一次出现字符元素的位置，如果未能在字符串对象中找到字符数组中的任意字符，则返回 -1。例如：

```
string str1 = "hello world";
char[] s = { 'a', 'b', 'c', 'd' };
Console.WriteLine(str1.IndexOfAny(s));
```

程序输出结果为：

```
10
```

6. 插入子串

```
对象名 .Insert(startindex, str)
startindex 为整型值，str 为字符串。
```

在字符串对象的给定位置（startindex）插入子串 str。例如：

```
string str1 = "hello world";
```

```
Console.WriteLine(str1.Insert(1,"test"));
```

程序输出结果为：

htestello world

7. 删除子串

对象名 .Remove(startindex)
startindex 为整型值。

删除此字符串从指定位置到最后位置的所有字符。

对象名 .Remove(startindex, count),
startindex、count 为整型值。

删除此字符串从指定位置开始的 count 个字符。例如：

```
string str1 = "hello world";
Console.WriteLine(str1.Remove(6));
Console.WriteLine(str1.Remove(0,6));
```

程序输出结果为：

hello
world

8. 替换子串

对象名 .Replace(substr1, substr2)
substr1、substr2 为字符串。

将字符串中的所有子串 substr1 替换为 substr2。

对象名 .Replace(char1, char2)
char1，char2 为字符型数据。

将字符串中的所有字符 char1 替换为字符 char2。例如：

```
string str1 = "hello world";
Console.WriteLine(str1.Replace("world","China"));
string str2 = "Like";
Console.WriteLine(str2.Replace('L', 'N'));
```

程序输出结果为：

hello China
Nike

9. 拆分字符串

对象名 .Split(chararr)

chararr 为字符数组。

将字符串拆分成若干子字符串,存入一个字符串数组,以字符数组 chararr 中的字符作为分隔符,遇到分隔符则产生一个新的字符串。例如:

```
string str1 = "3.14,6 17";
char[] c = { '.', ',', ' ' };// 分隔符包括英文句号、逗号、空格
string[] arr = str1.Split(c);
foreach (string str in arr)
  Console.WriteLine(str);
```

程序输出结果为:

```
3
14
6
17
```

将字符串拆分成四个子字符串。

10. 去空格

```
对象名 .Trim( )
```

去掉字符串首尾的空格,字符串中间的空格不受影响。

```
对象名 .TrimEnd( )
```

去掉字符串尾部的空格。

```
对象名 .TrimStart( )
```

去掉字符串首部的空格。

 ## 4.3　可变字符串类

4.3.1　StringBuilder 类的定义

StringBuilder 类是一种可变字符串类,可以动态调整字符串的长度,添加、删除、修改字符串的内容。定义 StringBuilder 类对象的基本格式为:

```
StringBuilder 对象名 = new StringBuilder(str);
```

str 为 StringBuilder 对象的初始化字符串,可以指定也可以不指定。

4.3.2　StringBuilder 类的使用

创建 StringBuilder 类的对象需要使用 new 运算符调用 StringBuilder 类的构造函数来实

现。创建 StringBuilder 类对象后，可以使用 Append()、Insert()、Remove() 方法在对象对应的字符串中动态添加、插入、删除指定内容。例 4-2 中给出了 StringBuilder 类及其常用方法的基本使用实例。

【例 4-2】

```
using System;
using System.Collections.Generic;
using System.Linq;
using System.Text;
using System.Threading.Tasks;
namespace ConsoleApplication1
{
    class Program
    {
        static void Main(string[] args)
        {
            StringBuilder str1 = new StringBuilder("hello");
            str1.Append(" ");
            str1.Append("world");
            str1.Append("!");
            str1.Insert(0," 张三说： ");
            str1.Remove(0,2);
            str1.Replace('!','.');
            Console.WriteLine(str1);
            Console.ReadKey();
        }
    }
}
```

程序输出结果为：

张三说：Hello World.

4.3.3 StringBuilder 类与 String 类的区别

String 类的对象是不可变的，如果改变 String 类对象中的字符或者对象的长度，实际上会产生一个新的 String 类对象，原来的对象会被丢弃。例如 String 类在进行字符串运算时（如赋值、字符串连接等）会产生一个新的字符串实例，需要为新的字符串实例分配内存空间，相关的系统开销可能会非常昂贵。

StringBuilder 类是可变字符串类。如果要修改字符串而不创建新的对象，且操作次数非常多，则可以使用 StringBuilder 类，例如，当在一个循环中将许多字符串连接在一起时。StringBuilder 类在原有字符串的内存空间上进行操作，使用 StringBuilder 类可以提升性能。

强化练习

本章介绍了 Char 类、String 类和 StringBuilder 类的基本使用方法。下面进行练习操作。

练习 1：

创建一个 C# 控制台应用程序项目，编写代码使用 Char 类实现从键盘输入字符串，将字符串中的大写字母转换为小写字母，对于输入字符串中的其他字符保持原样，最后输出转换后的字符串。

练习 2：

创建一个 C# 控制台应用程序项目，编写代码使用 String 类和 StringBuilder 类实现从键盘输入字符串，将字符串反转后输出（如输入"abc"，则输出"cba"）。

第5章

流程控制语句

内容概要

本章将介绍 C# 的几种流程控制语句，包括条件分支语句、循环控制语句、跳转语句和异常处理语句。通过本章的学习，读者将学会使用 C# 的几种流程控制语句控制程序代码的执行次序，如 if 和 switch 语句的使用，break、continue 和 return 语句的使用等，并能够编写简单的异常处理程序。

学习目标

◆ 掌握 if 和 switch 语句的使用
◆ 掌握 while 和 do-while 语句的使用
◆ 掌握 for 和 foreach 语句的使用
◆ 掌握 break、continue 和 return 语句的使用
◆ 熟悉异常处理语句

课时安排

◆ 理论学习　2 课时
◆ 上机操作　2 课时

5.1 条件分支语句

在 C# 领域里，要根据条件来控制流程时，可以利用 if 或 switch 两种命令。

5.1.1 if 语句

if 语句是最常用的选择语句，它根据布尔表达的值来判断是否执行后面的内嵌语句。其格式一般如下：

```
if( 布尔表达式 )
  {
      // 语句块 ;
  }
    else
  {
      // 语句块
  }
```

当布尔表达式的值为真时，执行 if 后面的表达语句；如果为假，则执行 else 后面的嵌套语句。如果 if 或 else 之后的大括号内的表达语句中只有一条执行语句，则嵌套部分的大括号可以省略；如果包含两条以上的执行语句，则一定要加上大括号。

当程序的逻辑判断关系比较复杂时，可以采用条件判断嵌套语句，即 if 语句可以嵌套使用，在判断中再进行判断，例如以下格式的 if 语句：

```
if( 布尔表达式 )
{
    if( 布尔表达式 )
    {…}
    else
    {…}
}
```

下面的代码展示了 if 语句的用法：

```
int i = 2;
while (i>0)
  {
     Console.Write("input the value of a：  ");
     int a = Convert.ToInt32(Console.ReadLine());
     Console.Write("input the value of b：  ");
     int b = Convert.ToInt32(Console.ReadLine());
     // 判断 a + b 的和是否大于 10
     if (a + b > 10)  // 表达式先计算 a+b，后判断是否大于 10
       {
          // 如果大于 10 执行这里
```

```
            Console.WriteLine("The sum of (a + b) is bigger than 10");
        }
        else
        {
            // 否则执行这里
            Console.WriteLine("The sum of (a + b) is smaller than 10");
        }
        i--;
    }
Console.ReadKey();
```

运行结果如图 5-1 所示。

```
C:\Users\Student\source\repos\ConsoleApp1\ConsoleApp1\bin\Debug\ConsoleApp1.exe
input the value of a :8
input the value of b :9
The sum of (a + b) is bigger than 10
input the value of a :6
input the value of b :2
The sum of (a + b) is smaller than 10
```

图 5-1　运行结果

5.1.2　switch 语句

if 语句每次判断后，只能实现两条分支，如果要实现多种选择的功能，可以采用 switch 语句。switch 语句根据控制表达式的值，选择一个内嵌语句分支来执行。它的一般格式为：

```
switch( 表达式 )
{
    case 常量 1:
      语句块 1;
      Break;
        case 常量 2:
      语句块 2;
      Break;
    ...
[default:
语句块 n+1;
      Break;]
}
```

switch 语句在使用过程中，需要注意下列几点。

（1）控制表达式的数据类型可以是 sbyte、byte、short、ushort、uint、long、ulong、char、string 或者枚举类型。

（2）每个 case 标签中的常量表达式必须属于或能隐式转换成控制类型。

（3）每个 case 标签中的常量表达式不能相同，否则编译会出错。

（4）switch 语句中最多只能有一个 default 标签。

（5）每个标签项后面使用 break 语句或者跳转语句。

下面的代码展示了 switch 语句的用法：

```
Console.WriteLine("/********************************/");
Console.WriteLine("provide：1. hamburger 2. steak 3. pizza ");
Console.Write("Please select the food：");
int num = Convert.ToInt32(Console.ReadLine());

switch (num)
  {
    case 1: // 当输入 1 时，执行这里 case 与下面最近的 break 之间的代码
        Console.WriteLine("Please enjoy your hamburger.");
        break;
    case 2: // 当输入 2 时执行这里 case 与下面最近的 break 之间的代码
        Console.WriteLine("Please enjoy your steak.");
        break;
    case 3: // 当输入 3 时执行这里 case 与下面最近的 break 之间的代码
        Console.WriteLine("Please enjoy your pizza.");
        break;
    default: // 当输入的值未在 case 中声明时执行
        Console.WriteLine("Sorry, we don't have the food you need.");
        break;
  }
```

运行结果如图 5-2 所示。

图 5-2　运行结果

5.2　循环控制语句

循环语句可以实现一个程序模块的重复执行，这对于简化程序、组织算法有着重要的意义。C# 共提供了四种循环语句：while 语句、do-while 语句、for 语句和 foreach 语句。

5.2.1　while 语句

while 语句是 C# 用于循环控制的形式最简单的语句，在有明确的运算目标，但循环次数难以预知的情况下特别有效。while 语句的形式如下：

```
while( 表达式 )
{
循环体 ；
}
```

while 语句会限定条件，只有满足条件才执行内嵌表达式，否则离开循环，继续执行后面的语句。由于 while 语句是"先判断后执行"，因此有可能一次也不执行循环体中的程序代码就直接退出循环。另外，使用 while 语句时，循环体中必须具有这样的控制机制，使之能在有限次数的重复执行之后，条件表达式的值变为 False，否则就会成为无休止的循环，空耗计算机资源。下面的代码展示了 while 语句的用法：

```
int x=0;
int[] a=new int[3]{166,173,171};
while (x < a.Length)
{
    if (a[x] == 171)
    Console.WriteLine(x);
    x++;
}
```

5.2.2　do-while 语句

do-while 语句的功能特点与 while 语句相似，语法格式如下：

```
do
{
循环体 ;
} while( 表达式 );
```

与 while 语句相比，do-while 语句最主要的不同点就是条件表达式出现在循环体后面。程序执行到 do 语句时，不作任何条件判断，因此无论如何也会先执行一次循环体，然后在遇到 while 时判断条件表达式的值是否为 true。若条件表达式的值为 true，则跳转到 do，再执行一次循环；若条件表达式的值为 false，则结束循环，执行 while 之后的下一语句。下面的代码展示了 do-while 语句的用法：

```
int x=0;
int[] a=new int[3]{166,173,171};
do
{
    if (a[x] == 171)
    Console.WriteLine(x);
    x++;
} while (x < a.Length) ;
```

5.2.3　for 语句

for 语句是计数型循环语句，适用于求解循环次数可以预知的问题，一般格式为：

```
for( 循环变量初始化 ; 循环条件 ; 循环变量值 )
{
    //for 循环语句
}
```

for 循环语句是先判断后执行。如果第一次判断时循环变量的值已经不满足继续执行循环的条件，则循环体一次也不执行，直接跳转到后续语句。下面的代码展示了 for 语句的用法：

```
for(int i=0;i<5;i++)
{
    Console.Write (i);
}
```

for 语句还可以嵌套使用，以完成大量重复性、规律性的工作。例如：

```
for(int i=0;i<5;i++)
{
    for(int j=0;j<5;j++)
    {
        Console.Write (i+j);
    }
}
```

5.2.4 foreach 语句

foreach 语句特别适合对集合对象的存取，例如，可以使用 foreach 语句逐个提取数组中的元素，并对每个元素执行相应的操作。下面的代码展示了 foreach 语句的用法：

```
int[] a=new int[5]{23,34,45,56,67};
foreach(int i in a)
{
    Console.WriteLine(i);
}
```

上述代码在使用 foreach 语句时，并不需要知道数组里有多少个元素，通过 "in 数组名称" 的方式，便会将数组里的元素值逐一赋予变量 i，之后再输出。foreach 语句一般在不确定数组的元素个数时使用。

5.3 跳转语句

设计程序时，为了让程序拥有更大的灵活性，通常都会加上中断或跳转等程序控制。C# 语言中可能用来实现跳跃功能的命令主要有：break 语句、continue 语句和 goto 语句。

5.3.1 break 语句

在前面介绍switch语句的章节里，已经使用过 break 命令，用于退出switch分支。事实上，break 不仅可以用在 switch 判断语句里，还可以用在循环语句中，作用是退出当前循环。下面的代码展示了 break 语句在循环里的运用：

```
int[] a=new int[3]{1,3,5};
for(int i=1;i<a.Length;i++)
{
    if(a[i]==3)
            break;
    a[i]++;
}
// 当 a[i]=3 时，跳转到此
```

5.3.2 continue 语句

continue 语句的作用在于可以提前结束一次循环过程中执行的循环体，直接进入下一次循环。下面的代码展示了 continue 语句的用法：

```
for(int i=1;i<10;i++)    // 跳转至此
{
    if(i%2==0) continue;
    Console.Write (i+"  " );
}
```

上述代码中，如果变量 i 为偶数，则不执行后面的输出表达式，而是直接跳回起点，重新加 1 后继续执行。程序输出结果为：1 3 5 7 9。

5.3.3 goto 语句

与 C 语言一样，C# 也提供了一个 goto 命令，只要设置一个标记，它可以将程序跳转到标记所在的位置。下面的代码展示了 goto 语句的用法：

```
class Program
{
    static void Main(string[] args)
    {
        int x = 200, y = 4;
        int count = 0;
        string[,] array = new string[x, y];
        // Initialize the array:
for (int i = 0; i < x; i++)
```

```
            for (int j = 0; j < y; j++)
                array[i, j] = (++count).ToString();
        // Read input:
        Console.Write("Enter the number to search for: ");
        // Input a string:
        string myNumber = Console.ReadLine();
        for (int i = 0; i < x; i++)
            {
            for (int j = 0; j < y; j++)
                    {
        if (array[i, j].Equals(myNumber))
            {
               goto Found;
                }
            }
        }
                Console.WriteLine("The number {0} was not found.", myNumber);
        goto Finish;
    Found:
        Console.WriteLine("The number {0} is found.", myNumber);
        Finish:
        Console.WriteLine("End of search.");
        Console.ReadLine();
    }
}
```

运行结果如图 5-3 所示。

图 5-3 运行结果

5.3.4 return 语句

return 语句是函数级的，遇到 return 则方法必定返回，即程序终止不再执行后面的代码。下面的代码展示了 return 语句的用法：

```
class Program
{
    static void Main(string[] args)
    {
        Console.WriteLine(Add(1, 2));
```

```
    return;        // 程序终止不再执行后面的代码
    Console.WriteLine("can't be reached");
  }
  static int Add(int a, int b)
  {
    return a + b;
  }
}
```

上述的代码运行出错，错误描述为："检测到无法访问的代码"，并且在 Console.WriteLine("can'tbe reached"); 这句代码中提示，这说明 return 语句已经阻止了后面语句的运行。

5.4 异常处理

在编写程序时，不仅要关心程序的正常运行状况，还应该考虑程序运行时可能发生的各种意外情况，比如网络资源不可用、读写磁盘出错和内存申请失败等。异常是指在程序执行过程中出现的错误情况或意外行为。在 .NET Framework 中，用于处理应用程序可能产生的错误或是其他中断程序执行的异常情况的机制就是异常处理。

在程序运行过程中，经常会发生各种不可预测的意外情况，也就是异常。异常处理是为了识别和捕获运行时的错误。当程序引发异常时，如果没有适当的异常处理机制，程序将会终止，并使所有已分配的资源保持不变，这样会导致资源泄露。要阻止此类情况的发生，需要一个有效的异常处理机制。

.NET Framework 异常处理的流程如图 5-4 所示。一旦引发异常，抛出的异常被捕获后，运行异常处理部分；未被捕获的异常由系统提供的通用异常处理程序处理。

C# 中的异常处理也算一种流程控制，try-catch-finally 语句用于异常的捕获和处理，具体语法如下：

```
try
{
  语句或语句块 ;
}
catch(<exceptionType> e)
{
  语句或语句块 ;
}
finally
{
  语句或语句块 ;
}
```

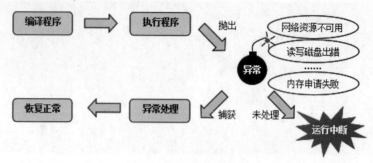

图 5-4 程序异常处理流程

其中，try 块包含抛出异常的代码，catch 块包含抛出异常时要执行的代码。catch 块可以使用 <execptionType> 设置只响应特定的异常类型，以便提供多个 catch 块。finally 块包含始终会执行的代码，如果没有产生异常，则在 try 块后执行，如果处理了异常，就在 catch 块后执行。try-catch-finally 语句的执行顺序如下。

(1) try 块在发生异常的地方中断程序的执行。

(2) 如果有 catch 块，就检查该块是否匹配抛出的异常类型。如果没有 catch 块，就执行 finally 块（如果没有 catch 块，就一定要有 finally 块）。

(3) 如果有 catch 块，但它与发生的异常类型不匹配，就检查是否有其他 catch 块。

(4) 如果有 catch 块匹配发生的异常类型，就执行它包含的代码，再执行 finally 块（如果有）。

(5) 如果 catch 块都不匹配发生的异常类型，就执行 finally 块（如果有）。

【例 5-1】未处理异常的程序。

```
using System;
class Program
{
    static void Main(string[] args)
    {
        int x, y, z;
        x = 5;
        y = 0;
        z = x / y;
        Console.WriteLine("{0}/{1}={2}", x, y, z);
    }
}
```

程序例 5-1 的语法没错，编译也可以通过，但是运行时会强行中断，并提示错误信息"试图除以零"。在执行除法运算之前，程序员应确保分母（变量 y）的值不为零，才能使例 5-1 不会抛出异常 DividedByZeroException。如果希望以一种更加友好的方式提示错误信息，而不是使程序崩溃，那么就需要异常处理。

在例 5-1 中，因为除法运算可能遇到除零的情况，所以需要进行异常处理。该程序中的异常处理需要识别并捕获试图用零作除数时引发的异常，并将程序结构修改如下：

```
尝试（try 语句）
{
    做除法运算（try 语句块）
}
捕获异常（catch 语句）
{
    处理异常（catch 语句块）
}
```

按照异常处理的逻辑，添加捕获并处理异常的代码，重新组织代码，如例 5-2 所示。

【例 5-2】处理异常的程序。

```
using System;
class Program
{
    static void Main(string[] args)
    {
            int x, y, z;
            x = 5;
            y = 0;
            try
            {                                          // try 语句块包含可能抛出异常的语句
                    z = x / y;
                    Console.WriteLine("{0}/{1}={2}", x, y, z);
            }
            catch (Exception ex)                       // catch 语句捕获异常
            {                                          // catch 语句块包含异常恢复代码
                    Console.WriteLine("exception：{0}", ex.Message);
            }
    }
}
```

例 5-2 运行程序，结果如图 5-5 所示。

```
C:\Users\Student\source\repos\ConsoleApp1\ConsoleApp1\bin\Debug\ConsoleApp1.exe
exception:Attempted to divide by zero.
```

图 5-5　运行结果

运行结果说明程序并没有崩溃，而是捕获到了异常 DividedByZeroException，并从异常状态中恢复。

 强化练习

本章首先介绍了 C# 语言中的两种条件分支流程控制语句 if 和 switch；接着重点介绍了几种循环控制语句和跳转语句，主要包括 while 和 do-while 语句的使用，for 和 foreach 语句的使用，break、continue 和 return 语句的使用等；最后介绍了异常处理控制语句。

练习 1：

创建一个 C# 控制台应用程序项目，分别用 if 和 switch 控制语句实现根据输入的百分制考试成绩，输出优、良、中、及格、不及格五分制成绩。

练习 2：

创建一个 C# 控制台应用程序项目，分别用 while 和 do-while 控制语句实现输入 50 位同学的百分制考试成绩，并输出到屏幕上。

练习 3：

创建一个 C# 控制台应用程序项目，编写代码分别用 for 和 foreach 控制语句实现输入 50 位同学的百分制考试成绩，并输出到屏幕上。

练习 4：

分别在练习 1、练习 2、练习 3 编写的程序中的合适位置加入 break、continue 和 return 语句。

练习 5：

分别为练习 1、练习 2、练习 3 编写的程序加入异常处理语句。

第6章
集合与泛型

内容概要

数组的使用具有很多局限性，例如不能动态改变大小，而 .NET 提供的集合对象则能克服使用数组存在的局限性。泛型对于 C# 具有重要的意义，利用它能够编写出性能高、类型安全和更加通用的代码。本章介绍 ArrayList 集合类、HashTable 集合类和泛型的使用。

学习目标

◆ 掌握 集合与数组的区别
◆ 掌握 ArrayList 类的使用
◆ 掌握 HashTable 类的使用
◆ 熟悉 泛型接口的定义和使用

课时安排

◆ 理论学习　4 课时
◆ 上机操作　4 课时

6.1 集合

数组是一组具有相同名称和类型的变量集合，但是数组初始化后就不能再改变大小了，不能在程序中动态添加和删除数组元素，这使得数组的使用具有很多局限性。而集合则能解决数组存在的这个问题。

6.1.1 集合概述

什么是集合？集合与数组类似，用来存储和管理一组具有相同性质的对象。除了基本的数据处理功能，集合还提供了各种数据结构及算法的实现，如队列、链表、排序等，可以轻易地完成复杂的数据操作。集合是一个特殊的类，好比容器一样将一系列相似的项组合在一起，集合中包含的对象称为集合元素。集合可分为泛型集合类和非泛型集合类两种。泛型集合类一般位于 System.Collections.Generic 命名空间，非泛型集合类位于 System.Collections 命名空间，除此之外，在 System.Collection.Specialized 命名空间中还有专用的和强类型的集合，例如，链接的列表词典、位向量以及只包含字符串的集合。

6.1.2 非泛型集合类

System.Collections 命名空间包括一组接口和可使用的非泛型集合类，通过这些接口和类可以定义各种非泛型集合对象（如列表、队列、位数组、哈希表和字典等）。System.Collections 命名空间常用的 .NET 非泛型集合类如表 6-1 所示。

表 6-1　.NET 非泛型集合类

类	说　明
ArrayList	数组集合类，使用大小可按需动态增加的数组实现 IList 接口
HashTable	哈希表，表示键 / 值对的集合，这些键 / 值对根据键的哈希代码进行组织
Queue	队列，表示对象的先进先出集合
SortedList	排序集合类，表示键 / 值对的集合，这些键值对按键排序并可按照键和索引访问
Stack	堆栈，表示对象简单的后进先出非泛型集合

6.1.3 泛型集合类

System.Collections.Generic 命名空间包含定义泛型集合的接口和类，泛型集合允许用户创建强类型集合，它能提供比非泛型强类型集合更好的类型安全性和性能。泛型集合包含的类与非泛型集合包含的类基本一一对应，用于取代非泛型集合对应的类。System.Collections.Generic 命名空间中常用的 .NET 泛型集合类如表 6-2 所示。

表 6-2　.NET 泛型集合类

接　口	说　明
List<T>	对应非泛型集合 ArrayList
Dictionary<K,V>	对应非泛型集合 HashTable
Queue<T>	对应非泛型集合 Queue

续表

接 口	说 明
SortedList\<T\>	对应非泛型集合 SortedList
Stack\<T\>	对应非泛型集合 Stack

泛型集合类不但性能好而且功能比非泛型集合类更齐全。以非泛型集合类 HashTable 和其对应的泛型集合类 Dictionary 为例，我们经常用非泛型集合类 HashTable 来存储将要写入数据库或者返回的信息，在这之间要不断地进行类型转化，增加了系统装箱和拆箱的负担，如果我们操纵的数据类型相对确定，用 Dictionary\<TKey,TValue\> 集合类来存储数据就方便多了。例如，我们需要在电子商务网站中存储用户的购物车信息 (商品名，对应的商品个数) 时，完全可以使用 Dictionary\<string, int\>，而不需要任何的类型转化。

6.2 常用非泛型集合类

常用的非泛型集合类有 ArrayList 类、Stack 类、Queue 类、HashTable 类等。本节主要介绍 ArrayList 类和 HashTable 类。

6.2.1 ArrayList 类

ArrayList 是 System.Collections 命名空间中的非泛型集合类，类似于数组，有人称其为动态数组，其容量可以根据需要自动扩充，元素的索引也可根据元素数量重新分配，可以动态实现元素的添加、删除等操作。可以将 ArrayList 类理解为 Array 的优化版本，该类既有数组的特征，又有集合的特性，例如，既可以通过下标进行元素访问，对元素排序、搜索，又可以像处理集合一样添加，在指定索引处插入及删除元素。表 6-3 列出了 ArrayList 类的几个常用属性。

表 6-3 ArrayList 类常用属性

属性名称	属性说明
Capacity	获取或设置 ArrayList 可包含的元素数，默认为 4
Count	获取 ArrayList 中实际包含的元素数
Item	获取或设置指定索引处的元素

表 6-4 列出了 ArrayList 类常用的方法。

表 6-4 ArrayList 类常用的方法

方法名称	方法说明
Add()	将元素添加到 ArrayList 的结尾处
AddRange()	在 ArrayList 的末尾增加一定范围内的元素
Clear()	清除 ArrayList 中所有的元素
Contains()	检查某元素是否在 ArrayList 中
IndexOf()	返回 ArrayList 中某个元素值的第 1 个匹配项对应的索引
Insert()	将元素插入 ArrayList 的指定索引处
Remove()	从 ArrayList 中移除特定元素的第 1 个匹配项
Reverse()	将 ArrayList 或它的一部分中元素的顺序反转
Sort()	对 ArrayList 或它的一部分中的元素进行排序

由于 ArrayList 中元素的类型默认为 object，因此在获取集合元素时需要强制进行类型转换。并且由于 object 是引用类型，在与值类型进行转换时会引起装箱和拆箱的操作，因此需要付出一些性能代价。

1. 创建 ArrayList

为了创建 ArrayList，可以使用三种重载构造函数中的一种，还可以使用 ArrayList 的静态方法 Repeat 创建一个新的 ArrayList。这三个构造函数的声明如下。

使用默认的初始容量创建 ArrayList，该实例没有任何元素。格式如下：

```
public ArrayList();
```

使用实现了 ICollection 接口的集合类初始化新创建的 ArrayList。格式如下：

```
public ArrayList(ICollection c);
```

指定一个整数值初始化 ArrayList 的容量，创建 ArrayList。格式如下：

```
public ArrayList(int capacity);
```

ArrayList 的 3 种创建方法举例如下。

```
// 使用默认的初始容量创建 ArrayList，该实例没有任何元素。
ArrayList al1 = new ArrayList();        // 创建一个 ArrayList 对象 al1
al1.Add("Hello");           // 向 al1 的末尾添加一个集合元素
al1.Add("C#");              // 向 al1 的末尾添加一个集合元素
al1.Add("World!");          // 向 al1 的末尾添加一个集合元素
// 输出 al1 中的容量和元素个数
Console.WriteLine("ArrayList 的容量是：{0}，元素个数是 ,{1}", al1.Capacity, al1.Count);
```

（1）使用实现了 ICollection 接口的集合类来初始化新创建的 ArrayList，该实例与参数中的集合具有相同的初始容量。

```
ArrayList al2 = new ArrayList(al1);     // 创建 ArrayList 对象 al2，并用 al1 初始化 al2
```

（2）通过指定一个整数值来初始化 ArrayList 的容量。

```
ArrayList al3 = new ArrayList(18);      // 创建 ArrayList 对象 al3，容量初始为指定的数值 18
Console.WriteLine("ArrayList 的容量是：{0}，元素个数是 ,{1}", al1.Capacity, al1.Count);
```

（3）将指定 abc 字符串重复 3 次构造数组。

```
ArrayList al4 = ArrayList.Repeat("abc", 3);
```

2. 向 ArrayList 中添加元素

创建好 ArrayList 后，有两种方法可以向 ArrayList 中添加元素。

（1）Add 方法将单个元素添加到列表的尾部；AddRange 方法获取一个实现 ICollection 接口的集合实例，例如 Array、Queue、Stack 等，并将这个集合实例按顺序添加到列表的尾部。

（2）可以使用 Insert 和 InsertRange 方法向 ArrayList 中指定的位置插入元素：Insert

方法添加单个元素到指定的索引位置，InsertRange 从指定的位置开始添加一个实现了 ICollection 接口的实例。例如：

```
ArrayList al = new ArrayList(20);        // 声明一个接受 20 个元素的 ArrayList
al.Add(" 我是元素 1");      // 使用 ArrayList 的 Add 方法添加集合元素
al.Add(" 我是元素 2");      // 使用 ArrayList 的 Add 方法添加集合元素
al.Add(" 我是元素 3");      // 使用 ArrayList 的 Add 方法添加集合元素
// 定义一个有三个元素的字符串数组
string[] strs = {" 我是元素 4", " 我是元素 5", " 我是元素 6" };
al.AddRange(strs);                   // 使用 AddRange 方法按集合参数中元素的顺序添加
al.Insert(0," 新增第 1 个元素 ");      // 在 ArrayList 的指定索引 0 处添加一个新元素
ArrayList list2=newArrayList();      // 创建一个 ArrayList 对象 list2
list2.Add(" 我是新增元素 1");        // 使用 ArrayList 的 Add 方法添加集合元素
list2.Add(" 我是新增元素 2");        // 使用 ArrayList 的 Add 方法添加集合元素
al.InsertRange(2,list2);             // 将 list2 中的两个元素插入 al 中的索引为 2 的位置
```

3. 删除 ArrayList 中的元素

ArrayList 提供了三种方法可以将指定元素从集合中移除，这三种方法是 Remove、RemoveAt 和 RemoveRange。

Remove 方法接受一个 object 类型的参数，用于移除指定元素值的第 1 个匹配集合元素。

RemoveAt 方法接受一个 int 类型的参数，用于删除指定索引的集合元素。

RemoveRange 方法从集合中移除一定范围的元素。

还可以使用 Clear 方法从 ArrayList 中移除所有的元素。例如：

```
ArrayList al = new ArrayList(20);        // 声明一个接受 20 个元素的 ArrayList
// 添加元素
al.AddRange(new string[6] { " 元素 1", " 元素 2", " 元素 3", " 元素 4", " 元素 5", " 元素 6" });
// 调用 Remove 方法删除元素，从 ArrayList 中移除特定对象的第 1 个匹配项
al.Remove(" 元素 2");        // 调用 Remove 方法删除指定元素
al.RemoveAt(2);              // 调用 RemoveAt 方法删除指定索引位置元素
al.RemoveRange(3, 2);        // 调用 RemoveRange 方法删除指定范围的元素
al.Clear();                  // 清除所有的元素
```

4. 排序

可以使用 Sort 方法对 ArrayList 集合中的元素进行排序。Sort 有三种重载方法。

使用集合元素的比较方式进行排序：

```
public virtual void Sort();
```

使用自定义比较器进行排序：

```
public virtual void Sort(IComparer comparer);
```

使用自定义比较器进行指定范围的排序：

```
public virtual void Sort(int index, int count, IComparer comparer)
```

例如，使用集合元素的比较方式进行排序的代码如下：

```
ArrayList al = new ArrayList();          // 声明一个 ArrayList 对象
// 添加元素
al.AddRange(new string[8] { "Array1", "Array2", "Array6", "Array5", "Array4" });
al.Sort();          // 对 ArrayList 集合中的元素进行排序
```

5. 查找 ArrayList 中的集合元素

为了在数组列表中查找元素，最常使用的是 IndexOf 或 LastIndexOf 方法，另外，还可以使用 BinarySearch 方法进行搜索。IndexOf 方法从前向后搜索指定的字符串，如果找到，则返回匹配的第一项的自 0 开始的索引，否则返回 -1。LastIndexOf 方法从后向前搜索指定的字符串，如果找到，则返回匹配的最后一项的自 0 开始的索引，否则返回 -1。这两个方法各自都有三个重载版本，表示从指定的索引处开始搜索或者从指定索引处搜索指定长度的字符串。BinarySearch 方法使用二分算法从集合中搜索指定的值，并返回找到的从 0 开始的索引，否则返回 -1。下面的示例代码将演示如何使用这些方法来查找数组中的元素。

```
string[] str ={" 元素 1"," 元素 2"," 元素 3"," 元素 4"," 元素 5"," 元素 6" };// 定义字符串数
ArrayList al = new ArrayList(str);          // 创建 ArrayList 对象 al
int i = al.IndexOf(" 元素 3");          // 得到 "元素 3" 第 1 次出现的索引位置
Console.WriteLine(" 元素 3 在集合中的位置是 " + i);          // 输出 "元素 3" 的索引位置
i = al.LastIndexOf(" 元素 5");          // 得到 "元素 5" 最后一次出现的索引位置
Console.WriteLine(" 元素 5 在集合中的位置是 " + i);
int j = al.BinarySearch(" 元素 3");          // 利用二分法查询 "元素 3" 出现的索引位置
if (j >0)          // 如果找到，输出其索引值
   Console.WriteLine(" 元素 3 在集合中的位置是 " + j);
else          // 如果没有找到，输出提示信息
Console.WriteLine(" 没有找到元素 3");
```

6. 遍历 ArrayList

ArrayList 内部维护着一个数组，可以通过下标进行访问，而且 ArrayList 实现了 IEnumerable 接口，因此要遍历集合，可以使用 for 或 foreach 方法。

下面的代码演示了如何使用 for 和 foreach 方法进行集合元素遍历。

```
ArrayList al = new ArrayList(new string[6] { " 元素 1"," 元素 2"," 元素 3"," 元素 4"," 元素 5" });
for (int i = 0; i <= al.Count - 1; i++)          // 使用 for 遍历 ArrayList
{   Console.Write(al[i]);   }          // 输出 ArrayList 中的每个元素
foreach (object s in al)          // 使用 foreach 遍历
{   Console.Write(s);   }          // 输出 ArrayList 中的每个元素
```

【例 6-1】利用 ArrayList 编写一个管理客户地址簿的应用程序，用来管理客户的地址信息。

Step 1 在 Visual Studio 2013 中新建 C# 控制台程序，项目名为 "CustomerInfo"，然后添加一个新类到项目中，类名为 CustomerInfo，表示客户。CustomerInfo.cs 的代码如下（代码 6-1-1.txt）。

```
class CustomerInfo          // 定义类，表示客户信息
{
    // 创建存储客户信息的 ArrayList
private static ArrayList CustomerList = new ArrayList();
    private String id;          // 表示客户 ID 的字段
    private String name;        // 表示客户姓名的字段
    private String address;     // 表示客户地址的字段
    public CustomerInfo() { }  // 无参数构造函数
    public CustomerInfo(String myid, string myname, string myaddress)
    {            // 有参数构造函数，对私有字段初始化
      id = myid;
      name = myname;
      address = myaddress;
    }
    public String ID          // 表示客户 ID 的属性
    {
      set { id = value; } get { return id; }
    }
    public String Name        // 表示客户姓名的属性
    {
      get { return name; } set { name = value; }
    }
    public String Address    // 表示客户地址的属性
    {
      get { return address; }  set { address = value; }
    }
    // 添加客户信息的方法
    public static void AddCustomer(CustomerInfo aCustomerInfo)
    {
      CustomerList.Add(aCustomerInfo);          // 添加一个客户信息到 ArrayList 中
    }
    public static void Delete(CustomerInfo oo)  // 删除客户信息的方法
    {  // 通过客户对象删除一个客户
      int i = CustomerList.IndexOf(oo);         // 得到客户对象的索引号
      if (i < 0)            // 如果对象不存在则给出提示信息
        Console.WriteLine("no !"};
      Else                 // 如果对象存在，根据对象的索引号进行对象的删除
        Custome:List.RemoveAt(i);
    }
    public static void Show()              // 显示所有客户的信息
    {
      // 遍历 CustomerList 输出所有客户的信息
      foreach (CustomerInfo s in CustomerList)
      Console.WriteLine(s.ID + ", " + s.Name + ",  " + s.Address);
    }
```

```
    public static void SortByName()     // 通过接口实现按照客户姓名排序的方法
    {
        CustomerList.Sort(new CustomerNameCompare());      // 实现自定义排序的接口
    }
}
```

Step 2　除了使用集合元素默认的比较器进行排序外，还可以传递实现 IComparer 接口的类，按自定义的排序逻辑进行排序。下面实现按照客户姓名进行排序的接口代码。添加类 CustomerNameCompare，在 CustomerNameCompare.cs 中添加如下代码（代码 6-1-2.txt）。

```
public class CustomerNameCompare:IComparer
{    // 自定义排序，实现 IComparer 接口按照客户姓名降序排序
public int Compare(object x, object y)
{return new CaseInsensitiveComparer().Compare(((CustomerInfo)y).Name, ((CustomerInfo)x).Name );
}
}
```

Step 3　在 Program 的 Main 中添加以下测试代码（代码 6-1-3.txt）。

```
// 实例化 CustomerInfo，向 ArrayList 中添加对象
CustomerInfo aCustomerInfo1 = new CustomerInfo("Id0001", " 李四 ", " 河南郑州市 ");
CustomerInfo.AddCustomer(aCustomerInfo1);     // 添加对象到 ArrayList
CustomerInfo aCustomerInfo2 = new CustomerInfo("Id0002", " 王五 ", " 湖南长沙市 ");
CustomerInfo.AddCustomer(aCustomerInfo2);
CustomerInfo aCustomerInfo3 = new CustomerInfo("Id0003", " 赵三 ", " 河南郑州市 ");
CustomerInfo.AddCustomer(aCustomerInfo3);
Console.WriteLine(" 排序前的集合排列 ");
CustomerInfo.Show();                // 输出排序前集合中的元素的排列顺序
CustomerInfo.SortByName ();          // 调用按姓名排序方法对 ArrayList 排序
Console.WriteLine(" 按姓名排序后的集合排列 ");
CustomerInfo.Show();                // 输出排序后集合中的元素的排列顺序
CustomerInfo aCustomerInfo4 = new CustomerInfo("Id0003", " 赵七 ", " 河北石家庄市 ");
CustomerInfo.AddCustomer(aCustomerInfo4);     // 添加 aCustomerInfo4 对象到 ArrayList
Console.WriteLine(" 添加一个客户后的所有信息： ");
CustomerInfo.Show();                          // 输出添加一个客户后集合中的元素
CustomerInfo.Delete(aCustomerInfo4);          // 删除一个客户对象
Console.WriteLine(" 删除一个客户对象后的信息 ");
CustomerInfo.Show();                // 输出删除一个客户后集合中的元素
```

单击工具栏中的▶按钮，即可在控制台输出如图 6-1 所示的结果。

图 6-1　客户地址信息管理

在这个例子中，首先定义了一个 CustomerInfo 类，其中定义了一个静态的 ArrayList 对象 CustomerList，用于存储客户的信息；定义了一个添加客户信息到 ArrayList 的方法，使用 ArrayList 的 Add 方法添加；定义了一个删除 ArrayList 中元素的方法，使用 IndexOf 查找对象，使用 RemoveAt 进行删除；定义了 Show 方法，使用 foreach 变量来显示 ArrayList 中的元素；定义了一个排序方法实现按照客户姓名排序。在后面的步骤中自定义了一个按照姓名排序的规则，以实现 ArrayList 的排序。

6.2.2　HashTable 类

在 ArrayList 集合中，可以使用索引访问元素，如果不能确切知道索引的值，访问就比较困难。而本节介绍的 HashTable 能实现通过一个键来访问一个元素，而不需要知道索引的值。

HashTable 称为哈希表，和 ArrayList 不同的是，它利用键 / 值来存储数据。在哈希表中，每个元素都是一个键 / 值对，并且是一一对应的，通过"键"就可以得到"值"。如果存储电话号码，通常是将姓名和电话号码存在一起，存储时把姓名当做键，号码作为值，通过姓名即可查到电话号码，这就是一个典型的哈希表存储方式。HashTable 是 System. Collections 命名空间中的一个重要的类，如果把哈希表当做字典，那么"键"就是字典中查的单词，"值"就是关于单词的解释内容。正因为有这个特点，所以也有人把哈希表称做"字典"（对应泛型集合类 Dictionary<T>）。

在 HashTable 对象内部维护着一个哈希表。内部哈希表为插入其中的每个键进行哈希编码，在后续的检索操作中，通过哈希编码就可以遍历所有的元素。这种方法为检索操作提供了较佳的性能。在 .NET 中，键和值可以是任何一种对象，例如字符串、自定义类等。在后台，当插入键值对到 HashTable 中时，HashTable 使用每个键所引用对象的 GetHashCode() 方法获取一个哈希编码，存入 HashTable 中。哈希表常用的属性如表 6-5 所示。

表 6-5　哈希表常用的属性

属性名称	属性说明
Count	获取包含在 HashTable 中的键 / 值对的数目
Keys	获取包含在 HashTable 中的所有键的集合
Values	获取包含在 HashTable 中的所有值的集合

哈希表常用的方法如表 6-6 所示。

表 6-6　哈希表常用的方法

方法名称	方法说明
Add	将带有指定键和值的元素添加到 HashTable 中
Clear	从 HashTable 中移除所有元素
Contains	确定 HashTable 是否包含特定键
GetEnumerator	返回 IDictionaryEnumerator，可以遍历 HashTable
Remove	从 HashTable 中移除带有指定键的元素

HashTable 类提供有 15 个重载的构造函数，常用的 4 个 HashTable 构造函数声明如下。

(1) 使用默认的初始容量、加载因子、哈希代码提供程序和比较器来初始化 HashTable

类的实例。

```
public Hashtable();
```

(2) 使用指定容量、默认加载因子、默认哈希代码提供程序和比较器来初始化 HashTable 类的实例。

```
public Hashtable(int capacity);
```

(3) 使用指定的容量、加载因子来初始化 HashTable 类的实例。

```
public Hashtable(int capacity, float loadFactor);
```

(4) 通过将指定字典中的元素复制到新的 HashTable 对象中，初始化 HashTable 类的一个新实例。新的 HashTable 对象的初始容量等于复制的元素数，并且使用默认的加载因子、哈希代码提供程序和比较器。

```
public Hashtable(IDictionary d);
```

下面的代码演示了如何使用这 4 种方法构造哈希表。

```
static void Main(string[] args)
{
    Hashtable ht = new Hashtable();       // 使用所有默认值构建哈希表实例
    Hashtable ht1 = new Hashtable(20); // 指定哈希表实例的初始容量为 20 个元素
    Hashtable ht2 = new Hashtable(20, 0.8f);       // 初始容量为 20 个元素，加载因子为 0.8
    Hashtable ht3 = new Hashtable(sl); // 传入实现了 IDictionary 接口的参数创建哈希表
}
```

创建好哈希表后，可以使用 HashTable 提供的方法和属性来操作哈希表对象。下面的示例程序将演示操作哈希表的基本方法。

【例 6-2】 HashTable 表的应用。

新建控制台应用程序，项目名为 "HashDemo"，在 Program.cs 的 Main 方法中输入以下代码（拓展代码 6-2-1.txt）。

```
Hashtable openWith = new Hashtable();           // 创建一个哈希表 openWith
openWith.Add("txt", "notepad.exe");             // 添加键 / 值对到哈希表中，键不能重复
openWith.Add("bmp", "paint.exe");
openWith.Add("dib", "paint.exe");
openWith.Add("rtf", "wordpad.exe");
// 通过键名来获取具体值
Console.WriteLine(" 键 = \"rtf\", 值 = {0}.", openWith["rtf"]);
openWith["rtf"] = "winword.exe";     // 哈希表中的键不可修改，只能修改键对应的值
Console.WriteLine(" 键 = \"rtf\", 值 = {0}.", openWith["rtf"]);
openWith["doc"] = "winword.exe";   // 如果对不存在的键设置值，将添加新的键值对
// 通常添加之前用 ContainsKey 来判断某个键是否存在
if (!openWith.ContainsKey("ht"))     // 如果键 ht 不存在，则添加 ht 键值对
{
```

```
    openWith.Add("ht", "hypertrm.exe");          // 添加 ht 键值对
    Console.WriteLine(" 为键 ht 添加值 : {0}", openWith["ht"]);
}
Console.WriteLine(" 哈希表遍历： ");
foreach( DictionaryEntry de in openWith )          //Hashtable 键 / 值是 DictionaryEntry 类型
{
    Console.WriteLine(" 键 = {0}, 值 = {1}", de.Key, de.Value);
}
Console.WriteLine("\n 删除 (\"doc\")");
openWith.Remove("doc");                    // 使用 Remove 方法删除键 / 值对
if (!openWith.ContainsKey("doc"))  // 判断键 doc 是否存在
{
    Console.WriteLine(" 键 \"doc\" 没有找到 .");              // 如不存在给出提示信息
}
```

单击工具栏中的 ▶ 按钮，即可在控制台中输出如图 6-2 所示的结果。

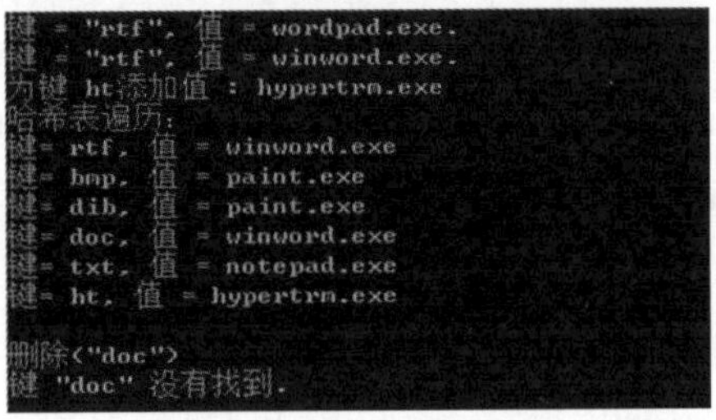

图 6-2　HashTable 表的应用

在本例中创建了一个新的哈希表 openWith，把文件扩展名和打开软件作为键 / 值对；首先使用 Add 方法向哈希表中添加键值对；接着是哈希表键值对的使用举例；其次使用 ContainsKey 方法判断指定的键是否存在；然后遍历哈希表；最后使用 Remove 删除指定的键值对。

6.3　泛型

.NET 提供功能强大的泛型特性，利用泛型，可以减少代码编写的工作量，提高程序的运行效率。

6.3.1　泛型概述

在 6.2 节介绍的 ArrayList 类中，所有的元素类型都为 object 类型。.NET 中的 object 类是所有类的基类，因此 ArrayList 类能够接受任何类型的值作为它的元素。当使用 ArrayList 中的元素时，必须要强制进行类型的转换，将元素转换为合适的元素类型。如果元素是值类型的值时，会引起 CLR 进行拆箱和装箱的操作，造成一定的性能开销。而且，还必须小心处理类型转换中可能出现的错误。例如，下面的语句为 ArrayList 对象添加多个不同类型的元素值，就会引入装箱和拆箱操作，造成一定的性能开销。

```
ArrayList list = new ArrayList();          // 创建一个 ArrayList 对象 list
list.Add(" 这是一个字符型 ");               // 添加一个字符串
list.Add(8);              // 添加一个整型
list.Add(true);          // 添加一个布尔型
```

事实上，在很多场合应用程序并不需要像上面的代码那样，向一个 ArrayList 集合类中添加各种不同的类型。如果只需要处理同种类型的元素，比如整型，可以将 ArrayList 集合中的元素定义为确定的类型，或称为强类型。这样，就可以减少类型转换带来的性能开销，而且也可避免类型转换中可能会出现的错误。这种方式解决了以 object 作为参数的缺陷。但是，如果还需要强类型字符串值、布尔值或其他的类型时，就必须一一地实现这些强类型类，这些重复工作显然增加了代码量。为此在 .NET 2.0 中引入了泛型来处理这种不足，通过指定一个或多个类型占位符，在处理类型操作时，不需要知道具体的类型，而将确定具体类型的工作放在运行时来实现。

什么是泛型？泛型是一种类型占位符，或称为类型参数。我们知道在一个方法中，一个变量的值可以作为参数，但其实这个变量的类型本身也可以作为参数。泛型允许程序员在代码中将变量或参数的类型先用"类型占位符"来代替，在调用的时候再指定这个类型参数是什么。泛型就好比 Word 中的模板，在 Word 的模板中提供有基本的文档编辑内容，在定义 Word 模板时，对具体编辑哪种类型的文档是未知的。在 .NET 中，泛型则提供了类、结构、接口和方法的模板，与定义 Word 模板类似，定义泛型时的具体类型是未知的。在 .NET 中，泛型能够给我们带来的好处是"类型安全和减少装箱、拆箱"。

在 System.Collections.Generic 命名空间中包含有几个泛型集合类，List<T> 和 Dictionary<K,V> 是其中常用的两种泛型集合类，在实际应用中有很重要的作用。

6.3.2 List<T> 类

泛型最重要的应用就是集合操作，使用泛型集合可以提高代码重用性、类型安全性，并拥有更佳的性能。List<T> 的用法和 ArrayList 相似，有更好的类型安全性，无须拆、装箱。定义一个 List<T> 泛型集合的语法如下：

```
List<T> 集合名 =new List<T>();
```

在泛型定义中，泛型类型参数"<T>"是必须指定的，其中的 T 是定义泛型类时的占位符，其并不是一种类型，仅代表某种可能的类型。在定义时 T 会被使用的类型代替。泛型集合 List<T> 中只能有一个参数类型，<T> 中的 T 可以对集合中的元素类型进行约束。

注意：泛型集合必须实例化，其实例化和普通类实例化相同，必须在后面加上"()"。

List<T> 的添加、删除和检索等方法和 ArrayList 相似，但是不需要像 ArrayList 那样装箱和拆箱。示例如下：

```
List<string> ls = new List<string>();      // 创建泛型集合 ls
ls.Add(" 泛型集合元素 1");                  // 向泛型集合 ls 中添加元素 1
ls.Add(" 泛型集合元素 2");                  // 向泛型集合 ls 中添加元素 2
```

```
ls.Add(" 泛型集合元素 3");                    // 向泛型集合 ls 中添加元素 3
```

6.3.3　Dictionary<K,V> 类

在 System.Collections.Generic 命名空间中，与 HashTable 相对应的泛型集合是 Dictionary<K,V>，其存储数据的方式和哈希表相似，通过键 / 值来保存元素，并具有泛型的全部特征，编译时检查类型约束，读取时无须进行类型转换。定义 Dictionary<K,V> 泛型集合的方法如下：

```
Dictionary<K,V> 泛型集合名 =new Dictionary<K,V>();
```

其中，K 为占位符，具体定义时用存储键 Key 的数据类型代替，V 同样也是占位符，用元素的值 Value 的数据类型代替，这样在定义该集合时，就声明了存储元素的键和值的数据类型，保证了类型的安全性。

例 6-2 中，对 HashTable 的定义可以改为使用 Dictionary<K,V> 来实现。代码如下：

```
Dictionary<string, string> openWith = new Dictionary<string, string>();// 创建泛型集合 Dictionary 对象
```

在这个 Dictionary<K,V> 的声明中，<string,string> 中的第 1 个 string 表示集合中 Key 的类型，第 2 个 string 表示 Value 的类型。

```
// 创建一个泛型 Dictionary 集合 openWith
Dictionary<string, string> openWith = new Dictionary<string, string>();
openWith.Add("txt", "notepad.exe");           // 添加键 / 值对到哈希表中，键不能重复
openWith.Add("bmp" , "paint.exe" );           // 添加键 / 值对到哈希表中，键不能重复
```

6.3.4　泛型使用建议

C# 泛型类在编译时，先生成中间代码 IL，通用类型 T 只是一个占位符。在实例化类时，根据用户指定的数据类型代替 T 并由即时编译器（JIT）生成本地代码，这个本地代码中已经使用了实际的数据类型，等同于用实际类型写的类，所以不同封闭类的本地代码是不一样的。

C# 泛型是开发工具库中的一个无价之宝。它们可以提高性能、类型安全和质量，减少重复性的编程任务，简化总体编程模型，而这一切都是通过优雅的、可读性强的语法完成的。前面已简单地介绍了泛型的概念，从编写代码过程中可以看出泛型的优点如下。

(1) 性能高。使用泛型不需要进行类型转换，可以避免装箱和拆箱操作，能提高性能。

(2) 类型安全。泛型集合对其存储对象进行了类型约束，不是在定义时声明的类型，是无法存储到泛型集合中的，从而保证了数据的类型安全。

(3) 代码重用。使用泛型类型可以最大限度地重用代码、保护类型的安全以及提高性能。

在处理集合类时，如果遇到下列情况，可以考虑使用泛型类。

(1) 如需要对多种类型进行相同的操作处理。

(2) 如需要处理值类型，使用泛型则可避免装箱、拆箱带来的性能开销。

(3) 使用泛型可以在应用程序编译时发现类型错误，增强程序的健壮性。

(4) 减少不必要的重复编码，使代码结构更加清晰。

程序员可以根据需要创建自己的泛型接口、泛型类、泛型方法、泛型事件和泛型委托。

 6.4　泛型接口

为泛型集合类或表示集合中项的泛型类定义接口通常很有用。在 System.Collections. Generic 命名空间中包含几个泛型接口：IComparable<T>、IComparer<T> 是其中常用的两种泛型接口。对于泛型类，使用泛型接口比较合适，例如使用泛型接口 IComparable<T> 代替普通接口 IComparable，可以避免值类型的装箱和拆箱操作。

6.4.1　IComparer<T> 接口

泛型接口也具有一般接口的共同特点，即在接口中可以包含属性、方法和索引器，但都不能够实现。泛型接口 IComparer<T> 定义了为比较两个对象而实现的方法。其定义如下：

```
public interface IComparer<T>
{
int Compare(T x,T y);        // 比较两个对象 x 和 y 的方法
}
```

类型参数"T"是要比较的对象的类型。Compare 方法比较两个对象并返回一个值，指示一个对象是小于、等于还是大于另一个对象。参数 x 是要比较的第 1 个对象，y 是要比较的第 2 个对象，均属于类型 T。如果返回值大于 0，则 x>y；如果返回值小于 0，则 x<y；如果返回值等于 0，则 x=y。

IComparer<T> 泛型接口的主要作用是：作为参数传入 Sort() 方法，实现对象比较方式的排序。Sort 方法的语法如下：

```
public void Sort （IComparer<T> comparer）
```

在例 6-1 中已经使用了 IComparer 接口实现按照客户姓名进行排序的方法。在下面的范例中，我们将改用 IComparer<T> 来实现同样的功能。

【例 6-3】改写例 6-1，利用 List<T> 编写一个管理客户地址簿的应用程序。

Step 1　在 Visual Studio 2013 中新建 C# 控制台程序，项目名为"CustomerInfoList"，然后添加一个新类到项目中，类名为 CustomerInfo，表示客户。和例 6-1 中的 CustomerInfo. cs 代码一样，只是将下面的这条语句：

```
private static ArrayList CustomerList = new ArrayList();
```

修改为用泛型集合 List 来定义，改后如下（代码 6-3-1.txt）：

```
private static List<CustomerInfo> CustomerList = new List<CustomerInfo>();
```

Step 2　使用 IComparer<T> 泛型接口实现按照客户姓名进行排序的方法（代码 6-3-2.txt）。

```
// 按照客户姓名进行排序的方法
```

```
class CustomerNameCompare : IComparer<CustomerInfo>
{    // 自定义排序，实现 IComparer 接口按照客户姓名降序排序
    public int Compare(CustomerInfo x, CustomerInfo y)
    {
        return (x.Name .CompareTo(y.Name ));      // 返回按照客户姓名比较的结果
    }
}
```

Step 3 其他代码不变，输出结果和例 6-1 相同。

6.4.2 IComparable<T> 接口

IComparable<T> 也 是 常 用 的 泛 型 接 口。泛 型 接 口 IComparable<T> 的 功 能 和 接 口
IComparable 相似，规定了一个没有实现的方法 CompareTo(Object obj)，语法如下：

```
public interface IComparable
{
int CompareTo(Object obj) ;
}
```

此接口中的 CompareTo 用于比较对象的大小。如果一个类实现了该接口中的这个方法，
说明这个类的对象是可以比较大小的。如果当前对象小于 obj，返回值小于 0；如果当前对
象大于 obj，返回值大于 0；如果当前对象等于 obj，返回值等于 0。

【例 6-4】使用 IComparable<T> 实现比较对象大小的功能。

Step 1 新建控制台程序，项目名为"CustomerInfoListExt"，然后添加一个新类到项目中，类名
为 CustomerInfo，表示客户信息并实现 IComparable 接口，代码如下（代码 6-4-1.txt）。

```
class CustomerInfo:IComparable<CustomerInfo> // 实现 IComparable 接口的类 CustomerInfo
{
    private String id;           // 表示客户 ID 的字段
    private String name;         // 表示客户姓名的字段
    private String address;      // 表示客户地址的字段
    public CustomerInfo() { }  // 无参数构造函数
    public CustomerInfo(String myid, string myname, string myaddress)
    {  // 有参数构造函数
        id = myid;
        name = myname;
        address = myaddress;
    }
    public String ID            // 表示客户 ID 的属性
    {
        set { id = value; }
        get { return id; }
    }
    public String Name          // 表示客户姓名的属性
```

```
    {
        get { return name; }
        set { name = value; }
    }
    public String Address    // 表示客户地址的属性
    {
        get { return address; }
        set { address = value; }
    }
    public int CompareTo(CustomerInfo objCustomer)// 按照姓名比较对象大小的方法
    {
        // 返回按照姓名比较的结果
        return this.Name .CompareTo (objCustomer.Name );
    }
}
```

Step 2 在 Program 的 Main 中添加以下测试代码（代码 6-4-2.txt）。

```
// 实例化 CustomerInfo，向 List<T> 中添加对象
CustomerInfo aCustomerInfo1 = new CustomerInfo("Id0001", " 李四 ", " 河南郑州市 ");
CustomerInfo aCustomerInfo2 = new CustomerInfo("Id0002", " 王五 ", " 湖南长沙市 ");
// 按照姓名比较两个对象的大小
if (aCustomerInfo1 .CompareTo (aCustomerInfo2 )>0)
Console .WriteLine ("{0} 的姓名比 {1} 的姓名排列靠前 ",aCustomerInfo1.Name , aCustomerInfo2.Name );
else
Console .WriteLine ("{0} 的姓名比 {1} 的姓名排列靠后 ",aCustomerInfo1.Name , aCustomerInfo2.Name );
Console.ReadKey();
```

单击工具栏中的 ▶ 按钮，输出结果如图 6-3 所示。

李四的姓名比王五的姓名排列靠前

图 6-3　使用 IComparable<T> 实现比较

6.4.3　自定义泛型接口

程序员也可以使用泛型自定义泛型接口、泛型类、泛型方法等。和普通接口一样，泛型接口通常也是与某些对象相关的约定规程。例如，约定 "飞" 的功能，可能是鸟、飞机或者子弹，那么定义它们的规程时，会略有区别。但泛型接口只负责约定功能 "飞"，不同对象的规程定义交给具体实现者。

泛型接口的声明形式如下：

```
interface 接口名 <T>
{
【接口体】
}
```

在 C# 中，通过尖括号（＜＞）将类型参数括起来，表示泛型。上述约定功能"飞"可以定义泛型接口"Interface Fly<T>{}"。声明泛型接口时，与声明一般接口的唯一区别是增加了一个 <T>。一般来说，声明泛型接口与声明非泛型接口遵循相同的规则。

泛型接口定义完成之后，就要定义此接口的子类。定义泛型接口的子类有以下两种方法。

(1) 直接在子类后声明泛型。

(2) 在子类实现的接口中明确地给出泛型类型。

【例 6-5】泛型接口的定义与使用。

Step 1 新建控制台程序，项目名为"InterImp"，然后在 Program 中添加泛型接口 Inter 和子类 InterImpA、InterImpB，代码如下（代码 6-5-1.txt）。

```
interface Inter<T>              // 定义泛型接口 Inter
{
    void show(T t);            // 约定功能 show
}
// 定义接口 Inter 的子类 InterImpA，明确泛型类型为 String
class InterImpA : Inter<String>
{
    // 子类 InterImpA 重写方法 show，指明参数类型为 String
    public void show(String t)
    {
        Console.WriteLine(t);
    }
        address = myaddress;
}
class InterImpB<T> : Inter<T>   // 定义接口 Inter 的子类 InterImpB，直接声明
{
    public void show(T t)    // 子类 InterImpB 重写方法 show，参数类型为泛型
    {
        Console.WriteLine(t);
    }
}
```

Step 2 在 Program 的 Main 方法中添加以下测试代码（代码 6-5-2.txt）。

```
InterImpA i=new InterImpA();          // 实例化 InterImpA
i.show("fff");
InterImpB<Int32> j = new InterImpB<Int32>(); // 实例化 InterImpB
j.show(5556666);
Console.Read();
```

单击工具栏中的 ▶ 按钮，输出结果如图 6-4 所示。

图 6-4 泛型接口的定义与使用

强化练习

本章首先简要介绍了非泛型集合类和泛型集合类；接着重点介绍了 List<T> 和 Dictionary<K,V> 两个常用泛型集合类以及 IComparable<T> 和 IComparer<T> 两个泛型接口的运用。

练习 1：

创建一个 C# 控制台应用程序项目，编写代码使用 ArrayList 类实现从键盘录入多个数据，以 0 结束，并在控制台输出多个数据中的最大值。

练习 2：

创建一个 C# 控制台应用程序项目，编写代码使用 List<T> 类实现获取 10 个 1 ～ 20 之间的随机数，要求这 10 个数不能重复。

第7章
对象和类

内容概要

　　面向对象编程（Object Oriented Programming）是一种计算机编程架构。面向对象编程的思想并不是开始就有的，它是随着计算机技术和软件工程思想的发展而产生的。本章将结合 C# 语言介绍面向对象编程的基本思想，以及如何实现面向对象程序设计。通过学习本章内容，读者能够对面向对象编程的基本概念和基本步骤有一个初步的了解。

学习目标

◆ 了解什么是对象，什么是类
◆ 熟悉类的概念
◆ 熟悉类的基本操作
◆ 掌握类与对象的关系，了解类的面向对象特征

课时安排

◆ 理论学习　4 课时
◆ 上机操作　2 课时

7.1　面向对象概述

面向对象的方法学认为世界是由各种各样具有自己的运动规律和内部状态的对象所组成的，复杂的对象可以由简单的对象组合而成，整个世界都是由不同的对象经过层层组合构成的。因此，人们应当按照面向对象的方法学来理解世界，直接通过对象及其相互关系来反映世界。

面向对象程序设计是面向对象的方法学在软件开发方法过程中的直接运用，按照面向对象的思想，使用对象描述事物，围绕对象进行软件设计。使用面向对象程序设计方法设计计算机程序，将对事物的特征和功能的抽象描述放到类的定义中，通过类的实例化创建对象，更接近于人们日常生活中的认知模式。

面向对象的程序设计方法以对象为中心，通常具备以下特征。

（1）系统中一切皆为对象。

（2）对象是数据和数据相关操作的封装体。

（3）将同种对象进行抽象描述，称为类的定义，对象是类的实例化。

（4）对象之间通过消息传递实现动态链接。

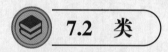**7.2　类**

7.2.1　类的概念

类是面向对象的一个基本概念，是对同一种对象的抽象描述，通过定义相关数据和函数，描述对象的特征和功能。

7.2.2　类的声明

C# 中定义类的基本语法如下：

```
[ 访问修饰符 ] class 类名
{
类成员定义
}
```

其中，访问修饰符是可选项，可以选择 public、private、protected、internal。访问修饰符对类的可访问性和可继承性做出了限定，若定义类的时候不使用访问修饰符，则默认该类是 internal 的。访问修饰符的基本含义如下：

◎ public：可被所属类的成员以及不属于类的成员访问。

◎ internal：可被当前程序集访问。

◎ protected：可被所属类及其派生类访问。

◎ private：仅所属类的成员才可以访问。

下面来看一个类定义的例子。我们以汽车为例，定义 Car 类，将对汽车的抽象描述放入 Car 类的定义中。

```
public class Car
{
    public double OilMeter;          // 油表数值，单位：升
    public double OilVolume;         // 油箱容量，单位：升
    public double OilCosumption;     // 油耗，每百公里消耗汽油数量，单位：升
    public double Mileage;           // 里程数，单位：公里
    public void Info()
    {
        Console.WriteLine(" 这辆车已经行驶 {0} 公里，油箱中还有 {1} 升汽油，油耗为百公里 {2} 升。",Mileage,
            OilMeter,OilCosumption);
    }
}
```

Car 类中包含 4 个 double 型的变量（C# 中称为"字段"）OilMeter、OilVolume、OilCosumption、Mileage 和一个函数（C# 中称为"方法"）Info（）。OilMeter、OilVolume、OilCosumption、Mileage 分别代表车的油表数值、油箱容量、油耗和里程数，函数 Info( ) 输出车的里程数和油表数值。

注意：Car 类的访问修饰符是 public，Car 类内部的变量和函数也都有访问修饰符，不同访问修饰符的使用区别我们在本章后边进行具体分析。

7.2.3　构造函数和析构函数

在实例化类的对象时，对类中包含的变量进行初始化需要用到类的构造函数。构造函数的基本格式如下：

```
类名（参数表）
{
函数体，通常用于给类中的数据成员赋初值。
}
```

构造函数名与类名相同，不能修改，构造函数的参数表可以为空，也可以不为空。定义构造函数时不需要给出返回值类型。

构造函数可以显式给出也可以不给出。无论是否显式给出构造函数,在定义类的对象时,都会调用该类的构造函数。

构造函数时一般使用访问修饰符 public。

1. 自动生成的构造函数

当我们定义一个类时，如果没有给出构造函数，Visual Studio 将自动生成一个没有参数的构造函数。我们只需要掌握其使用方式即可，例如在语句"Car car1 = new Car( );"中，new 运算符之后调用了 Car 类的默认构造函数，其功能就是对 Car 类对象 car1 中的变量进行初始化。

自动生成的构造函数对对象包含的变量进行初始化时，给 int 和 double 型的变量赋初值 0，给 bool 型的变量赋初值 false，给引用类型变量赋初值 null。

2. 自定义构造函数

有时我们需要在实例化类的对象时为对象中的某个变量赋值，例如给 double 型变量 OilCosumption 赋初值为 8.0，这是使用自动生成的构造函数无法实现的。这时，我们需要自定义一个构造函数。例如：

```
public class Car
{
   ......
   public Car( )
   {
      OilCosumption = 8.0;
   }
}
```

自定义构造函数的函数名与类名相同，使用访问修饰符 public。

当我们给出一个没有参数的自定义构造函数时，也就是自定义构造函数的函数头与系统自动生成的构造函数完全相同时，系统将不再自动生成构造函数。

为了增加程序的灵活性，可以同时定义多个自定义构造函数，多个构造函数的函数名可以完全相同，但参数表必须不同，这种情况称为构造函数重载。

【例 7-1】构造函数示例。

```
using System;
using System.Collections.Generic;
using System.Linq;
using System.Text;

namespace Example7_1
{
   public class Car
   {
      public double OilMeter;        // 油表数值，单位：升
```

```
        public double OilVolume;        // 油箱容量，单位：升
        public double OilCosumption;    // 油耗，每百公里消耗汽油数量，单位：升
        public double Mileage;          // 里程数，单位：公里
        public void Info( )
        {
          Console.WriteLine(" 这辆车已经行驶 {0} 公里，油箱中还有 {1} 升汽油，油耗为百公里 {2} 升。", Mileage,
                OilMeter,OilCosumption);
        }
        public Car()
        {
          OilCosumption = 8.0;
        }
        public Car(double x,double y,double z)
        {
          Mileage = x;
          OilMeter = y;
          OilCosumption = z;
        }
}
class Program
{
    static void Main(string[] args)
    {
      Car car1 = new Car( );
      car1.Info( );
      Car car2 = new Car(1000,30,12);
      car2.Info( );
      Console.ReadKey( );
    }
  }
}
```

程序输出结果为：

这辆车已经行驶 0 公里，油箱中还有 0 升汽油，油耗为百公里 8 升。

这辆车已经行驶 1000 公里，油箱中还有 30 升汽油，油耗为百公里 12 升。

一个类若有两个或者更多的构造函数，其参数表互不相同，则在定义该类的对象时，系统将根据 new 运算符后边的构造函数的参数类型和个数来选择调用哪个构造函数为对象的变量进行初始化。

在例 7-1 的 Main() 方法中，对象 car1 调用了没有参数的构造函数，对象 car2 调用了有参数的构造函数，因而在调用 Info() 方法输出对象的信息时，car1.Info() 和 car2.Info() 得到不同的输出结果。

注意：如果只显式给出一个有参数的构造函数，则系统不会自动生成一个无参数的构造函数，此时在定义对象时不能调用无参数的构造函数，因为该构造函数不存在。也就是说，要实现构造函数重载，必须显式给出所有构造函数的定义。此外，除了定义对象时调用构造函数初始化对象中的数据外，在程序的其他位置不能调用构造函数。

在对类实例化的时候，也就是定义类的对象时，需要调用类的构造函数为对象中的成员进行初始化。此外，如果有需要，在构造函数中也可以为对象分配内存空间等资源。对应于构造函数，类的定义中有析构函数，析构函数在对象使用结束时执行，用于释放对象所占用的资源，其定义格式为：

```
~类名( )
{
}
```

在类名前加波浪线作为析构函数的名字，无返回值，无参数，无访问修饰符。

【例 7-2】析构函数示例。

```
using System;
using System.Collections.Generic;
using System.Linq;
using System.Text;

namespace Example 7_2
{
  class Test
  {

    public Test( )
    {
      Console.WriteLine(" 这是构造函数 ");
    }
    ~Test( )
    {
      Console.WriteLine(" 这是析构函数 ");
    }

  }
  class Program
  {
    static void Main(string[] args)
    {
      Test t = new Test( );
      Console.ReadKey();
```

```
      }
    }
  }
```

程序输出结果为：

这是构造函数！

程序员无法控制何时调用析构函数，因为这是由垃圾回收器 (Garbage Collector，GC) 决定的。垃圾回收器检查是否存在应用程序不再使用的对象。如果垃圾回收器认为某个对象符合回收条件，则调用析构函数（如果有）并回收用来存储此对象的内存。但这时程序已经结束，因此我们无法看到析构函数的输出。

7.2.4 对象的创建及使用

【例 7-3】对象创建示例。

```csharp
using System;
using System.Collections.Generic;
using System.Linq;
using System.Text;

namespace Example7_3
{
  public class Car
  {
    public double OilMeter;         // 油表数值，单位：升
    public double OilVolume;        // 油箱容量，单位：升
    public double OilCosumption;    // 油耗，每百公里消耗汽油数量，单位：升
    public double Mileage;          // 里程数，单位：公里
    public void Info( )
    {
      Console.WriteLine(" 这辆车已经行驶 {0} 公里，油箱中还有 {1} 升汽油，油耗为百公里 {2} 升。", Mileage,
        OilMeter,OilCosumption);
    }
  }
  class Program
  {
    static void Main(string[] args)
    {
      Car car1 = new Car( );
      car1.Info( );
      Console.ReadKey( );
    }
```

```
    }
  }
```

程序输出结果为：

这辆车已经行驶 0 公里，油箱中还有 0 升汽油，油耗为百公里 0 升。

注意：例 7-3 中，声明了两个类，Car 类和 Program 类。public class Car 是 Car 类的定义，Program 类是 Visual Studio 自动生成的，Program 类中自动包含 Main（）方法，我们在 Main 方法中对 Car 类进行实例化。

类的定义是对某类事物的抽象描述，可以看作是事物的图纸，对象则是实际存在的事物，实例化就是连接二者，从图纸生产出实际事物的过程。创建对象的基本语法如下：

```
类名 对象名 = new 类名 ();
```

例如：

```
Car car1 = new Car( ); // 实例化一个 Car 类的对象 car1。
```

赋值运算符 "=" 的左边定义了一个 Car 类的对象 car1，与定义整型变量类似。赋值运算符 "=" 的右边使用 new 运算符为新建的 Car 类对象 car1 分配内存空间，后面的"类名（）"调用 Car 类的构造函数，对对象 car1 的成员进行初始化，如果没有在对象所属类的构造函数中显式说明，则默认将对象中包含的 int 或 double 型变量初始化为 0。

在例 7-3 中，我们没有显式给出 Car 类的构造函数，但创建 Car 类对象时仍然会对对象 car1 的成员进行初始化，将变量赋初值为 0，因此当我们使用 "car1.Info( );" 调用 car1 对象的 Info（）方法时，输出的里程数和油表数值都是 0。

7.2.5   this 关键字

在类的定义中，可以使用 this 关键字代表当前类的实例对象。

例如，在例 7-3 中，可以将 Car 类中的方法 Info（）改为：

```
public void Info( )
  {
    Console.WriteLine(" 这辆车已经行驶 {0} 公里，油箱中还有 {1} 升汽油，油耗为百公里 {2} 升。", this.Mileage,
        this. OilMeter,this. OilCosumption);
```

例 7-3 的输出结果不变。

7.2.6   类与对象的关系

类是对象的抽象定义，对象是类的具体实例。定义一个类就是描绘一幅蓝图，而创建对象则是按照蓝图搭建高楼大厦。或者说，类是模具，对象是使用模具生产出来的产品。

与实际生产过程中的模具相比，面向对象的类具有更高的灵活性，可以简单调整相关参数，调整类的成员，从而产生一个新的类。可以在创建对象时，使用不同的参数调用不同的构造函数，得到不同的对象，源自同一个类的不同对象可以有很大差异。

 ## 7.3 类的成员

类是对事物特征和功能的抽象，相应地，类的定义中包含变量和函数。在 C# 中，这些变量和函数统称为类的成员。

7.3.1 类的数据成员

类的数据成员指的是类中定义的常量和变量，其中的变量又称为"字段"。需要注意的是，在类中的某一个函数中定义的变量不是类的数据成员。类的数据成员是在类的代码内定义的，并且不包含在类的任何一个函数内。例如，下面的代码在 Example 类中定义了两个 int 型数据成员 a、b，两个 double 型的数据成员 c、d。而 Test（）函数中定义的变量 temp 不是类的数据成员。

```
public class Example
  {
    public int a;
    public int b;
    public double c;
    public double d;
    public void Test( )
    {
      int temp;
    }
  }
```

定义类的数据成员的格式与一般变量类似，需要注意的是，可以把一个类的对象作为另外一个类的数据成员。定义格式如下：

[访问修饰符] 类型名 数据成员名

在定义类的数据成员时通常需要给出访问修饰符，如果没有显式给出，则系统默认访问问修饰符为 private，即只有类内的函数可以访问该数据成员。如果数据成员的访问修饰符使用 public，则允许类的数据成员在类定义之外被访问。

类的数据成员可以是任意类型，一个类的实例可以作为另一个类的数据成员。

类的数据成员可以在类的构造函数中进行初始化。

类的数据成员可以分为，静态数据成员和非静态数据成员。与静态变量类似，静态数据成员使用关键字 static 修饰，例如：

```
public static int x;
```

没有使用关键字 static 修饰的数据成员都是非静态数据成员。静态数据成员和非静态数据成员在类定义中都很常用。我们需要掌握的是二者的区别和使用方法。简单地说，静态数据成员是类的所有实例共有的，独立于实例存在，可以在类的多个实例中直接传递信息。非静态数据成员是类的每个实例私有的，是实例的一部分。我们通过一个具体的例子来说明静态数据成员和非静态数据成员的区别。

【例 7-4】静态数据成员和非静态数据成员示例。

```csharp
using System;
using System.Collections.Generic;
using System.Linq;
using System.Text;

namespace Example7_4
{
    public class Car
    {
        public  double  OilMeter;        // 油表数值，单位：升
        public  double  OilVolume;       // 油箱容量，单位：升
        public  double  OilCosumption;   // 油耗，每百公里消耗汽油数量，单位：升
        public  double  Mileage;         // 里程数，单位：公里
        static public int count;
        public Car()
        {
            count++;
        }

    }
    class Program
    {
        static void Main(string[] args)
        {
            Car car1 = new Car();
            Car car2 = new Car();
            car1.OilVolume = 50;
            car2.OilVolume = 100;
            Console.WriteLine("car1 的油耗：{0}", car1.OilVolume);
            Console.WriteLine("car2 的油耗：{0}", car2.OilVolume);
            Console.WriteLine("Car 类的实例个数：{0}", Car.count);
            Console.ReadKey();
```

```
        }
    }
}
```

程序输出结果为：

car1 的油耗：50

car2 的油耗：100

Car 类的实例个数：2

在例 7-4 中，Car 类中的数据成员 OilVolume 为非静态数据成员，在 Main 方法中需要先定义 Car 类对象 car1，然后使用 car1. OilVolume 引用非静态数据成员 OilVolume。

◎ 非静态数据成员的引用格式如下：

对象名 . 数据成员名；

例如：

car1. OilVolume=50; /* 修改对象 car1 的数据成员 OilVolume 的值 */

◎ 静态数据成员的引用格式如下：

类名 . 数据成员名；

我们在 Car 类的构造函数中使静态数据成员 count 自增，也就是每调用一次构造函数，count 就会加 1。count 的作用是记录 Car 类实例的个数，可以认为 count 是一个计数器，用于记录工厂生产汽车的数量。

注意：静态数据成员 count，类型为 double 型，默认其初始值为 0，也可以在定义静态数据成员的时候为其赋初值。例如：

static public int count=10;

7.3.2 类的方法成员

在类的代码中，除了有数据成员的定义外，还有函数的定义，这些函数称为类的方法成员。

在类的方法成员中，通常对类的数据成员进行输入输出操作，也可以对类的数据成员进行各种运算。其定义格式如下：

[访问修饰符] 返回值类型 方法名 (参数表)
{
    语句序列；
}

参数表可以为空，方法名后面若参数表不为空，则格式为：类型参数 1, 类型 参数 2, ……

如果方法成员的实现代码中使用"return 表达式;"返回，则方法成员定义中的返回值类型应该与 return 语句中的表达式类型一致；如果没有 return 语句，或者使用"return:"，语句中没有给出返回值，则方法成员定义中的返回值类型应为 void，即无返回值。

【例 7-5】在 Car 类中添加一个方法成员 Fule()，该方法成员有一个 int 型参数，无返回值。

```csharp
using System;
using System.Collections.Generic;
using System.Linq;
using System.Text;

namespace Example7_5
{
  public class Car
  {
    public double OilMeter;          // 油表数值，单位：升
    public double OilVolume;         // 油箱容量，单位：升
    public double OilCosumption;     // 油耗，每百公里消耗汽油数量，单位：升
    public double Mileage;           // 里程数，单位：公里
    public Car( )
    {
      OilMeter = 0;
      OilVolume = 50;
      OilCosumption = 9;
      Mileage = 0;
    }
    public void Info( )
    {
    Console.WriteLine(" 这辆车已经行驶 {0} 公里，油箱中还有 {1} 升汽油，油耗为百公里 {2} 升。", Mileage,
        OilMeter,OilCosumption);
    }
  public void Fule(int x)// 加油
    {
      if(OilMeter+x <= OilVolume)
      {
        OilMeter = OilMeter+x;
        Console.WriteLine(" 向油箱中加入 {0} 升汽油， 油箱中现有 {1} 升汽油。", x, OilMeter);
      }
      else
      {
        Console.WriteLine (" 油箱已满，加入 {0} 升汽油。", OilVolume-OilMeter);
```

```
            OilMeter = OilVolume;
        }
    }
}
class Program
{
    static void Main(string[] args)
    {
        Car car1 = new Car();
        car1.Info();
        car1.Fule(10);
        car1.Fule(100);
        car1.Info();
        Console.ReadKey();
    }
}
}
```

程序输出结果为：

这辆车已经行驶 0 公里，油箱中还有 0 升汽油，油耗为百公里 9 升。

向油箱中加入 10 升汽油， 油箱中现有 10 升汽油。

油箱已满，加入 40 升汽油。

这辆车已经行驶 0 公里，油箱中还有 50 升汽油，油耗为百公里 9 升。

我们在 Main 方法中调用类的方法成员，格式如下：

> 对象名 . 方法名 (参数表);

调用方法成员时的参数表中的参数个数与方法成员定义中的参数表中的参数个数必须相同，两个参数表中对应参数的类型应相同。

如果定义方法成员时，在方法成员的访问修饰符前加上 static，则定义的就是静态方法成员。与静态数据成员类似，调用静态方法成员必须使用如下形式：

> 类名 . 方法名 (参数表);

也就是说，调用非静态方法成员，必须先定义类的实例，而调用静态方法成员，可以直接调用。

在 C# 中，类的定义中允许出现同名方法成员，这种情况称为重载。重载的概念我们在构造函数部分已经见到过，重载可以推广到类的方法成员：在一个类中定义两个或以上的同名方法成员，要求任意两个同名方法成员的参数表都不相同（或者参数个数不同，或者参数类型不同），返回值类型可以相同也可以不同。根据调用方法成员时的参数个数和类型，决定执行哪个方法成员。

例如，下面代码中，类 Test 中定义了两个同名的方法成员 public void FuncA( ) 和 public void FuncA(int x)。

```
class Test
{
public void FuncA( )
    {
        Console.WriteLine(" 这是无参数的 FuncA( )!");
    }
public void FuncA(int x)
    {
        Console.WriteLine(" 这是有参数的 FuncA( )，参数为 {0}!"， x);
    }
}
class Program
  {
    static void Main(string[] args)
    {
        Test t = new Test( );
        t.FuncA( );
        t.FuncA(5);
    }
  }
```

程序输出结果为：

```
这是无参数的 FuncA()!
这是有参数的 FuncA()，参数为 5!
```

7.3.3 类的属性成员

除了数据成员和方法成员外，类中还有属性成员。可以将属性成员看作一种特殊的数据成员，使用属性成员可以限制外部代码对类中的数据成员的访问。

考虑一下，我们的日常生活中，很多电子产品，都有质保标签，禁止用户打开产品外壳查看内部原理。在程序设计中也是如此，我们希望隐藏具体实现细节，可以把类看成一个黑盒，只有设计者掌握类的内部结构，使用者只能按照类的设计者规定好的方式访问类的数据成员。

如果要完全禁止外部代码对类中的某个数据成员的访问，只要将该数据成员的访问修饰符设置为 private 即可。例如：

```
public class Car
  {
```

```
    ...
private  double  OilVolume;// 油箱容量，单位：升
    ...
  }
  class Program
  {
    static void Main(string[] args)
    {
      Car car1 = new Car();
      car1.OilVolume = 50;
      ...
    }
  }
}
```

将例 7-5 中 Car 类的数据成员 OilVolume 的访问修饰符改为 private，则在 Main 方法中使用语句 "car1.OilVolume = 50;" 时，Visual Studio 将提示 Car. OilVolume 不可访问，因为它受保护级别限制。注意，在类 Car 的构造函数和方法成员中，依然可以访问数据成员 OilVolume。这个例子可以理解为我们在汽车生产出来以后就不允许用户改变油箱的大小。这种方式严格限制了在类 Car 的定义之外，完全不能访问数据成员 OilVolume。

有些时候，我们只是需要限制数据成员的访问，而不是完全不允许数据成员被访问。例如，我们希望允许在 Car 类之外，在 Main 方法中可以读出数据成员 OilVolume 的值，但是不能修改，也就是说允许查看车辆油箱的大小但不能更换油箱，这种情况下我们需要对数据成员 OilVolume 实现只读访问。

【例 7-6】要实现这种访问控制，我们需要引入类的属性成员。在此给出一个属性成员例子。

```
using System;
using System.Collections.Generic;
using System.Linq;
using System.Text;

namespace Example7_6
{
  public class Car
  {
    public double OilMeter;          // 油表数值，单位：升
    public double OilVolume;         // 油箱容量，单位：升
    public double OilCosumption;     // 油耗，每百公里消耗汽油数量，单位：升
    public double Mileage;           // 里程数，单位：公里
    public Car()
```

```
        {
            OilMeter = 0;
            OilVolume = 50;
            OilCosumption = 9;
            Mileage = 0;
        }
        public double OVolume
        {
            set
            {
            }
            get
            {
                return OilVolume;
            }
        }
    }
    class Program
    {
        static void Main(string[] args)
        {
            Car car1 = new Car();
            car1.OVolume = 100;
            Console.WriteLine(" 这辆车的油箱容积为 {0} 升 ",car1.OVolume);
            Console.ReadKey();
        }
    }
}
```

程序输出结果为：

这辆车的油箱容积为 50 升。

考虑一下为什么输出结果不是 100，而是 50 ？这是由属性成员的特性决定的。

在类中定义属性成员的格式如下：

```
public 类型 属性名
{
set
    {
    }
  get
    {
    }
```

}

属性定义中，访问修饰符通常为 public，因为属性需要在类的定义之外被访问。属性的定义中包含一个 set 访问器和一个 get 访问器。

属性的引用格式如下：

对象名.属性名；

在例 7-6 中的属性 OVolume 的定义中，set 访问器为空，get 访问器中包含语句"return OilVolume;"，在 Main() 方法中，引用 Car 类对象 car1 的属性 car1.OVolume，实际上执行了属性 OVolume 的 get 访问器中的代码，即"return OilVolume;"，因此输出对象 car1 的数据成员 OilVolume 的值。语句"car1.OVolume = 100;"并未实现赋值，因为给对象的属性赋值，将调用属性的 set 访问器，而属性 OVolume 的 set 访问器为空，因此实质上语句"car1.OVolume = 100;"没有任何效果。

注意： 如果属性定义中没有给出 set 访问器，而只有 get 访问器，则该属性称为只读属性，这时为属性赋值将出错。类似的，属性定义中没有给出 get 访问器，而只有 set 访问器，则该属性称为只写属性，这时试图引用属性值将出错。也可以在 set 访问器之前加上访问修饰符 private，如 private set{ }，使得属性变成只读。

将例 7-6 的属性定义修改如下：

```
public double OVolume
  {
    set
    {
      OilVolume = value;
    }
    get
    {
      return OilVolume;
    }
  }
```

程序输出结果为：

这辆车的油箱容积为 100 升。

此时，语句"car1.OVolume = 100;"调用属性的 set 访问器，系统将使用一个变量 value，自动将 100 赋给变量 value，我们只需在 set 访问器中将变量 value 赋给数据成员 OilVolume。

例 7-6 中的属性 OVolume 与数据成员 OilVolume 存在对应关系，通过 get、set 访问器控制对数据成员的访问。

非空的 get 访问器中通常包含一个 return 语句，在类定义之外引用属性值，得到的就是该 return 语句的返回值。get 访问器可以在 return 语句之前进行运算，然后在 return 语句中返回运算的结果。例如，Car 类中的油箱容积单位为升，在属性 OVolume 的 get 访问器中将容积单位换算为立方，然后使用 return 返回换算后的重量。

```
get
{
return Func(OilVolume);// Func(OilVolume) 实现换算
}
```

非空的 set 访问器中，系统会自动产生一个变量 value，给属性赋值实际上就是给变量 value 赋值，可以在 set 访问器中判断 value 的范围是否合法，例如是否在 [0,100]，然后决定是否使用该值修改属性对应的数据成员。

```
set
{
if( 0 <= value && value <= 100) OilVolume = value;
}
```

此外，还存在一种更为简便的属性使用方式。例如：

```
int Age{ get; set; }
```

这种方式称为自动实现的属性，可以直接使用，无须为属性定义对应的 private 数据成员。如果需要将属性设为只读或只写，只需要在 set 或 get 前加上 private 即可。

7.4 类的面向对象特性

封装、继承、多态是面向对象编程的三大特征。封装就是把客观事物封装成抽象的类，隐藏实现细节，实现代码复用。继承和多态是面向对象的高级编程技术。

7.4.1 类的封装

面向对象程序设计中，把数据和相关操作定义为类的数据成员、方法成员和属性成员，把这些定义都放到类的定义之中，使用 public、private 等访问修饰符控制类成员的外部可访问性。

可以使用 private 修饰符修饰类的成员，使得外部代码无法访问该成员；使用 public 修饰符修饰类的成员，让该成员可以被外部代码访问；也可以使用属性成员实现对类中数据成员的只读、只写访问。

简单地说，就是把数据和操作的相关代码保护起来，只对外部公开必须公开的部分，其他部分对外部是不可见的。

7.4.2 类的继承

与日常生活中的事物一样，在面向对象的编程中，类与类之间可以存在一定的关联，如图 7-1 所示。

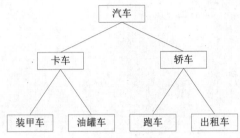

图 7-1 实际生活中的继承现象

继承是面向对象程序设计中的重要机制。就像我们可以在一款现有汽车车型的基础上修改设计，得到一款新车型一样，继承使得程序员可以在一个已有的类 A 的基础上快速建立一个新的类 B，而不用每次都从头开始给出类的全部定义。事实上，我们只需要修改已有类的定义，就可以很方便地得到我们所需要的新的类。在结构化程序设计中，我们也可以在已有代码（例如一个函数）的基础上通过修改部分代码实现新的功能。面向对象程序设计中的继承是这种思路的进一步发展。

当我们在类 A 的基础上构建类 B 时，称为类 B 继承了类 A，类 A 是类 B 的基类（Base Class，也叫父类），类 B 是类 A 的派生类（Derived Class，也叫子类）。继承思路的一个重要特点就是，如果我们修改了基类，那么这些修改将自动被传递到其派生类。这一特点极大地方便了我们的面向对象程序设计，能够有效提高开发软件项目的效率。

继承的语法格式为：

```
[ 访问修饰符 ] 派生类类名：基类名
{
类的定义
}
```

要实现类的继承，只需要在定义派生类的时候，在派生类类名后加上冒号，然后给出该类的基类名即可。

【例 7-7】通过一个简单的例子来说明继承机制的工作原理。

```
using System;
using System.Collections.Generic;
using System.Linq;
using System.Text;

namespace Example7_7
{
```

```
class Father
{
    public int x;
    public void FuncA()
    {
        Console.WriteLine(" 这是类 Father 的方法成员 FuncA( )");
    }
}
class Son:Father
{
    public int y;
    public void FuncB()
    {
        Console.WriteLine(" 这是类 Son 的方法成员 FuncB( )");
    }
}
class Program
{
    static void Main(string[] args)
    {
        Son s1 = new Son();
        s1.x = 1;
        s1.y = 5;
        s1.FuncA();
        s1.FuncB();
        Console.WriteLine("s1.x = {0}, s1.y = {1}",s1.x,s1.y);
        Console.ReadKey();
    }
}
```

程序输出结果为：

```
这是类 Father 的方法成员 FuncA()
这是类 Son 的方法成员 FuncB()
s1.x = 1, s1.y = 5
```

在例 7-7 中，派生类 Son 中没有定义数据成员 x 和方法成员 FuncA，但是因为类 Son 是类 Father 的派生类，继承了类 Father，因此类 Son 的对象 s1 可以调用类 Father 中定义的数据成员 x 和方法成员 FuncA()。此外，类 Son 还可以定义新的数据成员 y 和方法成员 FuncB()。

当派生类从基类继承时，我们不一定希望派生类继承基类的全部成员，这时需要对基类的每个成员都进行继承控制，我们使用不同的访问修饰符标明是否允许基类成员被派生类继承。基本原则如下。

如果基类成员使用 public 修饰符，则该成员能够被派生类继承，且能在类定义之外被访问；

如果基类成员使用 protected 修饰符，则该成员能够被派生类继承，但不能在类定义之外被访问；

如果基类成员使用 private 访问修饰符，则该成员不能被派生类继承，且不能在类定义之外被访问。

如果将例 7-7 中类 Father 定义里面的 FuncA() 方法改为：

```
private void FuncA()
{
Console.WriteLine(" 这是类 Father 的方法成员 FuncA( )");
}
```

则运行例 7-7 时，Visual Studio 将提示出错"Father.FuncA() 不可访问，因为它受保护级别限制"。访问修饰符为 private 的基类成员不能被派生类继承，因此语句"s1.FuncA();"出错，这里派生类的对象 s1 试图调用基类的方法成员 FuncA()，而该成员是 private 的。

【例 7-8】使用 protected 修饰基类成员，这时该成员能够被派生类继承，但不能在基类或派生类的定义之外被访问。

```
using System;
using System.Collections.Generic;
using System.Linq;
using System.Text;

namespace Example7_8
{
  class Father
  {
    public int x;
    protected void FuncA()
    {
      Console.WriteLine(" 这是类 Father 的方法成员 FuncA( )");
    }
  }
  class Son : Father
  {
    public int y;
    public void FuncB()
    {
```

```
        FuncA();
        Console.WriteLine(" 这是类 Son 的方法成员 FuncB( )");
    }
}
class Program
{
    static void Main(string[] args)
    {
        Son s1 = new Son();
        s1.x = 1;
        s1.y = 5;
        s1.FuncB();
        Console.WriteLine("s1.x = {0}, s1.y = {1}", s1.x, s1.y);
        Console.ReadKey();
    }
}
}
```

程序输出结果与例 7-7 相同。例 7-8 中类 Father 的方法成员 FuncA() 是 protected，意味着该成员能够被派生类继承，对于派生类来说，protected 等同于 public。但是在类 Father 和类 Son 的定义之外，protected 修饰的 FuncA() 不能被调用，在 Main 方法中使用语句 "s1.FuncA()" 将出错，此时 protected 等同于 private。在例 7-8 中，我们看到的 FuncA() 的输出是由于派生类的方法成员 FuncB() 中调用了基类的方法 FuncA()。

继承机制需要解决的另一个问题就是构造函数的问题。虽然基类的构造函数通常是 public 的，但派生类并不继承基类的构造函数，构造函数的处理要相对复杂一些。简单地说，就是派生类有自己的构造函数，负责初始化派生类中新定义的成员，如果成员是从基类继承的，则沿继承关系向上，根据需要自动调用基类的构造函数的相关部分初始化该成员。如果派生类只是简单继承基类构造函数的全部内容，则有可能出现这种情况：基类存在一个 private 成员，该成员未被派生类继承，但派生类的构造函数是继承自基类，其中存在语句要对 private 成员进行初始化，这意味着在派生类中，构造函数要初始化在派生类中不存在的成员。

例如，下面代码中的 Main 方法中定义了派生类对象 s1，调用派生类 Son 的构造函数 Son() 初始化派生类中定义的数据成员 y，然后调用基类 Father 的构造函数 Father() 初始化派生类的数据成员 x，该成员是从基类继承而来的。

```
class Father
{
    public int x;
}
class Son : Father
```

```
{
  public int y;
}
class Program
{
  static void Main(string[] args)
  {
    Son s1 = new Son( );
  }
}
```

注意：上面代码中，基类和派生类都使用了自动生成的构造函数。

【例 7-9】一个更复杂的继承过程中构造函数处理的例子。

```
using System;
using System.Collections.Generic;
using System.Linq;
using System.Text;

namespace Example7_9
{
  class Father
  {
    public int x;
    public Father(int a)
    {
      x = a;
    }
  }
  class Son : Father
  {
    public int y;
    public Son(int a,int b):base(a)
    {
      y = b;
    }
  }
  class Program
  {
    static void Main(string[] args)
    {
      Son s1 = new Son(10,20);
```

```
        Console.WriteLine("s1.x = {0}, s1.y = {1}", s1.x, s1.y);
        Console.ReadKey();
    }
  }
}
```

程序输出结果为：

```
s1.x = 10, s1.y = 20
```

例 7-9 中，构造函数处理的基本原则与前面相同，但是需要注意，派生类的构造函数的函数头如下：

```
public Son(int a,int b):base(a)
```

在构造函数参数表之后增加冒号，然后使用 base(a) 将派生类构造函数的第一个参数 a 传递给基类的构造函数，这是因为基类中不存在无参数的构造函数，基类构造函数需要一个整型参数。

在处理继承过程中的构造函数时，如果需要调用基类的构造函数，且基类构造函数有参数，则必须在定义派生类构造函数时向基类构造函数传递参数，传递的参数类型和个数应与基类构造函数一致。

7.4.3　类的多态

多态性是面向对象程序设计的一个强大机制：为名称相同的方法提供不同的实现方式，继承自同一基类的不同派生类可以为同名方法定义不同的功能，同一方法作用于不同类的对象，可以有不同的解释，产生不同的执行结果。直到程序运行时，才根据实际情况决定实现何种操作。

例如，我们通常使用 "Father f1 = new Father();" 的形式定义并初始化一个新的对象。事实上，如果类 Son 是类 Father 的派生类，我们也可以使用 "Father s1 = new Son();" 初始化一个派生类的对象并赋给基类指针 s1，也就是说，基类指针可以指向派生类的对象。如果基类 Father 有许多派生类，并且基类 Father 和这些派生类都有一个同名方法 FuncA( )，每个类中的 FuncA() 都不相同，则运行 "s1.FuncA();" 时必须动态判断 s1 指向的是哪个类的对象，然后选择对象所属类的 FuncA() 方法去执行。

使用多态性的一个主要目的是为了接口重用。简单地说，就是在方法参数、集合或数组等位置，派生类的对象可以作为基类的对象处理，我们可以把方法的参数定义为基类类型，而使用派生类的对象作为实际参数调用方法，而不必为每一种派生类定义一个新的同名方法。也可以把数组元素定义为基类类型，将同一基类的不同派生类的对象作为数组元素。

C# 中运行时的多态性是通过继承关系中基类和派生类使用虚方法和重写来实现的。

    如果基类中定义了一个方法成员，我们希望基类的派生类在继承该方法的同时改变其具体实现，则需要将基类中的该方法成员定义为虚方法，然后在派生类中重写同名方法成员，从而实现多态性。

    注意，只有虚方法才能被派生类重写；虚方法必须能够被派生类继承，因此其访问修饰符不能是 private，可以是 public 或 protected；虚方法必须是非静态方法，因为多态性是实现在对象层次的，而静态方法是实现在类层次的。

    基类中使用关键词 virtual 将方法成员定义为虚方法，派生类中使用 override 关键词重写基类的虚方法，基类和派生类中对应方法成员的方法名、返回值类型、参数个数和类型必须完全相同。

    【例 7-10】通过此例来说明如何使用虚方法和重写在 C# 中实现多态性。

```csharp
using System;
using System.Collections.Generic;
using System.Linq;
using System.Text;

namespace Example7_10
{
    class Father
    {
        public virtual void FuncA( )
        {
            Console.WriteLine(" 这是基类 Father 的方法成员 FuncA( )！ ");
        }
    }
    class Son : Father
    {
        public override void FuncA( )
        {
            base.FuncA(); // 调用基类的 FuncA( )
        Console.WriteLine(" 这是派生类 Son 重写的方法成员 FuncA( )！ ");
        }
    }
    class Program
    {
        static void Main(string[] args)
        {
            Father f1 = new Father();
            f1.FuncA();
            Son s1 = new Son();
            s1.FuncA( );
```

```
        Father f2 = new Son();
        f2.FuncA();
        Console.ReadKey();
      }
    }
}
```

程序输出结果为：

```
这是基类 Father 的方法成员 FuncA()！
这是基类 Father 的方法成员 FuncA()！
这是派生类 Son 重写的方法成员 FuncA()！
这是基类 Father 的方法成员 FuncA()！
这是派生类 Son 重写的方法成员 FuncA()！
```

在派生类中可以使用"base. 方法名 ()"的格式调用基类中的方法，前提是该方法不能是 private 方法。

【例 7-11】通过此例来说明如何只定义一次方法 FuncT() 即可使用基类的对象以及基类的所有派生类的对象作为参数调用方法 FuncT()。

```
using System;
using System.Collections.Generic;
using System.Linq;
using System.Text;

namespace Example7_11
{
  class Father
  {
    public virtual void FuncA( )
    {
      Console.WriteLine(" 这是基类 Father 的方法成员 FuncA( )！ ");
    }
  }
  class Son : Father
  {
    public override void FuncA( )
    {
      Console.WriteLine(" 这是派生类 Son 重写的方法成员 FuncA( )！ ");
    }
  }
```

```
class Program
{
    static public void FuncT(Father a)
    {
        a.FuncA( );
    }
    static void Main(string[] args)
    {
        Father f1 = new Father();
        FuncT(f1);
        Father f2 = new Son();
        FuncT(f2);
        Console.ReadKey();
    }
}
```

程序输出结果为：

这是基类 Father 的方法成员 FuncA() ！
这是派生类 Son 重写的方法成员 FuncA() ！

例 7-11 中，在 Program 类中定义一个静态方法 FuncT(Father a)，参数为 Father 类的对象，在 Main() 方法中定义了 Father 类的对象 f1，以及指向派生类 Son 的对象指针 f2，使用 f1、f2 作为参数调用 FuncT() 方法，在 FuncT() 方法中执行方法成员 a.FuncA()，得到了不同的结果，实现了多态性，实现了定义一次方法 FuncT() 即可使用 Father 类的对象以及 Father 类的所有派生类的对象作为参数调用方法 FuncT() 的目的。

需要注意的是，直观上看，多态和重载都是定义了多个同名方法，但是二者存在本质的区别。

重载是在同一个类的内部定义多个同名方法，这些同名方法的参数列表必须互不相同（参数个数或类型不同），返回值类型可以相同也可以不同，在用户调用该方法时系统能够根据参数的不同自动识别应调用的方法。

多态则是在派生类中定义一个和基类中一样名字的非虚方法，从而让基类中的同名虚方法被隐藏。基类中定义的虚方法在派生类中只能被重写一次。基类中使用关键词 virtual 将方法成员定义为虚方法，派生类中使用 override 关键词重写基类的虚方法，基类和派生类中对应方法成员的方法名、返回值类型、参数个数和类型必须完全相同。

强化练习

本章介绍了面向对象编程的基本思想，以及面向对象程序设计的基本方法。

练习 1：

创建一个 C# 控制台应用程序项目，编写代码定义一个 student 类，要求包含数据成员 name 和 age、方法成员 info()（用于输出 name、age 信息），并实例化该类的对象，调用方法成员 info() 实现该对象的信息输出。

练习 2：

创建一个 C# 控制台应用程序项目，编写代码在练习 1 的基础上，定义 student 类的派生类 collegestu 类，在 collegestu 类中增加数据成员 major、方法成员 info2()（用于输出 name、age、major 信息），实例化 collegestu 类的对象，调用方法成员 info() 和 info2() 实现该对象的信息输出。思考：如何控制 collegestu 类是否从基类继承方法 info()，如何在 collegestu 类中实现对方法成员 info() 的重写。

第8章
Windows窗体

内容概要

　　Windows 系统中主流的应用程序都是窗体应用程序。本章将对 Windows 窗体的相关概念进行介绍，包括 Form 窗体及其常用属性、方法和事件，并对窗体设计的事件机制、多文档界面 MDI 窗体等内容进行阐述。通过本章的学习，读者将会使用 C# 进行 Windows 窗体的设计，并能使用 Windows 窗体构建基本的窗体应用程序。

学习目标

◆ 了解 Windows 窗体的基本概念
◆ 熟悉 Form 窗体的基本操作
◆ 熟悉 MDI 窗体
◆ 了解继承窗体

课时安排

◆ 理论学习　2 课时
◆ 上机操作　2 课时

8.1 Form 窗体

在 Windows 窗体应用程序中，窗体是与用户交互的基本方式，是向用户显示信息的图形界面。窗体是 Windows 窗体应用程序的基本单元，一个 Windows 窗体应用程序可以包含一个窗体或多个窗体。窗体是存放各种控件的容器，一个 Windows 窗体可以包含各种控件，如标签、文本框、按钮、下拉列表框、单选按钮等，这些控件是相对独立的用户界面元素，用来显示数据或接收数据输入，或者响应用户操作。窗体也是对象，窗体类定义了生成窗体的模板，每实例化一个窗体类，就产生一个窗体。本节主要介绍窗体的常用属性、方法和事件，并进一步介绍窗体设计的事件机制。

8.1.1 窗体的常用属性

Windows 窗体的属性决定了窗体的布局、样式、外观、行为等可视化特征。通过代码可以对这些属性进行设置和修改，但更方便、常用的做法是在 Visual Studio 的属性编辑器窗口中直接设置和修改，如图 8-1 所示。下面按照分类顺序对常用的窗体属性进行说明。

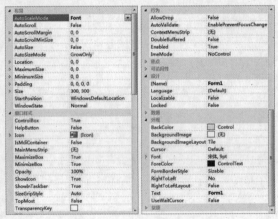

图 8-1　窗体的常用属性

1．常用布局属性

常用布局属性介绍如下。

◎ StartPosition 属性：用来获取或设置程序运行时窗体的初始显示位置，该属性有 5 个可选属性值，如表 8-1 所示，默认值为 WindowsDefaultLocation。

表 8-1　StartPosition 的属性值及其说明

属 性 值	说 明
Manual	窗体的初始显示位置由 Location 属性决定
CenterScreen	窗体在当前屏幕窗口中居中显示，其尺寸在窗体大小 Size 中指定
WindowsDefaultLocation	窗体定位在 Windows 默认位置，其尺寸在窗体大小 Size 中指定
WindowsDefaultBounds	窗体定位在 Windows 默认位置，其边界也由 Windows 默认指定
CenterParent	窗体在其父窗体中居中显示

◎ Location 属性：获取或设置窗体左上角在桌面上的坐标，默认值为（0,0）。

◎ 三个与窗体尺寸有关的属性：Size、MaximizeSize、MinimizeSize，分别表示窗体正常显示、最大化、最小化时的尺寸，它们分别都包含窗体宽度 Width 和高度 Height 两个子项。

◎ WindowState 属性：用来获取或设置窗体显示时的初始状态。可选属性取值有三个：Normal 表示窗体正常显示，Minimized、Maximized 分别表示窗体以最小化和最大化形式显示，默认为 Normal。

◎ AutoScroll 属性：用来获取或设置一个值，该值指示当任何控件位于窗体工作区之外时，是否会在该窗体上自动显示滚动条，默认值为 False。

◎ AutoSize 属性：指示当无法全部显示窗体中的控件时是否自动调整窗体大小，默认值为 False。

2. 常用样式属性

窗体中有多个与标题栏有关的样式属性，它们大多为布尔类型。

◎ ControlBox 属性：用来获取或设置一个值，该值指示在该窗体的标题栏的左侧是否显示控制菜单，值为 True 时将显示控制菜单，为 False 时不显示，默认值为 True。

◎ MaximizeBox 属性：用来获取或设置一个值，该值指示是否在窗体的标题栏中显示最大化按钮，值为 True 时将显示该按钮，为 False 时不显示，默认值为 True。

◎ MinimizeBox 属性：用来获取或设置一个值，该值指示是否在窗体的标题栏中显示最小化按钮，值为 True 时将显示该按钮，为 False 时不显示，默认值为 True。

◎ HelpButton 属性：用来获取或设置一个值，该值指示是否在窗体的标题栏中显示帮助按钮，值为 True 时将显示该按钮，为 False 时不显示，默认值为 False。

◎ ShowIcon 属性：用来获取或设置一个值，该值指示在该窗体的标题栏中是否显示图标，值为 True 时将显示图标，为 False 时不显示，默认值为 True。

◎ Icon 属性：获取或设置窗体标题栏中的图标。

窗体中其他常用样式属性如下。

◎ ShowInTaskbar 属性：用来获取或设置一个值，该值指示是否在 Windows 任务栏中显示窗体，默认值为 True。

◎ TopMost 属性：获取或设置一个值，指示该窗体是否为最顶层窗体。最顶层窗体始终显示在桌面的最上层，即使该窗体不是当前活动窗体，默认值为 False。

◎ IsMdiContainer 属性：获取或设置一个值，该值指示窗体是否为多文档界面（MDI）中的子窗体的容器。值为 True 时，是子窗体的容器，值为 False 时，不是子窗体的容器，默认值为 False。

◎ Opacity 属性：获取或设置窗体的不透明度，默认为 100%，实际应用中，可以通过该属性给窗体增加一些类似半透明等的特殊效果。

◎ MainMenuStrip 属性：设置窗体的主菜单，在窗体中添加 MenuStrip 控件时，Visual Studio .NET 会自动完成该属性设置。

3. 常用外观属性

常用外观属性介绍如下。

◎ Text 属性：该属性是一个字符串属性，用来设置或返回在窗口标题栏中显示的文字。

◎ BackColor 属性：用来获取或设置窗体的背景色。

◎ BackgroundImage 属性：用来获取或设置窗体的背景图像。

◎ BackgroundImageLayout 属性：设置背景图的显示布局，可选属性值为平铺 Tile、居中 Center、拉伸 Stretch 和放大 Zoom，默认为 Tile。

◎ ForeColor 属性：用来获取或设置控件的前景色。

◎ Font 属性：获取或设置窗体中显示的文字的字体。

◎ Cursor 属性：获取或设置当鼠标指针位于窗体上时显示的光标。

◎ FormBorderStyle 属性：获取或设置窗体的边框样式，该属性有 7 个可选属性值，如表 8-2 所示，默认值为 Sizable。开发人员可以通过设置该属性为 None，实现隐藏窗体标题栏的功能。

表 8-2　FormBorderStyle 的属性值及其说明

属 性 值	说　明
None	窗体无边框
FixedSingle	固定的单行边框
Fixed3D	固定的三维边框
FixedDialog	固定的对话框样式的粗边框
Sizable	可调整大小的边框
FixedToolWindow	固定大小的工具窗口边框
SizableToolWindow	可调整大小的工具窗口边框

【例 8-1】设置窗体的背景图片。

功能实现：将窗体的背景设置为一幅图片，其运行结果如图 8-2 所示。

设计流程：创建一个空白的 Windows 窗体应用程序，为了设置窗体的背景，在窗体的属性窗格中找到 BackgroundImage 属性，用鼠标单击其右侧的省略号按钮，出现"选择资源"对话框，单击"导入"按钮，在出现的"打开"对话框中选择一个背景图像文件"背景图片 .jpg"，如图 8-3 所示，单击"确定"按钮。之后将 BackgroundImageLayout 属性更改为 Stretch 拉伸模式，此时窗体的背景变为所选择的图片。

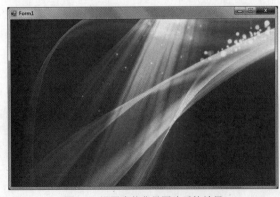

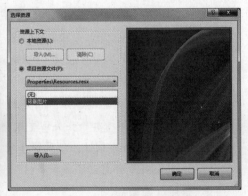

图 8-2　设置窗体背景图片后的效果　　　　图 8-3　"选择资源"对话框

4．常用行为属性

常用行为属性介绍如下。

◎ Enabled 属性：用来获取或设置一个值，该值指示窗体是否可以使用，即是否可以对用户交互作出响应。默认值为 True。

◎ ContextMenuStrip 属性：设置窗体的右键快捷菜单，需要先添加 ContextMenuStrip 控件，才能设置该属性。

◎ AllowDrop 属性：获取或设置一个值，该值指示窗体是否可以接受用户拖放到它上面的数据，默认值为 False。

◎ ImeMode 属性：获取或设置控件的输入法编辑器 IME 模式。

5．其他属性

其他常用属性介绍如下。

◎ AcceptButton 属性：该属性用来获取或设置一个值，该值是一个按钮的名称，当按 Enter 键时就相当于单击窗体上的该按钮。

◎ CancelButton 属性：该属性用来获取或设置一个值，该值是一个按钮的名称，当按 Esc 键时就相当于单击窗体上的该按钮。

◎ KeyPreview 属性：用来获取或设置一个值，该值指示在将按键事件传递到具有焦点的控件前，窗体是否接收该事件。值为 True 时，窗体将接收按键事件；值为 False 时，窗体不接收按键事件。

8.1.2　窗体的常用方法和事件

1．常用方法

下面介绍一些窗体的常用方法。

◎ Show 方法：该方法的作用是让窗体显示出来，调用格式为"窗体名 .Show( );"，其中窗体名是要显示的窗体名称。例如，通过使用 Show 方法显示 Form1 窗体，代码如下：

```
Form1 frm = new Form1( );
frm.Show( );
```

◎ ShowDialog 方法：该方法的作用是将窗体显示为模式对话框，调用格式为"窗体名 .ShowDialog();"，其中窗体名是要显示的窗体名称。

◎ Hide 方法：该方法的作用是把窗体隐藏，但不销毁窗体，也不释放资源，可使用 Show 方法重新显示，调用格式为"窗体名 .Hide();"，其中窗体名是要隐藏的窗体名称。

◎ Close 方法：该方法的作用是关闭窗体，调用格式为"窗体名 .Close();"，其中窗体名是要关闭的窗体名称。

◎ Refresh 方法：该方法的作用是刷新并重画窗体，调用格式为"窗体名 .Refresh();"，其中窗体名是要刷新的窗体名称。

◎ Activate 方法：该方法的作用是激活窗体并给予它焦点，调用格式为"窗体名 .Activate();"，其中窗体名是要激活的窗体名称。

2. 常用事件

与窗体有关的事件有很多，Visual Studio 的属性编辑器中的事件选项页列出了所有事件。其中，与窗体行为和操作有关的常用事件如下。

◎ Load 事件：窗体在首次启动、加载到内存时将引发该事件，即在第一次显示窗体前发生。

◎ FormClosing 事件：窗体关闭过程中引发该事件。

◎ FormClosed 事件：窗体关闭后引发该事件。

◎ Click 事件：用户单击窗体时引发该事件。

◎ DoubleClick 事件：用户双击窗体时引发该事件。

◎ MouseClick 事件：用鼠标单击窗体时引发该事件。

◎ MouseDoubleClick 事件：用鼠标双击窗体时引发该事件。

与窗体布局、外观和焦点有关的常用事件如下。

◎ Resize 事件：窗体大小改变时引发该事件。

◎ Paint 事件：重绘窗体时引发该事件。

◎ Activated 事件：窗体得到焦点后，即窗体激活时引发该事件。

◎ Deactivate 事件：窗体失去焦点成为不活动窗体时引发该事件。

窗体的一些属性被修改时会引发的事件如下。

◎ TextChanged 事件：改变窗体的标题文本时将引发该事件。

◎ LocationChanged 事件：改变窗体位置时将引发该事件。

◎ SizeChanged 事件：改变窗体大小时将引发该事件。

◎ BackColorChanged 事件：改变窗体背景颜色时将引发该事件。

◎ FontChanged 事件：改变窗体字体时将引发该事件。

与窗体有关的事件被引发后，程序将转入执行与该事件对应的事件响应函数。开发人员可以通过双击属性编辑器中某事件后面的空白框，让 Visual Studio 自动生成该事件对应的事件响应函数，生成的函数初始时是空白的，开发人员可以向其中添加一些功能代码实现相应的功能。

8.1.3 窗体设计的事件机制

1. 事件处理程序

事件处理程序是代码中的过程，用于确定事件（如用户单击按钮或消息队列收到消息）发生时要执行的操作。事件处理程序是绑定到事件的方法。当引发事件时，将执行接收该事件的一个或多个事件处理程序。每个事件处理程序提供两个参数。例如，窗体中一个命令按钮 button1 的 Click 事件的事件处理程序如下：

```
private void button1_Click(object sender, System.EventArgs e)
{
// 输入相应的代码
}
```

其中，第一个参数 sender 提供对引发事件的对象的引用，第二个参数 e 传递特定于要处理的事件的对象。通过引用对象的属性（有时引用其方法）可获得一些信息，如鼠标事件中鼠标的位置或拖放事件中传输的数据。

创建事件处理程序有以下两种方法。

（1）在 Windows 窗体中创建事件处理程序。

（2）在运行时为 Windows 窗体创建事件处理程序。

2．在 Windows 窗体中创建事件处理程序

在 Windows 窗体设计器中创建事件处理程序的过程如下。

（1）单击要为其创建事件处理程序的窗体或控件。

（2）在属性窗格中单击"事件"按钮。

（3）在可用事件的列表中，单击要为其创建事件处理程序的事件。

（4）在事件名称右侧的框中，键入处理程序的名称，然后按 Enter 键。如为 button1 命令按钮选择 button1_Click 事件处理程序，这样 C# 系统会在对应窗体的 .Designer.cs 文件中自动添加以下语句：

```
this.button1.Click += new System.EventHandler(this.button1_Click);
```

该语句的功能是订阅事件，即接收器使用加法赋值运算符（+=）将该委托 System. EventHandler（this.button1_Click）添加到源对象 button1 的事件中。

（5）将适当的代码添加到该事件处理程序中。

3．在运行时为 Windows 窗体创建事件处理程序

在运行时创建事件处理程序的过程如下。

（1）在代码编辑器中打开要向其添加事件处理程序的窗体。

（2）对于要处理的事件，将带有其方法签名的方法添加到窗体上。

例如，如果要处理命令按钮 button1 的 Click 事件，则需创建如下的一个方法：

```
private void button1_Click(object sender, System.EventArgs e)
{
// 输入相应的代码
}
```

（3）将适合应用程序的代码添加到事件处理程序中。

（4）确定要创建事件处理程序的窗体或控件。

（5）打开对应窗体的 .Designer.cs 文件，添加指定事件处理程序的代码处理事件。例如，

以下代码指定事件处理程序 button1_Click 处理命令按钮控件的 Click 事件：

```
button1.Click += new System.EventHandler(button1_Click);
```

4．将多个事件连接到 Windows 窗体中的单个事件处理程序

在应用程序设计中，可能需要将单个事件处理程序用于多个事件或让多个事件执行同一过程，这样便于简化代码。在 C# 中将多个事件连接到单个事件处理程序的过程如下。

（1）选择要连接事件处理程序的控件。

（2）在属性窗格中，单击"事件"按钮。

（3）单击要处理的事件的名称。

（4）在事件名称右侧的值区域中，单击下拉按钮显示现有事件处理程序列表，这些事件处理程序与要处理的事件的方法签名相匹配。

（5）从该列表中选择适当的事件处理程序。

代码将添加到该窗体中，以便将该事件绑定到现有事件处理程序。

 8.2　MDI 窗体

Windows 应用程序的用户界面主要有两种形式：单文档界面 (Single Document Interface，SDI) 和多文档界面 (Multiple Document Interface，MDI)。单文档界面并不是指只有一个窗体的界面，而是指应用程序的各窗体是相互独立的，用户只能操作当前活动的窗体，不能同时操作其他窗体，这是单文档界面应用程序的主要特性，该类应用程序如安全卫士 360。多文档界面由多个窗体组成，而且这些窗体不是独立的。其中有一个窗体称为 MDI 父窗体，其他窗体称为 MDI 子窗体。可以把 MDI 父窗体理解为一个容器，子窗体的活动范围限制在 MDI 父窗体这个容器内，永远不能将其移动到 MDI 窗体之外。MDI 程序遍布在各个角落，如 Microsoft Word 程序。

8.2.1　MDI 应用程序

MDI 应用程序由一个应用程序（MDI 父窗体）中包含多个文档（MDI 子窗体）组成，父窗体作为子窗体的容器，子窗体显示各自文档，它们具有不同的功能。处于活动状态的子窗体的最大数目是 1，子窗体本身不能成为父窗体，而且不能将其移动到父窗体的区域之外。该类应用程序的特性如下。

（1）所有子窗体均显示在 MDI 窗体的工作区内，用户可改变、移动子窗体的大小，但被限制在 MDI 窗体中。

（2）当最小化子窗体时，它的图标将显示在 MDI 窗体上而不是在任务栏中。

（3）当最大化子窗体时，它的标题与 MDI 窗体的标题一起显示在 MDI 窗体的标题栏上。

（4）MDI 窗体和子窗体都可以有各自的菜单，当子窗体加载时覆盖 MDI 窗体的菜单。

8.2.2 MDI 窗体属性

MDI 父窗体的常用属性如表 8-3。

表 8-3　MDI 父窗体的常用属性及其说明

名　称	说　明
ActiveMdiChild	表示当前活动的 MDI 子窗体，如没有子窗体则返回 NULL
IsMdiContainer	指示窗体是否为 MDI 父窗体，值为 True 时表示是父窗体，值为 False 时表示是普通窗体
MdiChildren	以窗体数组形式返回所有 MDI 子窗体

父窗体的常用方法主要是 LayoutMdi 方法，使用格式为：

MDI 父窗体名 .LayoutMdi (value)

功能：在 MDI 父窗体中排列 MDI 子窗体，参数 value 决定排列方式，有以下 4 种取值。

◎ LayoutMdi.ArrangeIcons：所有 MDI 子窗体以图标形式排列在 MDI 父窗体中。

◎ LayoutMdi.TileHorizontal：所有 MDI 子窗体均水平平铺在 MDI 父窗体中。

◎ LayoutMdi.TileVertical：所有 MDI 子窗体均垂直平铺在 MDI 父窗体中。

◎ LayoutMdi.Cascade：所有 MDI 子窗体均层叠在 MDI 父窗体中。

MDI 子窗体的常用属性如表 8-4。

表 8-4　MDI 子窗体的常用属性及其说明

名　称	说　明
IsMdiChild	指示窗体是否为 MDI 子窗体，值为 True 时表示是子窗体，值为 False 时表示是普通窗体
MdiParent	用来指定该子窗体的 MDI 父窗体

8.2.3 创建 MDI 父窗体及子窗体

创建 MDI 父窗体及子窗体的主要步骤如下。

（1）创建父窗体，如 PForm，设置它的属性 IsMdiContainer 为 true。

（2）创建一个或多个子窗体。

（3）编写代码。若子窗体为 SForm，则在父窗体上使用如下语句设置并显示子窗体。

```
SForm child = new SForm(); // 定义子窗体对象
Child.MdiParent = this;    // 建立父子窗体关系
Child.show(); // 显示子窗体
```

【例 8-2】设计一个 Windows 应用程序，说明 MDI 窗体的使用方法。

功能实现：创建一个 Windows 应用程序，其中 Form1 窗体作为 MDI 父窗体，将其 IsMdiContainer 属性设为 True，在该窗体中添加 5 个 Button 按钮，其中 button1 的单击事件用于创建一个 MDI 子窗体，每单击一次创建 1 个，而其余按钮分别用于排列这些创建的 MDI 子窗体。关键代码如下，设计界面如图 8-4 所示，运行结果如图 8-5 所示。

```
private void button1_Click(object sender, EventArgs e)
```

```
{
Form2 child = new Form2();
child.MdiParent = this;
child.Show();
n++;
child.Text = "第 " + n + " 个子窗体 ";
}
private void button2_Click(object sender, EventArgs e)
{
this.LayoutMdi(System.Windows.Forms.MdiLayout.ArrangeIcons);
}
private void button3_Click(object sender, EventArgs e)
{
this.LayoutMdi(System.Windows.Forms.MdiLayout.Cascade);
}
private void button4_Click(object sender, EventArgs e)
{
this.LayoutMdi(System.Windows.Forms.MdiLayout. TileHorizontal);
}
private void button5_Click(object sender, EventArgs e)
{
this.LayoutMdi(System.Windows.Forms.MdiLayout. TileVertical);
}
```

图 8-4　设计界面

图 8-5　运行结果

 ## 8.3　继承窗体

　　继承窗体是指通过继承现有基窗体来创建新的 Windows 窗体，从而不必每次需要窗体时都从头开始创建。

8.3.1　继承窗体的概念

　　继承窗体就是根据现有窗体的结构创建与其一样的新窗体，在某种情况下，项目可能需要一个与在以前项目中创建的类似的窗体，或者希望创建一个基本窗体，其中含有随后将在项目中再次使用的控件布局之类的设置，每次重复使用时，都会对该原始窗体模板进行修改。

8.3.2 创建继承窗体

创建继承窗体有两种方式，一种是编程方式，另一种是使用继承选择器。

要从一个窗体继承，包含该窗体的文件或命名空间必须已编译成可执行文件或动态链接库 DLL 文件。若要编译项目，可以从"编译"菜单中选择"编译"命令。对该命名空间的引用也必须添加到继承该窗体的类中。

1. 以编程方式创建继承窗体

在继承的窗体类中，添加对命名空间的引用，该命名空间应包含被继承的基窗体。在继承的窗体类定义中，引用应包含该窗体的命名空间，后面跟一个句点，然后是基窗体本身的名称。窗体继承示例如下：

```
public partial class Form2 :Inherit_Window.Form1
{
    public Form2()
    {
        InitializeComponent();
    }
}
```

其中，Inherit_Window 是基窗体的命名空间；Form1 是基窗体对应的类；Form2 是继承窗体对应的类。

2. 使用继承选择器创建继承窗体

被继承的基窗体要先生成动态链接库 DLL 文档，然后在继承的窗体中引用此 DLL 文件，具体在此不再赘述。

8.3.3 在继承窗体中修改继承的控件属性

在上节中，发现窗体 Form2 虽然继承自 Form1，但是 Form2 中继承自 Form1 的控件均不允许修改，也不允许调整位置，查看属性全部为灰色，不能更改，因为 Form1 中的各个控件的 Modifires 属性默认为 Private，如果继承的时候希望继承窗体 Form1 能够对某个控件进行修改，需要将此控件的 Modifires 属性设置为 Public，而不允许修改的控件的 Modifires 属性可以仍然设置为 Private。

本章对 Windows 窗体的知识进行了介绍，下面通过完成以下练习对所学的知识进行巩固。

练习 1：开发一个 Windows 应用程序，要求实现一个启动欢迎界面。

练习 2：创建一个 Windows 窗体应用程序，实现当关闭窗体之前弹出提示框，询问是否关闭当前窗体，单击"是"按钮，关闭窗体；单击"否"按钮，取消窗体的关闭。

第9章

Windows应用程序常用控件

内容概要

　　Windows 系统中主流的应用程序都是窗体应用程序。窗体和控件是设计窗体应用程序、实现图形化界面的基础，其中窗体又是由一些控件组合而成的，这些控件是相对独立的用户界面元素，用来显示数据或接收数据输入，或者响应用户操作。熟练掌握各种控件及其属性设置是有效地进行 Windows 窗体应用程序设计的重要前提。本章将对 Windows 窗体应用程序的常用控件，包括文本类控件、选择类控件、分组类控件等进行详细讲解。通过本章的学习，读者将会掌握如何使用各种常用控件构造窗体、设计 Windows 窗体应用程序。

学习目标

◆ 了解什么是控件
◆ 熟悉常用控件的基本操作
◆ 掌握使用常用控件设计 Windows 窗体的操作

课时安排

◆ 理论学习　6 课时
◆ 上机操作　4 课时

9.1 控件概述

控件是包含在窗体中的对象，是构成用户界面的基本元素。控件也是设计 Windows 窗体应用程序的重要工具，使用控件可以减少程序设计中大量重复性的工作，有效地提高设计效率。控件通常用来完成特定的输入输出功能。例如，按钮控件 Button 响应用户的单击事件，文本框控件接收用户的输入等。在 .NET Framework 中，窗体控件几乎都派生于System.Windows.Forms.Control 类，该类定义了控件的基本功能。

9.1.1 控件的分类及作用

工具箱中包含建立应用程序的各种控件，根据控件的不同用途分为若干类，如公共控件、容器控件、菜单和工具栏控件、对话框控件等。其中，公共控件根据其功能也可以分为按钮与标签控件、文本控件、选择控件、列表控件、高级列表选择控件等。表 9-1 列出了一些常见的 Windows 窗体控件。

表 9-1 常见的窗体控件

功能与分类	控件 / 组件	说 明
文本类控件	Label	标签控件，显示用户无法直接编辑的文本
	Button	按钮控件，响应用户的单击事件
	Textbox	文本框控件，通常用来接收用户的文本输入
	RichTextbox	富文本框控件，使文本能够以纯文本或 RTF 格式显示
	LinkLabel	超链接标签控件，除提供超链接外，其他同 Label
选择类控件	ComboBox	组合框控件，显示一个下拉式选项列表
	Checkbox	复选框控件，显示一个复选框和一个文本标签，通常用来设置选项
	RadioButton	单选按钮控件，多个选项中选且仅选一个
	ListBox	列表框控件，显示一个文本和图形列表
分组类控件	Panel	面板控件，将一组控件分组到未标记、可滚动的面板中
	GroupBox	分组框控件，通常用来构造选项组
	TabControl	选项卡控件，提供一个选项卡，以有效地组织和访问已分组对象
菜单、工具栏和状态栏控件	MenuStrip	下拉式菜单控件，用于创建自定义的菜单栏
	ContextMenuStrip	弹出式菜单控件，用于创建自定义的上下文快捷菜单
	ToolStrip	工具栏控件，用于创建自定义的工具栏
	StatusStrip	状态栏控件，用于创建自定义的状态栏
高级列表选择控件	ListView	列表视图控件，用于构造列表视图，其中每个列表项可以是纯文本的选项，也可以是带小图标或大图标的文本选项
	TreeView	树形视图控件，构造一个可操作的树形结构层次视图
对话框控件	OpenFileDialog	打开文件对话框控件，允许用户定位和选择文件
	SaveFileDialog	保存文件对话框控件，允许用户保存文件
	FolderBrowserDialog	浏览文件夹对话框控件，用来浏览、创建以及最终选择文件夹
	FontDialog	字体对话框控件，允许用户设置字体及其属性
	ColorDialog	颜色对话框控件，允许用户通过调色板选择并设置界面元素的颜色
其他高级控件	CheckedListbox	复选框列表控件，显示一组选项，每个选项旁边都有一个复选框

9.1.2 控件常见的通用属性

Control 类是包含 Form 类在内的所有 Windows 控件的基类，它的许多属性在各种控件中都是通用的，比如，决定控件外观和行为的属性，如大小、颜色、位置以及使用方式等就是通用的。常见的通用属性如下。

◎ Name 属性：表示控件的名称。

◎ AutoSize 属性：表示控件是否随着其内容而自动调整大小。

◎ Size 属性：表示控件的尺寸大小，包含 Width 和 Height 两个子项。

◎ Location 属性：表示控件的位置，即控件左上角相对于其所在容器左上角的坐标。

◎ BackColor 属性：表示控件的背景色。

◎ ForeColor 属性：表示控件的前景色。

◎ Text 属性：表示与控件关联的文本。

◎ Font 属性：表示控件上显示的文本的字体。

◎ Cursor 属性：表示当鼠标指针位于控件上时显示的光标。

◎ Enabled 属性：表示控件是否可以对用户交互做出响应。

◎ Visible 属性：表示控件是否可见，即是否显示该控件。

◎ TabIndex 属性：表示控件的 Tab 键顺序。

◎ TabStop 属性：表示用户能否使用 Tab 键将焦点放到控件上。

除通用属性外，每个控件还有其专门的属性。在 .NET Framework 中，系统为每个控件的各个属性都提供了默认的属性值。大多数默认值设置比较合理，能满足一般情况下的需求。通常，在使用控件时，只有少数的属性值需要修改。

9.2 控件的相关操作

在进行 Windows 窗体设计时，常用的与控件相关的操作包括添加控件、对齐控件、锁定控件和删除控件等。

9.2.1 添加控件

要添加控件到窗体中，可以直接从 Visual Studio C# 开发环境的工具箱中选取相应的控件，然后用鼠标左键直接拖放到窗体中。

也可以通过编写代码将控件添加到窗体中，如下 3 行代码将在当前窗体的 (100,100) 坐标位置处创建和添加 1 个 Button 控件。

```
Button button1 = new Button ( );
button1.Location = new Point ( 100,100 ); // 第一个代表横坐标，第二个代表纵坐标
this.Controls.Add ( button1 );
```

9.2.2 对齐控件

在 Windows 窗体应用程序设计中，如果要设置窗体中一些控件的对齐方式，可以选择多个控件，然后单击 C# 应用开发环境中工具栏中的按钮来实现，如图 9-1 所示，从左至右依次是：左对齐、居中对齐、右对齐、顶端对齐、中间对齐、底端对齐等。

9.2.3 锁定控件

在 Windows 窗体设计过程中，若不希望对添加到窗体中的设计好的控件进行任何修改或移动，可以把该控件锁定，方法是将控件对应的 Locked 属性值由 false 修改为 true，或者在设计界面中右击该控件，弹出如图 9-2 所示的快捷菜单，选择"锁定控件"菜单命令即可。

图 9-1 控件的对齐方式   图 9-2 选择"锁定控件"菜单命令

9.2.4 删除控件

在 Windows 窗体应用程序设计中，对于窗体中不再需要的控件，可以在设计阶段直接用键盘上的 Delete 键删除，也可以采用编程方式通过控件所在窗体的 Controls 属性的 Remove 方法来移除。如下代码所示为使用编程方式为当前窗体增加 1 个 Label 控件，然后再删除的过程。

```
Label label1 = new Label ( );  // 生成一个 ID 为 label1 的 Label 控件
label1.Text = "Hello World!"; // 修改控件的 Text 属性值
this.Controls.Add ( label1 );   // 将 Label 控件添加到当前 Form 窗体中
label1.Location = new Point ( 50,50 ); // 设置 label1 的位置
this.Controls.Remove ( label1 ); // 删除 label1 控件
```

 ## 9.3 文本类控件

本节介绍文本类控件，包括标签控件（Label）、按钮控件（Button）、文本框控件（TextBox）

和有格式文本控件（RichTextBox）等。

9.3.1 标签控件（Label）

Label 标签控件使用 Label 类进行封装，一般用于提供描述文本，即用于显示用户不能编辑的静态文本或图像，为其他控件显示描述性信息或根据应用程序的状态显示相应的提示信息。例如，可使用 Label 为 TextBox 控件添加描述性文字，以便将控件中所需的数据类型通知用户。可将 Label 添加到 Form 的顶部，为用户提供关于如何将数据输入窗体中的控件内的说明。Label 控件还可用于显示有关应用程序状态的运行时信息。例如，可将 Label 控件添加到窗体，以便在处理一列文件时显示每个文件的状态。

Label 标签中显示的文本包含在 Text 属性中。标签控件总是只读的，用户不能修改 Text 属性的字符串值。但是，可以在代码中修改 Text 属性。文本在标签内的对齐方式用 Alignment 属性设置。除了显示文本外，Label 控件还可使用 Image 属性显示图像，或使用 ImageIndex 和 ImageList 属性组合显示图像。

Label 标签参与窗体的 Tab 键顺序，但不接受焦点，它会将焦点按 Tab 键的控制次序传递给下一个控件。也就是，将 UseMnemonic 属性设置为 true 之后，在 Text 属性中，给一个字符前面加上宏符号 & 时，标签控件中的该字母就会加上下划线，按下 Alt 键和带有下划线的字母键就会把焦点移动到 Tab 键顺序的下一个控件上。例如，textBox1 为 label1 在 Tab 键顺序中的下一个控件，则 label1.Text = "输入名字 (&N):"，那么按下 Alt + N 组合键可以将焦点切换到 textBox1。该功能为窗体提供键盘导航。

标签控件具有与其他控件相同的许多属性，但是它通常都作为静态控件使用，在程序中一般很少直接对其进行编程，一般也不需要对标签进行事件处理。标签控件用到的主要属性如下。

◎ Text 属性：用来设置或返回标签控件中显示的文本信息。

◎ Size 属性：设置标签大小。

◎ AutoSize 属性：指定标签中的说明文字是否可以动态变化。默认值为 true，表示 Label 将忽略 Size 属性，根据字号和内容自动调整大小。

◎ BorderStyle 属性：用来设置或返回控件的边框样式，其值为 BorderStyle 枚举值，有三种选择：BorderStyle.None 为无边框（默认），BorderStyle.FixedSingle 为固定单边框，BorderStyle.Fixed3D 为三维边框。

◎ TabIndex 属性：用来设置或返回对象的 Tab 键顺序。

【例 9-1】标签控件 Label 的应用。

功能实现：创建一个 Windows 应用程序，在默认窗体中添加两个 Label 控件，分别用不同的字体和颜色显示文字。关键代码如下，运行结果如图 9-3 所示。

```
private void Form1_Load(object sender, EventArgs e)
{
    label1.Font = new Font(" 楷体 ", 12);  // 设置 label1 控件的字体
```

```
    label1.Text = "《C# 从入门到实战》"; // 设置 label1 控件显示的文字
    label2.ForeColor = Color.Red; // 设置 label2 控件的字体颜色
    label2.Text = " 希望能给大家打造良好的 C# 编程基础！ ";
// 设置 label2 控件显示的文字
    }
    /* ─────────────────────────────────────────────*/
```

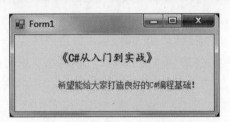

图 9-3　使用 Label 控件显示文字

9.3.2　按钮控件（Button）

Button 控件是 Windows 应用程序设计最常使用的控件之一，经常用来接受用户的鼠标或键盘操作，激发相应的事件，例如，用 Button 控件来执行"确定"或者"取消"之类的操作。Button 控件使用 Button 类进行封装，Button 类表示简单的命令按钮，派生自 ButtonBase 类。Button 控件支持的操作包括鼠标的单击操作，以及键盘的 Enter 键或空格键单击操作。如果按钮具有焦点，就可以通过这些操作来触发该按钮的 Click 事件。在设计时，先将 Button 控件添加到窗体设计区，然后双击它，即可编写 Click 事件代码；在执行程序时，只要通过鼠标或键盘单击该按钮，就会执行 Click 事件中的代码。

1. 常用属性

Button 控件除了有许多诸如 Text、ForeColor、Enabled 等的控件通用属性外，还有如下一些有特色的常用属性。

◎ DialogResult 属性：当使用 ShowDialog 方法显示窗体时，可以使用该属性设置当用户按下按钮后，ShowDialog 方法的返回值。值有 OK、Cancel、Abort、Retry、Ignore、Yes、No 等。

◎ Image 属性：用来设置在按钮上显示的图像。

◎ ImageAlign 属性：指定图像的对齐方式。实际上，Text 和 Image 都包含 Align 属性，用以对齐按钮上的文本和图像。Align 属性使用 ContentAlignment 枚举的值。文本或图像可以与按钮的左、右、上、下边界对齐。

◎ FlatStyle 属性：用来设置按钮的外观，即定义如何绘制控件的边缘，是一个枚举类型，可选值有 Flat（平面的）、PopUp（由平面到凸起）、Standard（三维边界）、System（根据操作系统决定）。

2. 常用方法和事件

对于 Button 控件，一般不使用其方法，Button 控件的常用事件如下。

◎ Click 事件：Button 控件最常用的事件，当用户单击按钮控件时，将发生该事件。事件发生后，程序流程将转入执行处理该事件的代码。比如，下面是处理 Click 事件的代码，在单击名称为 btnTest 的按钮时，会弹出一个显示按钮名称的消息框。

```
private void btnTest_Click(object sender, System.EventArgs e)
{
MessageBox.Show(((Button)sender).Name + " was clicked.");
}
```

Button 控件没有 DoubleClick 双击事件，如果用户尝试双击 Button 控件，将以两次单击来处理。

◎ MouseDown 事件：当用户在按钮控件上按下鼠标按键时，将发生该事件。

◎ MouseUp 事件：当用户在按钮控件上释放鼠标按键时，将发生该事件。

3. 设置窗体的默认"接受"或"取消"按钮

通过设置 Button 按钮所在窗体的 AcceptButton 或 CancelButton 属性，无论该按钮是否有焦点，都可以让用户通过按 Enter 键或 Esc 键来触发该按钮的 Click 事件，也就是可以设置窗体的默认"接受"或默认"取消"按钮。在窗体设计器中设置默认"接受"按钮的方法是：选择按钮所驻留的窗体，在属性窗格中将窗体的 AcceptButton 属性设置为 Button 控件的名称。也可以用编程方式设置默认"接受"按钮，在代码中将窗体的 AcceptButton 属性设置为某个 Button 控件。例如：

```
private void SetDefault(Button myDefaultBtn)
{
    this.AcceptButton = myDefaultBtn;
}
```

每当用户按 Enter 键时，即单击该默认"接受"按钮，而不管当前窗体上其他哪个控件具有焦点。相似地，在窗体设计器中设置默认"取消"按钮的方法是：选择按钮所驻留的窗体后，在属性窗格中将窗体的 CancelButton 属性设置为 Button 控件的名称。也可以用编程方式设置默认"取消"按钮，将窗体的 CancelButton 属性设置为 Button 控件。例如：

```
private void SetCancelButton(Button myCancelBtn)
{
    this.CancelButton = myCancelBtn;
}
```

每当用户按 Esc 键时，即单击该默认"取消"按钮，而不管窗体上其他哪个控件具有焦点。通过设计、指定这样的按钮，可以允许用户快速退出而无须执行任何动作。

【例 9-2】 按钮 Button 的应用。

功能实现：创建一个 Windows 应用程序，在默认窗体中添加 4 个 Button 控件，然后通过设置这 4 个 Button 控件的样式来制作 4 个不同的按钮。关键代码如下，运行结果如图 9-4 所示。

```
private void Form1_Load(object sender, EventArgs e)
{
button1.BackgroundImage - Properties.Resources.j_1;        // 设置 button1 控件的背景
    button1.BackgroundImageLayout = ImageLayout.Stretch;
// 设置 button1 控件的背景布局方式
    button2.Image = Properties.Resources.j_1;                // 设置 button2 控件显示图像
    button2.ImageAlign = ContentAlignment.MiddleLeft;        // 设置图像对齐方式
    button2.Text = " 解锁 ";                                  // 设置 button2 控件的文本
    button3.FlatStyle = FlatStyle.Flat;
                                                             // 设置 button3 控件的外观样式
    button3.Text = " 确定 ";                                  // 设置 button3 控件的文本
    button4.TextAlign = ContentAlignment.MiddleRight;        // 设置文本对齐方式
    button4.Text = " 确定 ";                 // 设置 button4 控件的文本
}
/*-------------------------------------------------------------------------*/
```

图 9-4　使用 Button 控件制作不同样式的按钮

9.3.3　文本框控件（TextBox）

TextBox 控件用于获取用户输入的文本或显示文本，其应用很广。用 TextBox 控件可编辑文本，不过也可使其成为只读控件。文本框可以显示多行文本，可以将文本换行使其符合控件的大小。TextBox 控件只能对显示或输入的文本提供单一格式化样式。若要显示多种类型的带格式文本，可以使用 RichTextBox 控件。Text 属性可以在设计时的属性窗格中设置，也可在运行时用代码设置，或者在运行时通过用户输入来设置。在运行时通过读取 Text 属性得到文本框的当前内容。TextBox 文本框控件支持密码输入模式：当指定 PasswordChar 属性时，文本框为密码输入模式，此时无论用户输入什么文本，系统只显示密码字符。

TextBox 控件的主要属性、方法和事件如下。

1. 主要属性

◎ Text 属性：Text 属性是文本框最重要的属性，因为要显示的文本就包含在 Text 属性中。默认情况下，最多可在一个文本框中输入 2048 个字符。如果将 MultiLine 属性设置为 true，则最多可输入 32KB 的文本。

◎ MaxLength 属性：用来设置文本框允许输入字符的最大长度，该属性值为 0 时，不限制输入的字符数。如果超过了最大长度，系统会发出声响，且文本框不再接受任何字符。注意，用户可能不想设置此属性，因为黑客可能会利用密码的最大长度来试图猜测密码。

◎ MultiLine 属性：用来设置文本框中的文本是否可以输入多行并以多行显示。值为 true 时，允许多行显示；值为 false 时不允许多行显示；一旦文本超过文本框宽度时，超过部分不显示。

◎ HideSelection 属性：用来决定当焦点离开文本框后，选中的文本是否还以选中的方式显示。值为 true，不以选中的方式显示；值为 false，将依旧以选中的方式显示。

◎ ReadOnly 属性：用来获取或设置一个值，该值指示文本框中的文本是否为只读。值为 true 时为只读，值为 false 时可读可写。

◎ PasswordChar 属性：是一个字符串类型，允许设置一个字符，运行程序时，将输入 Text 的内容全部显示为该属性值，从而起到保密作用，通常用来输入口令或密码。例如，如果希望在密码文本框中显示星号，则在属性窗格中将 PasswordChar 属性指定为 "*"。运行时，无论用户在文本框中输入什么字符，都显示为 "*"。

◎ ScrollBars 属性：用来设置滚动条模式，有四种选择：ScrollBars.None（无滚动条）、ScrollBars.Horizontal（水平滚动条）、ScrollBars.Vertical（垂直滚动条）和 ScrollBars.Both（水平和垂直滚动条）。注意：只有当 MultiLine 属性为 true 时，该属性值才有效。

◎ SelectionLength 属性：用来获取或设置文本框中选定的字符数。只能在代码中使用，值为 0 时，表示未选中任何字符。

◎ SelectionStart 属性：用来获取或设置文本框中选定的文本起始点。只能在代码中使用，第一个字符的位置为 0，第二个字符的位置为 1，以此类推。

◎ SelectedText 属性：用来获取或设置一个字符串，该字符串指示控件中当前选定的文本。只能在代码中使用。

◎ Lines 属性：该属性是一个数组属性，用来获取或设置文本框控件中的文本行。即文本框中的每一行存放在 Lines 数组的一个元素中。

◎ Modified 属性：用来获取或设置一个值，该值指示自创建文本框控件或上次设置该控件的内容后，用户是否修改了该控件的内容。值为 true 表示修改过，值为 false 表示没有修改过。

◎ TextLength 属性：用来获取控件中文本的长度。

2. 常用方法

◎ AppendText 方法：把一个字符串添加到文件框中文本的后面，调用的一般格式如下：文本框对象 .AppendText(str)，参数 str 是要添加的字符串。

◎ Clear 方法：从文本框控件中清除所有文本。调用的一般格式如下： 文本框对象 .Clear()，该方法无参数。

◎ Focus 方法：为文本框设置焦点。如果焦点设置成功，值为 true，否则为 false。调用的一般格式如下： 文本框对象 .Focus()，该方法无参数。

◎ Copy 方法：将文本框中当前选定的内容复制到剪贴板上。调用的一般格式如下：文本框对象 .Copy()，该方法无参数。

◎ Cut 方法：将文本框中当前选定的内容移动到剪贴板上。调用的一般格式如下：文本框对象 .Cut()，该方法无参数。

◎ Paste 方法：用剪贴板的内容替换文本框中当前选定的内容。调用的一般格式如下：文本框对象 .Paste()，该方法无参数。

◎ Undo 方法：撤销文本框中的上一个编辑操作。调用的一般格式如下：文本框对象 .Undo()，该方法无参数。

◎ ClearUndo 方法：从文本框的撤销缓冲区中清除关于最近操作的信息，根据应用程序的状态，可以使用此方法防止重复执行撤销操作。调用的一般格式如下： 文本框对象 .ClearUndo()，该方法无参数。

◎ Select 方法：在文本框中设置选定文本。调用的一般格式如下： 文本框对象 .Select(start,length) ，该方法有两个参数，第一个参数 start 用来设定文本框中当前选定文本的第一个字符的位置，第二个参数 length 用来设定要选择的字符数。

◎ SelectAll 方法：用来选定文本框中的所有文本。调用的一般格式如下： 文本框对象 .SelectAll( )，该方法无参数。

3. 常用事件

◎ GotFocus 事件：该事件在文本框接收焦点时发生。

◎ LostFocus 事件：该事件在文本框失去焦点时发生。

◎ TextChanged 事件：该事件在 Text 属性值更改时发生。无论是通过编程修改还是用户交互更改文本框的 Text 属性值，均会引发此事件。

【例 9-3】创建密码文本框。

功能实现：创建一个 Windows 窗体应用程序，使用 PasswordChar 属性将密码文本框中的字符自定义显示为 "@"，同时将 UseSystem PasswordChar 属性设置为 true，使第二个密码文本框的字符显示为 "·"。关键代码如下，运行结果如图 9-5 所示。

```
private void Form1_Load(object sender, EventArgs e)
{
    textBox1.PasswordChar = '@';      // 设置文本框的 PasswordChar 属性为字符 @
    textBox2.UseSystemPasswordChar = true;
// 将文本框的 UseSystemPasswordChar 属性设置为 true
}
/*--------------------------------------------------------------------------*/
```

图 9-5　设置密码文本框

9.3.4　有格式文本控件（RichTextBox）

RichTextBox 控件类似 Microsoft Word 能够输入、显示或处理多种类型的带格式文本，与 TextBox 控件相比， RichTextBox 控件的文字处理功能更加丰富， 不仅可以设置文字的颜色、 字体， 还具有字符串检索功能。 另外， RichTextBox 控件还可以打开、编辑和存储 .rtf 格式文件、ASCII 文本格式文件及 Unicode 编码格式的文件。与 TextBox 控件相同，RichTextBox 控件可以显示滚动条；但不同的是，RichTextBox 控件的默认设置是水平和垂直滚动条均根据需要显示，并且拥有更多的滚动条设置。

1. 常用属性

上面介绍的 TextBox 控件所具有的属性，RichTextBox 控件基本上都具有，除此之外，该控件还具有一些其他属性。

◎ RightMargin 属性：用来设置或获取右侧空白的大小，单位是像素。通过该属性可以设置右侧空白，如希望右侧空白为 50 像素，可使用如下语句：

```
RichTextBox1.RightMargin=RichTextBox1.Width-50;
```

◎ Rtf 属性：用来获取或设置 RichTextBox 控件中的文本，包括所有 RTF 格式代码。可以使用此属性将 RTF 格式文本放到控件中显示，或提取控件中的 RTF 格式文本。此属性通常用于在 RichTextBox 控件和其他 RTF 源（如 Microsoft Word 或 Windows 写字板）之间交换信息。

◎ SelectedRtf 属性：用来获取或设置控件中当前选定的 RTF 格式的文本。此属性使用户得以获取控件中的选定文本，包括 RTF 格式代码。如果当前未选定任何文本，给该属性赋值将把所赋的文本插入到插入点处。如果选定了文本，则给该属性所赋的文本将替换掉选定文本。

◎ SelectionColor 属性：用来获取或设置当前选定文本或插入点处的文本颜色。

◎ SelectionFont 属性：用来获取或设置当前选定文本或插入点处的字体。

◎ SelectionProtected 属性：保护控件内的文本不被用户操作。当控件中有受保护的文本时，可以处理 Protected 事件以确定用户何时曾试图修改受保护的文本，并提醒用户该文本是受保护的，或向用户提供标准方式供其操作受保护的文本。

还可以通过设置 SelectionIndent、SelectionRightIndent 和 SelectionHangingIndent 属性调整段落格式设置。

2. 常用方法

前面介绍的 TextBox 控件所具有的方法，RichTextBox 控件基本上都具有，除此之外，该控件还具有一些其他方法。

◎ Redo 方法：用来重做上次被撤销的操作。调用的一般格式如下：RichTextBox 对象 .Redo()，该方法无参数。

◎ Find 方法：用来从 RichTextBox 控件中查找指定的字符串。基本调用格式如下：RichTextBox 对象 .Find(str) ，其功能是在指定的 RichTextBox 控件中查找字符串 str，并返回搜索文本的第一个字符在控件内的位置。如果未找到 str 或者 str 参数指定的搜索字符串为空，则返回值为 1。

◎ LoadFile 方法：使用 LoadFile 方法可以将文本文件、RTF 文件装入 RichTextBox 控件。常用的调用格式有两种，其一为：RichTextBox 对象名 .LoadFile(文件名)，功能是将 RTF 格式文件或标准 ASCII 文本文件加载到 RichTextBox 控件中。其二为：RichTextBox 对象名 .LoadFile(文件名 , 文件类型)，功能是将特定类型的文件加载到 RichTextBox 控件中。

◎ SaveFile 方法：用来把 RichTextBox 中的信息保存到指定的文件中，常用的调用格式也有两种，其一为：RichTextBox 对象名 .SaveFile(文件名)，功能是将 RichTextBox 控件中的内容保存为 RTF 格式文件。其二为：RichTextBox 对象名 .SaveFile(文件名 , 文件类型)，功能是将 RichTextBox 控件中的内容保存为"文件类型"指定的格式文件。

◎ Clear 方法：将富文本框内的文本清空。

3. 常用事件

◎ SelectionChanged 事件：控件中的选定文本更改时发生。

◎ TextChanged 事件：控件中的内容有任何改变都会引发该事件。

【例 9-4】富文本控件 RichTextBox 的使用。

功能实现：设计一个窗体，在其中添加一个富文本框控件，并加载一个文件到该控件中。关键代码如下，运行结果如图 9-6 所示。

```
private void Form1_Load(object sender, EventArgs e)
{
richTextBox1.LoadFile("E:\\file.RTF", RichTextBoxStreamType.RichText);
}
/*----------------------------------------------------------------*/
```

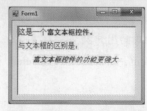

图 9-6　在富文本框中打开文件

9.4 选择类控件

本节介绍选择类控件，包括组合框控件（ComboBox）、复选框控件（CheckBox）、单选按钮控件（RadioButton）和列表控件（ListBox）等。

9.4.1 组合框控件（ComboBox）

ComboBox 控件又称组合框控件，使用 ComboBox 类进行封装。默认情况下，组合框分两个部分：顶部是一个允许输入文本的文本框，下面的列表框则显示列表项，可以在文本框中直接输入，也可以从下拉列表中选择选项。可以认为 ComboBox 就是文本框与列表框的组合，同时兼有列表框和文本框的功能，能使用这两类控件具有的大部分操作。组合框常用于这样的情况——便于从控件列表框中的多个选项中选择一个，但不需要占用列表框所使用的空间。与列表框相比，组合框不支持多项选择，没有 SelectionMode 属性。但组合框有 DropDownStyle 属性，该属性用来设置或获取组合框的样式。可以控制组合框的行为风格，如列表框是否显示或文本框是否可以编辑。

组合框的常用属性如表 9-2 所示。

表 9-2　组合框控件 ComboBox 的属性

属　性	说　明
DropDownStyle	获取或设置指定组合框样式的值。可取以下值之一。 ·DropDown（默认值）：文本部分可编辑。用户必须单击箭头按钮来显示列表部分。 ·DropDownList：只能单击下拉按钮显示下拉列表框来进行选择，不能在文本框中编辑。 ·Simple：文本部分可编辑。列表部分总可见
DropDownWidth	获取或设置组合框下拉部分的宽度（以像素为单位）
DropDownHeight	获取或设置组合框下拉部分的高度（以像素为单位）
Items	表示该组合框中所包含项的集合
SelectedItem	获取或设置当前组合框中选定项的索引
SelectedText	获取或设置当前组合框中选定项的文本
Sorted	指示是否对组合框中的项进行排序
DroppedDown	指定是否显示下拉列表
MaxDropDownItems	设置下拉列表框中最多能显示的选项数目

对于组合框事件，大部分列表框和文本框事件都能在组合框控件中使用，常用事件如表 9-3 所示。

表 9-3　组合框控件 ComboBox 的事件

事　件	说　明
Click	在单击控件时发生
TextChanged	文本框中的文字改变，即 Text 属性值更改时发生
SelectedIndexChanged	组合框中的选择发生变化时，即 SelectedIndex 属性值改变时触发这个事件
KeyPress	在控件有焦点的情况下按下键时发生
DropDown	显示下拉列表时触发这个事件。可以使用这个事件对下拉列表框中的内容进行处理，如添加、删除项等

组合框的 Items 属性是最重要的属性，它是存放组合框中所有项的集合，对组合框的操作实际上就是对该属性即项集合的操作。Items 属性中最重要的子项属性是 count，该属性记录了 Items 中项的个数。Items 属性的常用方法如表 9-4 所示。

表 9-4　组合框中的 Items 属性的常用方法

方　　法	说　　明
Add	向 ComboBox 项集合中添加一个项
AddRange	向 ComboBox 项集合中添加一个项的数组
Clear	移除 ComboBox 项集合中的所有项
Contains	确定指定项是否在 ComboBox 项集合中
Equals	判断是否等于当前对象
GetType	获取当前实例的 Type
Insert	将一个项插入 ComboBox 项集合中指定的索引处
IndexOf	检索指定项在 ComboBox 项集合中的索引
Remove	从 ComboBox 项集合中移除指定的项
RemoveAt	移除 ComboBox 项集合中指定索引处的项

【例 9-5】列表框控件 ListBox 和组合框控件 ComboBox 的应用。

　　功能实现：创建一个 Windows 应用程序，模拟一个学生选课的 Windows 窗体，在默认窗体中添加 1 个 ComboBox 控件、1 个 ListBox 控件、2 个 Button 控件和 1 个 Label 控件。其中，窗体左侧的 ComboBox 控件包含一组待选的课程集合，单击"加入"按钮可将选取的课程加入右侧的 ListBox 控件中，单击"删除"按钮可删除 ListBox 控件中已有的课程。关键代码如下，运行结果如图 9-7 所示。

```csharp
void Form1_Load(object sender, EventArgs e)
{
    string[] courses = new string[7] { "英语", "高等数学", "数理统计", "大学物理", "电子电工", "计算机
        应用基础", "计算机语言程序设计" };
    for (int i = 0; i < 7; i++)
        comboBox1.Items.Add(courses[i]);
}
void button1_Click(object sender, EventArgs e)
{
    if (comboBox1.SelectedIndex != -1)
    {
        string c1 = (string)comboBox1.SelectedItem;
        if (!listBox1.Items.Contains(c1))
            listBox1.Iterms.Add(c1);
    }
}
void button2_Click(object sender, EventArgs e)
{
    if (listBox1.SelectedIndex != -1)
```

```
        {
            string c1 = (string)listBox1.SelectedItem;
            listBox1.Items.Remove(c1);
        }
    }
/*-------------------------------------------------------------------------*/
```

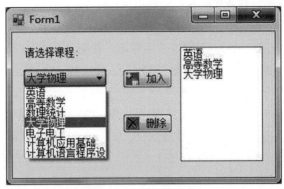

图 9-7   学生选课

9.4.2　复选框控件（CheckBox）

复选框控件 CheckBox 用 CheckBox 类进行封装，属于选择类控件。在运行时，如果用鼠标单击复选框左边的方框，方框中就会出现一个"√"符号，表示已选取该功能。复选框的功能是独立的，如果在同一窗体上有多个复选框，用户可根据需要选取零个或几个。

CheckBox 控件的常用属性和事件如下。

1. 常用属性

◎ ThreeState 属性：用来返回或设置复选框是否能表示三种状态，如果属性值为 true，可以表示三种状态——选中、没选中和中间态（CheckState.Checked、CheckState.Unchecked 和 CheckState.Indeterminate）；属性值为 false 时，只能表示两种状态——选中和没选中。

◎ Checked 属性：用来设置或返回复选框是否被选中。值为 true 时，表示复选框被选中；值为 false 时，表示复选框未被选中。当 ThreeState 属性值为 true 时，中间态也表示选中。

◎ CheckState 属性：用来设置或返回复选框的状态。在 ThreeState 属性值为 false 时，取值有 CheckState.Checked 或 CheckState.Unchecked。在 ThreeState 属性值被设置为 true 时，CheckState 还可以取值 CheckState.Indeterminate，未被选中也未被清除，且显示禁用复选标记，此时复选框显示为浅灰色选中状态，该状态通常表示该选项下的多个子选项未完全选中。

◎ TextAlign 属性：用来设置控件中文字的对齐方式。该属性的默认值为

ContentAlignment.MiddleLeft，即文字左对齐、居控件垂直方向中央。

2. 常用事件

◎ CheckedChanged 事件：改变复选框的 Checked 属性时触发。在设计器中双击相应的复选框将进入代码编辑器中这一事件的定义部分。

◎ CheckedStateChangcd 事件：改变复选框的 CheckedState 属性时触发。在属性窗格中选择这一事件并双击可进入其代码编辑。

【例 9-6】复选框控件 CheckBox 的应用。

功能实现：创建一个 Windows 窗体应用程序，在窗体中分别添加 1 个 GroupBox 和 1 个 Button，并在 GroupBox 中放置 4 个复选框 CheckBox 控件，从上到下分别为 checkBox1 到 checkBox4，针对 Button 的 Click 事件添加如下事件处理代码，程序运行时，单击 checkBox2 和 checkBox4，再单击"确定"按钮，表示答对了。运行结果如图 9-8 所示。

```
private void button1_Click(object sender, EventArgs e)
{
  if ( checkBox2.Checked && checkBox4.Checked
&& !checkBox1.Checked && !checkBox3.Checked )
    MessageBox.Show(" 您答对了，真的很棒 !!!"," 信息提示 ", MessageBoxButtons.OK);
  else
    MessageBox.Show(" 您答错了，继续努力吧 !"," 信息提示 ", MessageBoxButtons.OK);
}
/*------------------------------------------------------------------*/
```

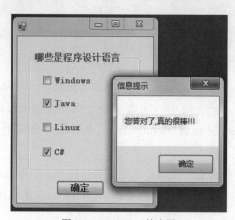

图 9-8　CheckBox 的应用

9.4.3　单选按钮控件（RadioButton）

单选按钮控件 RadioButton 使用 RadioButton 类封装，它与复选框控件 CheckBox 的功能极为相似：都提供用户可以选择或清除的选项。只是单选按钮通常成组出现，用于提供两个或多个互斥选项，即在一组单选按钮中只能选择一个。实际使用中，经常将单选按钮放在一个分组框 GroupBox 或面板 Panel 中构成一个选项组。

单选按钮控件 RadioButton 的常用属性和事件如下。

1. 常用属性

◎ Checked 属性：用来设置或返回单选按钮是否被选中，选中时值为 true，没有选中时值为 false。

◎ AutoCheck 属性：如果 AutoCheck 属性被设置为 true（默认），那么当选择该单选按钮时，将自动清除该组中所有其他单选按钮。对一般用户来说，不需改变该属性，采用默认值（true）即可。

◎ Text 属性：用来设置或返回单选按钮控件内显示的文本，该属性也可以包含快捷键，即前面带有"&"符号的字母，这样用户就可以通过同时按 Alt 键和快捷键来选中控件。

◎ Appearance 属性：用来获取或设置单选按钮控件的外观。当其取值为 Appearance.Button 时，将使单选按钮的外观像命令按钮一样：当选定它时，它看似已被按下。当取值为 Appearance.Normal 时，就是默认的单选按钮的外观。

2. 常用事件

◎ Click 事件：单击单选按钮时，将把单选按钮的 Checked 属性值设置为 true，同时发生 Click 事件。

◎ CheckedChanged 事件：当 Checked 属性值更改时，将触发 CheckedChanged 事件，可以使用这个事件根据单选按钮的状态变化进行适当的操作。在设计器中双击单选按钮，将进入代码编辑器中相应事件处理程序的定义部分。

【例 9-7】单选按钮控件 RadioButton 的应用。

功能实现：创建一个 Windows 窗体应用程序，在窗体中分别添加 1 个 GroupBox 和 1 个 Button，并在 GroupBox 中放置 4 个单选按钮控件 RadioButton，从上到下分别为 radioButton1 到 radioButton4，针对 Button 的 Click 事件添加如下的事件处理代码，程序运行时，单击 radioButton3，再单击"确定"按钮，表示答对了。运行结果如图 9-9 所示。

```
private void button1_Click(object sender, EventArgs e)
{
    if (radioButton3.Checked)
        MessageBox.Show(" 您选对了，这是微软公司开发的操作系统 "," 信息提示 ", MessageBoxButtons.OK);
    else if (radioButton1.Checked || radioButton4.Checked)
        MessageBox.Show(" 您选错了，这是程序设计语言 "," 信息提示 ", MessageBoxButtons.OK);
    else
        MessageBox.Show(" 您选错了，这是数据库管理系统 "," 信息提示 ", MessageBoxButtons.OK);
}
/*-------------------------------------------------------------------------*/
```

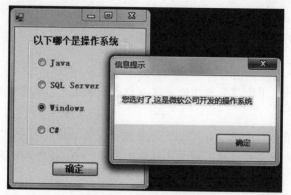

图 9-9　RadioButton 的应用

9.4.4　列表框控件（ListBox）

列表框控件 ListBox 用 ListBox 类封装，是一个为用户提供选择的列表，用户可从列表框列出的选项中选取一个或多个所需的选项。如果有较多的选择项，超出规定的区域而不能一次全部显示时，C# 会自动加上滚动条。

列表框控件的常用属性如表 9-5 所示。

表 9-5　列表框控件 ListBox 的常用属性

属　性	说　明
SelectionMode	用来获取或设置在 ListBox 控件中选择列表项的方法。当 SelectionMode 属性设置为 SelectionMode.MultiExtended 时，按下 Shift 键的同时单击鼠标或者同时按 Shift 键和箭头键（上、下、左和右箭头键）之一，会将选定内容从前一选定项扩展到当前项。按住 Ctrl 键的同时单击鼠标将选择或撤销选择列表中的某项。当该属性设置为 SelectionMode.MultiSimple 时，用鼠标单击或按空格键将选择或撤销选择列表中的某项；当该属性为默认值 SelectionMode.One 时，只能选择一项；当该属性设置为 None 时，不能在列表框中选择
SelectedIndex	用来获取或设置 ListBox 控件中当前选定项从零开始的索引。如果未选定任何项，则返回值为 1。对于只能选择一项的 ListBox 控件，可使用此属性确定 ListBox 中选定项的索引。如果 ListBox 控件的 SelectionMode 属性设置为 SelectionMode.MultiSimple 或 SelectionMode.MultiExtended，并在该列表中选定多个项，此时应用 SelectedIndices 来获取选定项的索引
SelectedIndices	该属性用来获取一个集合，该集合包含 ListBox 控件中所有选定项从零开始的索引
SelectedItem	获取或设置 ListBox 中的当前选定项
SelectedItems	获取 ListBox 控件中选定项的集合，通常在 ListBox 控件的 SelectionMode 属性设置为 SelectionMode.MultiSimple 或 SelectionMode.MultiExtended（指示多重选择 ListBox）时使用
Items	用于存放列表框中的列表项，是一个集合。通过该属性，可以添加列表项、移除列表项和获得列表项的数目
ItemsCount	该属性用来返回列表项的数目

续表

属 性	说 明
Text	该属性用来获取或搜索 ListBox 控件中当前选定项的文本。当把此属性值设置为字符串值时，ListBox 控件将在列表内搜索与指定文本匹配的项并选择该项。若在列表中选择一项或多项，该属性将返回第一个选定项的文本
Sorted	获取或设置一个值，该值指示 ListBox 控件中的列表项是否按字母顺序排序。如果列表项按字母排序，该属性值为 true；如果列表项不按字母排序，该属性值为 false。默认值为false。在向已排序的 ListBox 控件中添加项时，这些项会移动到排序列表中适当的位置
MultiColumn	获取或设置列表框控件是否支持多列。设置为 true，则支持多列；设置为 false（默认值），则不支持多列
ColumnWidth	用来获取或设置多列 ListBox 控件中列的宽度

Items 属性是列表框 ListBox 中最重要的属性之一，对 ListBox 控件的操作主要集中在对该属性的操作，也就是通过它来处理列表项，Items 属性的常用方法如表 9-6 所示。

表 9-6　Items 属性的常用方法

方 法	说 明
Add	用来向列表框中增添一个列表项，添加的项通常放在列表的底部，调用格式为： ListBox 对象 .Items.Add(s);，把参数 s 添加到"ListBox 对象"指定的列表框的列表项中
AddRange	用来添加多个项。调用格式为： ListBox 对象 .Items.AddRange(new string[] {"A","B"}); 或 　　　ListBox 对象 1.Items.AddRange(ListBox 对象 2.Items);
Insert	用来在列表框中指定位置插入一个列表项，调用格式为： ListBox 对象 .Items.Insert(n,s); 参数 n 代表要插入的项的位置索引，参数 s 代表要插入的项，其功能是把 s 插入"ListBox对象"指定的列表框中索引为 n 的位置处
Remove	用来从列表框中删除一个列表项，调用格式为： ListBox 对象 .Items.Remove(k); 从 ListBox 对象的列表框中删除指定列表项 k
RemoveAt	用来删除指定索引对应的项，调用格式为： ListBox 对象 .Items.RemoveAt(index); 从 ListBox 对象的列表框中删除指定索引 index 对应的列表项
Clear	用来清除列表框中的所有项。其调用格式为： ListBox 对象 .Items.Clear();

列表框控件的常用方法如表 9-7 所示。

表 9-7　列表框控件 ListBox 的常用方法

方 法	说 明
FindString	用来查找列表项中以指定字符串开始的第一个项，基本调用格式为： ListBox 对象 .FindString(s); 功能为在"ListBox 对象"指定的列表框中查找字符串 s，如果找到则返回该项从零开始的索引；如果找不到匹配项，则返回 ListBox.NoMatches
SetSelected	用来选中某一项或取消对某一项的选择，调用格式为： ListBox 对象 .SetSelected(n,l); 如果参数 1 的值是 true，则在 ListBox 对象指定的列表框中选中索引为 n 的列表项；如果参数 1 的值是 false，则索引为 n 的列表项不会被选中

续表

方 法	说 明
BeginUpdate/ EndUpdate	这两个方法的作用是保证使用 Items.Add 方法向列表框中添加列表项时，不重绘列表框。即在向列表框添加项之前，调用 BeginUpdate 方法，以防止每次向列表框中添加项时都重新绘制 ListBox 控件。完成向列表框中添加项的任务后，再调用 EndUpdate 方法使 ListBox 控件重新绘制。调用格式为： ListBox 对象 .BeginUpdate( ); ListBox 对象 .EndUpdate( ); 这两个方法均无参数

BeginUpdate 和 EndUpdate 是两个防止在更新列表框时重新绘制的方法，将修改操作放在这两个方法之间，可以在所有修改完成后再刷新列表框。比如，mString 为已定义并初始化的字符串数组，其中包含要添加的列表项。

```
listBox1.BeginUpdate( );
foreach (string s in mString)
    { listBox1.Items.Add(s); }
listBox1.EndUpdate( );
```

在列表框中添加大量的列表项时，使用这种方法添加项可以防止出现绘制 ListBox 时的闪烁现象。示例程序如下。

```
public void AddToMyListBox( )
{ listBox1.BeginUpdate();
for(intx=1;x<5000;x++)
{ listBox1.Items.Add("Item"+x.ToString( )); }
listBox1.EndUpdate();
}
```

列表框控件的常用事件如表 9-8 所示。

表 9-8　列表框控件 ListBox 的常用事件

事 件	说 明
Click	在单击控件时发生
SelectedIndexChanged/SelectedValueChanged	在列表框中改变选中项，即选择或取消选择项目时触发这两个事件
DoubleClick	对列表框中的项双击时触发这个事件。一般用这个事件来显示一个关于该项信息的提示窗体

 ## 9.5　分组类控件

本节介绍分组类控件，包括面板控件（Panel）、分组框控件（GroupBox）、选项卡控件（TabControl）等。

9.5.1 面板控件（Panel 控件）

面板控件 Panel 用 Panel 类封装，用于为其他控件提供组合容器。Panel 控件类似于 GroupBox 控件，但 GroupBox 控件可以显示标题，而 Panel 控件有滚动条。如下情况经常使用面板控件 Panel：子控件要以可见的方式分开，或提供不同的 BackColor 属性，或使用滚动条以允许多个控件放置在同一个有限空间。如果 Panel 控件的 Enabled 属性设置为 false，则也会禁用包含在 Panel 中的控件。

面板控件 Panel 的常用属性如表 9-9 所示。

表 9-9　面板控件 Panel 的常用属性

属　性	说　明
AutoScroll	设置为 true 时，启用 Panel 控件中的滚动条，可以滚动显示 Panel 中（但不在其可视区域内）的所有控件
BackColor	此属性获取或设置控件的背景色
BackgroundImage	此属性获取或设置控件中显示的背景图像
BorderStyle	此属性指示控件的边框样式，有 None（默认，无边框）、FixedSingle（标准边框）和 Fixed3D（三维边框）三种。用标准或三维边框可将面板区与窗体上的其他区域分开

【例 9-8】面板控件 Panel 的应用。

功能实现：创建一个 Windows 应用程序，在默认窗体中添加 1 个 Panel 控件，用来作为容器控件，然后在 Panel 控件中添加 1 个 Label 控件、1 个 Button 控件和 1 个 TextBox 控件，最后在窗体加载事件中设置容器控件的边框样式以及滚动条显示。添加的关键代码如下，运行结果如图 9-10 所示。

```
private void Form1_Load(object sender, EventArgs e)
{
panel1.BorderStyle = BorderStyle.FixedSingle;  // 设置 panel1 控件的边框样式
panel1.AutoScroll = true;                      // 设置 panel1 控件自动显示滚动条
}
/*------------------------------------------------------------------------------*/
```

图 9-10　Panel 的应用

9.5.2 分组框控件（GroupBox）

GroupBox 控件又称为分组框，使用 GroupBox 类封装。该控件常用于为其他控件提供可识别的分组，其典型的用法之一就是给 RadioButton 控件分组。可以通过分组框的 Text 属性向用户提供提示信息。在 GroupBox 控件中添加控件的方法有两种：一是直接在分组框中绘制控件；二是把已有控件放到分组框中，可以选择所有控件，将它们剪切到剪贴板，然后选择 GroupBox 控件，将它们粘贴到分组框中，也可以直接将它们拖到分组框中。位于分组框中的所有控件随着分组框的移动而一起移动，随着分组框的删除而全部删除，分组框的 Visible 属性和 Enabled 属性也会影响分组框中的所有控件。GroupBox 控件不能显示滚动条。

分组框控件 GroupBox 的常用属性和事件如表 9-10 和表 9-11 所示。

表 9-10 分组框控件 GroupBox 的常用属性

属 性	说 明
Text	该属性为分组框设置标题，给出分组提示
BackColor	设置分组框背景颜色
BackgroundImage	设置分组框背景图像
TabStop	分组框一般不接收焦点，它将焦点传递给其包含控件中的第一个项，可以设置这个属性来指示分组框是否接收焦点
AutoSize	设置分组框是否可以根据其内容调整大小
AutoSizeMode	获取或设置启用 AutoSize 属性时分组框的行为方式。AutoSizeMode 属性值为枚举值 GrowAndShrink 时，根据内容增大或缩小；为 GrowOnly（默认）时，可以根据其内容任意增大，但不会缩小至小于它的 Size 属性值
Controls	分组框中包含的控件的集合，可以使用这个属性的 Add、Clear 等方法。使用 Add 方法可以将控件添加到 GroupBox

表 9-11 分组框 GroupBox 控件的常用事件

事 件	说 明
TabStopChanged	在 TabStops 属性发生改变时触发
AutoSizeChanged	在 AutoSize 属性发生改变时触发
KeyUp/KeyPress/KeyDowm	分组框拥有焦点并且用户松开 / 按下某个键时触发

9.5.3 选项卡控件（TabControl）

选项卡控件 TabControl 使用 TabControl 类封装。在这类控件中，通常顶端有一些标签供选择，每个标签对应一个选项卡页面，这些选项卡页面由通过 TabPages 属性添加的 TabPage 对象表示。选中一个标签就会显示相应的页面而隐藏其他页面。要为添加后的特定页面添加控件，可以通过选项卡控件的标签切换到相应页面，再选中该页面，然后把控件拖动到页面中。通过这个方式，可以把大量的控件放在多个页面中。一个很常见的例子是 Windows 系统的"显示属性"对话框。

选项卡控件 TabControl 的常用属性、方法和事件如表 9-12 和表 9-13 所示。

表 9-12　选项卡控件 TabControl 的常用属性

属　性	说　明
Alignment	控制 TabPage 在选项卡控件的什么位置显示，是一个 TabAlignment 枚举类型，有 Top（默认）、Bottom、Left、Right 四个值。默认的位置为控件的顶部
Multiline	如果这个属性设置为 true，就可以有多行选项卡，默认情况为单行显示，在标签超出选项卡控件可视范围时自动使用箭头按钮来滚动标签
RowCount	返回当前显示的选项卡行数
SelectedIndex	返回或设置选中选项卡的索引，若没有选中项，返回 -1
SelectedTab	返回或设置选中的选项卡。注意这个属性在 TabPages 的实例上使用。若没有选中项，返回 null
TabCount	返回选项卡的总数
TabPages	这是控件中的 TabPage 对象集合，可以通过管理选项卡页面，添加和删除 TabPage 对象
Appearance	控制选项卡的显示方式，有三种风格：Buttons（一般的按钮）、FlatButtons（带有平面样式）、Normal（默认）。只有当标签位于顶部时，才可以设置 FlatButtons 风格；位于其他位置时，将显示为 Buttons
HotTrack	如果这个属性设置为 true，则当鼠标指针滑过控件上的选项卡时，其外观就会改变
SizeMode	指定标签是否自动调整大小来填充标签行。枚举类型 TabSizeMode 定义了三种取值。 Normal：根据每个标签内容调整标签的宽度； Fixed：所有标签宽度相同； FillToRight：调整标签宽度，使其填充标签行（只有在多行标签的情况下进行调整）

表 9-13　选项卡控件 TabControl 的常用方法和事件

方法和事件	说　明
SelectTab 方法	使指定的选项卡成为当前选项卡
DeselectTab 方法	使指定的选项卡后面的选项卡成为当前选项卡
RemoveAll 方法	从选项卡控件中移除所有的选项卡页和附加的控件
SelectedIndexChanged 事件	改变当前选择的标签时触发这个事件，可以在这个事件的处理中根据程序状态来激活或禁止相应页面的某些控件。

此外，就选项卡页面集合 TabPages 属性而言，有如下的常用方法对其进行管理。

（1）通过提供索引访问，可以访问某一选项卡页面，例如：

tabControl1.TabPages[0].Text = " 选项卡 1"。

（2）通过 TabPages 的 Add 或者 AddRange 方法添加 TabPage 对象。

（3）通过 TabPages 的 Remove 方法（参数为 TabPage 引用）或 RemoveAt 方法（参数为索引值）删除 TabPage 对象。

（4）通过 TabPages 的 Clear 方法清除所有的 TabPage 对象。

【例 9-9】选项卡控件 TabControl 的应用。

功能实现：创建一个 Windows 应用程序，在默认窗体中添加 1 个 TabControl 控件和 2 个 Button 控件。其中，TabControl 控件用来作为选项卡控件，Button 控件分别用来执行添加和删除选项卡操作。添加的关键代码如下，运行结果如图 9-11 所示。

```csharp
private void Form1_Load(object sender, EventArgs e)
{
tabControl1.Appearance = TabAppearance.Normal; // 设置选项卡的外观样式
}
private void button1_Click(object sender, EventArgs e)
{
  listBox1.Items.Clear();
  // 声明一个字符串变量，用于生成新增选项卡的名称
  string Title = " 新增选项卡 " + (tabControl1.TabCount + 1).ToString();
  TabPage MyTabPage = new TabPage(Title);   // 实例化 TabPage
  // 使用 TabControl 控件的 TabPages 属性的 Add 方法添加新的选项卡
  tabControl1.TabPages.Add(MyTabPage);
  MessageBox.Show(" 现有 " + tabControl1.TabCount + " 个选项卡 "); // 获取选项卡个数
}
private void button2_Click(object sender, EventArgs e)
{
  listBox1.Items.Clear();
  if (tabControl1.SelectedIndex == 0)        // 判断是否选择了要移除的选项卡
    MessageBox.Show(" 请选择要移除的选项卡 ");  // 如果没有选择，弹出提示
  else
    // 使用 TabControl 控件的 TabPages 属性的 Remove 方法移除指定的选项卡
    tabControl1.TabPages.Remove(tabControl1.SelectedTab);
}
/*-----------------------------------------------------------------------------------*/
```

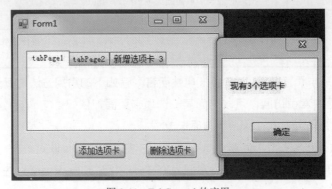

图 9-11　TabControl 的应用

 ## 9.6　菜单、工具栏和状态栏控件

本节介绍菜单控件（MenuStrip）、工具栏控件（ToolStrip）和状态栏控件（StatusStrip）。

9.6.1 菜单控件（MenuStrip）

菜单是图形用户界面（GUI）的重要组成之一，是设计 Windows 窗体应用程序经常使用的重要工具。菜单按使用形式可分为下拉式菜单和弹出式菜单两种，在 C# 中使用 MenuStrip 控件或 ContextMenuStrip 控件可以很方便地实现。下拉式菜单位于窗口顶部，通常使用菜单栏中的菜单项（如"文件""编辑"和"视图"等）打开；弹出式菜单是独立于菜单栏而显示在窗体内的浮动菜单，通常使用右键单击窗体某一区域打开，不同的区域弹出的菜单内容可以不同。

1．菜单的基本结构

下拉式菜单和弹出式菜单的基本结构大致相似，下面以下拉式菜单为例来说明菜单的基本结构。图 9-12 所示是典型的菜单结构。

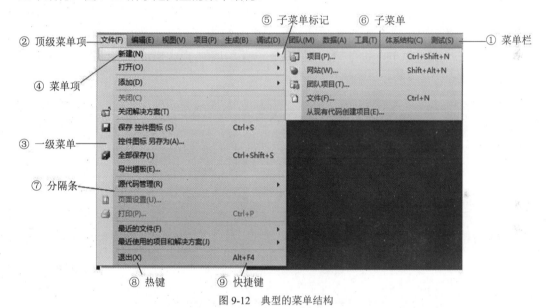

图 9-12　典型的菜单结构

在图 9-12 中，顶级菜单项是横向排列的，构成了菜单栏。单击某个顶级菜单项（或菜单项）后弹出的称为一级菜单（或子菜单），它们均包含若干个菜单项，菜单项其实是 ToolStripMenuItem 类的一个对象。菜单项有的是灰色的，表示该菜单项当前是被禁止使用的。有的菜单项的提示文字中有带下划线的字母，该字母称为热键（或访问键），若是顶级菜单项，可通过按"ALT+ 热键"打开该菜单，若是某个子菜单中的选项，则在打开子菜单后直接按热键就会执行相应的菜单命令。有的菜单项后面有一个按键或组合键，称为快捷键，在不打开菜单的情况下按快捷键，将执行相应的命令。图中的菜单项"源代码管理"和"页面设置"之间有一个灰色的线条，该线条称为分隔线或分隔符。

2．下拉式菜单控件 MenuStrip

C# 的工具箱中提供了一个菜单控件 MenuStrip，它是应用程序下拉式菜单的容器。应用程序可以为不同的应用程序状态显示不同的菜单，于是可能会有多个 MenuStrip 对象，每个对象显示不同的菜单项。通过包含多个 MenuStrip 对象，可以处理用户与应用程序交互时应用程序的不同状态。

MenuStrip 菜单控件由 MenuStrip 类封装，该类派生于 ToolStrip 类。在建立菜单时，要给 MenuStrip 菜单控件添加菜单项 ToolStripMenuItem 对象，这可以通过设计方式或编程方式实现。

（1）用设计方式创建菜单。

设计方式是指在 Visual Studio.NET 的窗体设计器中进行。在 Windows 窗体设计器中打开需要菜单的窗体，然后把 MenuStrip 控件拖放到窗体设计器的该窗体中，或者在工具箱中找到 MenuStrip 菜单控件，双击它，即可在窗体顶部添加一个菜单，与此同时，MenuStrip 控件也添加到了控件栏。

之后，MenuStrip 允许直接添加菜单项，并在菜单项上输入菜单文本。在菜单设计器中，创建两个顶级菜单项，并将其 Text 属性分别设置为 &File、&Edit，然后在顶级菜单项 File 下创建包含三个菜单项的一级菜单，并将这三个菜单项的 Text 属性分别设置为 &New、&Open 和 &Exit，最终的效果如图 9-13 所示。

图 9-13　设计方式创建菜单

（2）用编程方式创建菜单。

编程方式是指以书写代码的方式创建菜单及菜单项，具体操作如下：

首先创建一个 MenuStrip 对象：

```
MenuStrip menu1 = new MenuStrip();
```

菜单中的每个菜单项都是一个 ToolStripMenuItem 对象，因此先确定要创建哪几个顶级菜单项，这里我们创建 File 和 Edit 两个顶级菜单。

```
ToolStripMenuItem item1 = new ToolStripMenuItem("&File");
ToolStripMenuItem item2 = new ToolStripMenuItem("&Edit");
```

接着使用 MenuStrip 的 Items 集合的 AddRange 方法一次性将顶级菜单加入 MenuStrip 中。

此方法要求用一个 ToolStripItem 数组作为传入参数：

```
menu1.Items.AddRange(new ToolStripItem[ ] { item1, item2 });
```

继续创建三个 ToolStripMenuItem 对象，作为顶级菜单项 File 的下拉菜单中的菜单项。

```
ToolStripMenuItem item3 = new ToolStripMenuItem("&New");
ToolStripMenuItem item4 = new ToolStripMenuItem("&Open");
ToolStripMenuItem item5 = new ToolStripMenuItem("&Exit");
```

将创建好的三个菜单项添加到顶级菜单项 File 下。注意，这里不再调用 Items 属性的 AddRange 方法，添加下拉菜单需要调用顶级菜单项的 DropDownItems 属性的 AddRange 方法。

```
item1.DropDownItems.AddRange(new ToolStripItem[] { item3, item4, item5 });
```

最后一步，将创建好的菜单对象添加到窗体的控件集合中。

```
this.Controls.Add(menu1);
```

此外，编程方式还可实现禁用菜单项，禁用菜单项只需要将菜单项的 Enabled 属性设置为 false，以上例创建的菜单为例，禁用 Open 菜单项的代码如下：

```
item4.Enabled = false;
```

也可以用编程方式删除菜单项。删除菜单项就是将菜单项从相应的 MenuStrip 的 Items 集合中删除。根据应用程序的运行需要，如果此菜单项以后还要用到，则最好是隐藏或暂时禁用该菜单项而不是删除它。在以编程方式删除菜单项时，调用 MenuStrip 对象的 Items 集合中的 Remove 方法可以删除指定的 ToolStripMenuItem，一般用于删除顶级菜单项；若要删除（一级）菜单项或子菜单项，请使用父级 ToolStripMenuItem 对象的 DropDownItems 集合中的 Remove 方法。

3. 菜单项的常用属性与事件

创建好菜单及菜单项之后，接下来就可以给菜单项添加事件处理函数了，其中最常用的事件是 Click，即单击菜单项将触发该事件，程序流程转入执行相应的 Click 事件处理函数。在设计阶段，开发人员只需双击菜单项，Visual Studio.NET 环境就可以在代码中自动添加该菜单项对应的 Click 事件处理函数，初始是空白的，开发人员只需添加功能代码就可以了。菜单项的常用属性与事件如表 9-14 所示。

表 9-14 ToolStripMenuItem 菜单项的常用属性和事件

属性和事件	说　明
Text 属性	用来获取或设置一个值，通过该值指示菜单项标题。当使用 Text 属性为菜单项指定标题时，还可以在字符前加一个 "&" 号来指定热键。例如，若要将 File 中的 F 指定为热键，应将菜单项的标题设置为 &File
Enabled 属性	用来获取或设置一个值，通过该值指示菜单项是否可用。值为 true 时表示可用，值为 false 表示当前禁止使用

属性和事件	说　明
ShortcutKeys 属性	用来获取或设置一个值，该值指示与菜单项相关联的快捷键
ShowShortcutKeys 属性	用来获取或设置一个值，该值指示与菜单项关联的快捷键是否在菜单项标题的旁边显示。如果快捷组合键在菜单项标题的旁边显示，该属性值为 true；如果不显示快捷键，该属性值为 false。默认值为 true
Checked 属性	用来获取或设置一个值，通过该值指示选中标记是否出现在菜单项文本的旁边。如果要在菜单项文本的旁边放置选中标记，属性值为 true，否则属性值为 false。默认值为 false
Click 事件	该事件在用户单击菜单项时发生

【例 9-10】下拉式菜单的应用。

功能实现：创建一个 Windows 应用程序，设计一个下拉式菜单实现两个数的加、减、乘、除运算。添加的关键代码如下，运行结果如图 9-14 所示。

```
private void addop_Click(object sender, EventArgs e)
{
    int n;
    n = Convert.ToInt16(textBox1.Text) + Convert.ToInt16(textBox2.Text);
    textBox3.Text = n.ToString();
}
    private void subop_Click(object sender, EventArgs e)
    {
    int n;
    n = Convert.ToInt16(textBox1.Text) * Convert.ToInt16(textBox2.Text);
    textBox3.Text = n.ToString();
    }
    private void mulop_Click(object sender, EventArgs e)
    {
    int n;
    n = Convert.ToInt16(textBox1.Text) * Convert.ToInt16(textBox2.Text);
    textBox3.Text = n.ToString();
    }
    private void divop_Click(object sender, EventArgs e)
    {
    int n;
    n = Convert.ToInt16(textBox1.Text) / Convert.ToInt16(textBox2.Text);
    textBox3.Text = n.ToString();
    }
    private void op_Click(object sender, EventArgs e)
    {
    if (textBox2.Text == "" || Convert.ToInt16(textBox2.Text) == 0)
        divop.Enabled = false;
    else
```

```
            divop.Enabled = true;
        }
    /*----------------------------------------------------------------------*/
```

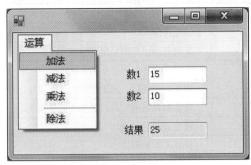

图 9-14　下拉式菜单的应用

4. 弹出式菜单控件 ContextMenuStrip

弹出式菜单又称为上下文菜单，或快捷菜单，C# 使用 ContextMenuStrip 控件设计弹出式菜单，该控件由 ContextMenuStrip 类封装。弹出式菜单当用户在窗体中的控件或特定区域上单击鼠标右键时显示。弹出式菜单通常用于组合来自窗体的一个 MenuStrip 的不同菜单项，便于用户在给定应用程序上下文中使用。例如，可以使用分配给 TextBox 控件的弹出式菜单提供菜单项，以便更改文本字体，在控件中查找文本或实现复制和粘贴文本的剪贴版功能。还可以在弹出式菜单中显示不位于 MenuStrip 中的新的 ToolStripMenuItem 对象，从而提供与特定情况有关且不适合在 MenuStrip 中显示的菜单项命令。

设计弹出式菜单的基本步骤如下。

（1）在窗体设计区上添加 ContextMenuStrip 控件。

（2）为该控件设计菜单项，设计方法与 MenuStrip 控件相同，只是不必设计顶级菜单项。

（3）在需要弹出式菜单的窗体或控件的属性窗格中，为 ContextMenuStrip 属性选择弹出式菜单控件。窗体 Form 及许多可视控件都有一个 Control.ContextMenuStrip 属性，该属性可将弹出式菜单 ContextMenuStrip 绑定到显示该菜单的控件上。多个控件可绑定使用一个弹出式菜单 ContextMenuStrip。

当运行程序时，用户在窗体或控件上单击鼠标右键，即可显示弹出式菜单。

9.6.2　工具栏控件（ToolStrip）

工具栏控件 ToolStrip 具有直观、快捷的特点，因此出现在各种应用程序中，例如 Visual Studio.NET 系统集成界面中就提供了工具栏，这样不必在一级级的菜单中去搜寻需要的菜单项命令，给用户提供了访问菜单项命令的快捷方式，使用户操作更为方便。这些工具栏可以具有与 Microsoft Windows、Microsoft Office 或 Microsoft Internet Explorer 类似的外观和行为。ToolStrip 控件使用 ToolStrip 类封装，该类还用作 MenuStrip 类和 StatusStrip 类的基类，因此 ToolStrip 类实际上是一个用于创建工具栏、菜单结构和状态栏的容器类。

不过，ToolStrip 控件可直接用于工具栏。工具栏通常出现在窗体的顶端。

工具栏控件的常用属性如表 9-15 所示。

表 9-15　工具栏控件的常用属性

属　性	说　明
BackgroundImage	设置背景图片
BackgroundImageLayout	设置背景图片的显示对齐方式
Items	设置工具栏上所显示的子项
TabIndex	控件名相同时，用来产生一个数组标识号
ShowItemToolTips	设置是否显示工具栏子项上的提示文本
Text	设置文本显示内容
TextDirection	设置文本显示方向
ContextMenuStrip	设置工具栏所指向的弹出菜单
AllowItemReorder	设置是否允许改变子项在工具栏中的顺序

工具栏上的子项通常是一个不包含文本的图标，当然它可以既包含图标又包含文本。于是，Image 和 Text 是工具栏要设置的常见属性。Image 可以用 Image 属性设置，也可以使用 ImageList 控件，把它设置为 ToolStrip 控件的 ImageList 属性，然后就可以设置各个工具栏子项的 ImageIndex 属性。此外，工具栏子项通常具有提示文本，以显示该按钮的用途信息。

在工具箱中选择 ToolStrip 控件放置到设计窗体后，默认状态下在最左侧会有一个下拉按钮，有两种方法添加设置工具栏子项。其一是直接单击下拉按钮在下拉列表中选择需要的子项，然后对该子项进行属性设置。其二是选中工具栏，右击选择属性命令，单击 Items 后的按钮弹出"项集合编辑器"对话框，在其中选择子项和设置属性。

工具栏控件 ToolStrip 可以包含如下类型的子项，如图 9-15 所示。

与之对应的子项控件类型为 ToolStripButton、ToolStripComboBox、ToolStripSplit Button、ToolStripLabel、ToolStripSeparator、ToolStripDropDownButton、ToolStripProgressBar 和 ToolStripTextBox 等。

工具栏控件 ToolStrip 的子项常用的属性和事件如表 9-16 所示。

图 9-15　工具栏控件 ToolStrip 的子项

表 9-16 工具栏子项常用的属性和事件

属性和事件	说　明
Name 属性	子项名称
Text 属性	子项显示文本
ToolTipText 属性	将鼠标放在子项上时显示的提示文本。要使用这个属性，必须将工具栏的 ShowItemToolTips 属性设置为 true
ImageIndex 属性	子项使用的图标
ItemClicked 事件	单击工具栏上的一个子项时触发执行

9.6.3 状态栏控件（StatusStrip）

状态栏控件 StatusStrip 使用 StatusStrip 类封装，和菜单、工具栏一样是 Windows 窗体应用程序的一个特征，在一个完整的 Windows 应用程序中，状态栏和工具栏这两种控件必不可少。状态栏通常位于窗体的底部，应用程序可以在该区域显示提示信息或应用程序的当前状态等。例如，在 Word 中输入文本时，Word 会在状态栏中显示当前的页面、列、行等。

StatusStrip 控件也是一个容器对象，可为它添加 StatusLabel、ProgressBar、DropDown-Button、SplitButton 等子项，如图 9-16 所示，对应的子项控件分别为 StatusStripStatusLabel、ToolStripProgressBar、ToolStripDropDownButton 和 ToolStripSplit Button 对象。其中，除 StatusStripStatusLabel 子项控件是 StatusStrip 控件专用的之外，其余 3 个子项控件都是从 ToolStrip 类继承而来的，因为 StatusStrip 类派生于 ToolStrip 类。StatusStripStatusLabel 对象使用文本和图像向用户显示应用程序当前状态的信息。

图 9-16 状态栏控件 StatusStrip 的子项

在状态栏中添加子项的操作类似于工具栏，子项的添加方法有两种：直接单击设计界面的下拉按钮选择需要的子项，然后设置其属性；或者使用"项集合编辑器"对话框。默认的状态栏 StatusStrip 没有面板。若要将面板添加到 StatusStrip，可以使用 ToolStripItemCollection.AddRange 方法，或使用 StatusStrip 项集合编辑器在设计时添加、移除或重新排序项并修改属性。状态栏常用的属性和事件类似于工具栏。

练习 1：设计一个窗体，其功能是在两个列表框中移动数据项。

练习 2：创建一个 Windows 应用程序，在默认窗体中添加 1 个 ComboBox 控件、12 个 RadioButton 控件、1 个 GroupBox 和 1 个 Label 控件，其中，ComboBox 控件用来选择出生年份，RadioButton 控件用来显示生肖，实现效果如图 9-17 所示。

练习 3：设计一个弹出式菜单实现两个数的加、减、乘、除运算，实现效果如图 9-18 所示。

图 9-17　某年份对应的生肖

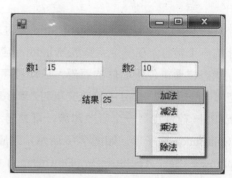

图 9-18　用弹出式菜单实现四则运算

第10章
数据库访问技术

内容概要

　　数据库就是存放数据的仓库，它的出现为数据存储技术带来了新的发展方向。目前，大多数应用系统都属于数据库应用程序，都离不开数据库的支持，数据库访问技术在各种系统中起着非常关键的作用。ADO.NET 技术具有更好的互操作性、可维护性和可扩展性，它为访问数据库的程序提供了友好而又强大的支持。通过对各种数据访问对象属性和方法的学习，读者将会使用 ADO.NET 访问操纵数据库的一般步骤和方法，并能使用 ADO.NET 技术构建应用程序。

学习目标

◆ 了解关系型数据库
◆ 了解 SQL 语言
◆ 熟悉 ADO.NET 模型
◆ 掌握 ADO.NET 访问数据库的方法

课时安排

◆ 理论学习　2 课时
◆ 上机操作　2 课时

10.1 数据库基础知识

本节简要介绍数据库的相关知识，主要包括数据库相关概念、关系型数据库、关系数据库查询语言（SQL 语言）和典型 SQL 语句的用法等。

10.1.1 数据库简介

数据（Data）是数据库中存储的基本对象。在人们的日常生活中，数据无处不在，数字、文字、图表、图像、声音等都是数据。数据是描述事物的符号标记，在计算机处理事物时，需要抽出事物中感兴趣的特征组成一个记录来描述。

数据库（Database，DB）就是存放数据的仓库，可以被定义为需要长期存放在计算机内，有组织、可共享的数据集合。数据库中的数据按一定的数据模型组织、描述和存储，具有较小的冗余度、较高的数据独立性和易扩展性，并可以为不同的用户所共享。数据库是在计算机存储设备上合理存放的、互相关联的数据集合，这种集合有如下特点：

（1）以一定的数据模型来组织数据，数据尽可能不重复（最少的冗余度）。

（2）以最优的方式为多种应用服务（应用程序对数据资源共享）。

（3）数据结构独立于其他应用程序（数据独立性）。

（4）由数据库管理系统统一对数据进行定义、管理和控制。

数据库系统由计算机硬件、软件（操作系统 OS、数据库管理系统 DBMS 和应用程序）、数据库和人员（数据库管理员 DBA）组成。其结构如图 10-1 所示。

数据库管理系统（Database Management System，DBMS）是允许用户创建和维护数据库的软件程序，它是数据库系统的核心组成部分。DBMS 随着系统的不同而不同，一般来说，它应该完成以下功能。

◎ 数据库描述：定义数据库的全局逻辑结构、局部逻辑结构、各种数据库对象等。

◎ 数据库管理：控制数据的存储和更新、数据完整性和安全性管理、系统配置和管理等。

◎ 数据库的查询和操作：数据查询、更新等功能。

◎ 数据库的建立和维护：数据库的建立、数据导入导出管理、数据结构的维护和其他辅助功能。

根据 DBMS 的不同，数据库可以分为关系型数据库、层次型数据库、网络型数据库以及面向对象型数据库。关系数据库因其严格的数学理论、简单灵活的使用方式和较高的数据独立性等特点，被公认为最有前途的一种数据库管理系统。它的发展十分迅速，目前已成为占据主导地位的数据库管理系统。自 20 世纪 80 年代以来，作为商品推出的数据库管理系统几乎都是关系型数据库，例如，Oracle、Sybase、Informix、Visual FoxPro、MySQL 和 SQL Server 等。本章主要讨论关系型数据库。

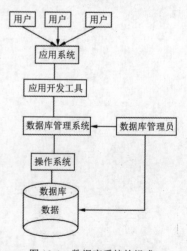

图 10-1 数据库系统的组成

10.1.2 关系型数据库

关系（Relation）是数学中的一个基本概念，由集合中的任意元素所组成的若干有序偶对表示，用以反映客观事物间存在的关系。关系模型是建立在严格的数学原理基础之上的，是由集合论和谓词逻辑引申而来的。关系模型规定了数据的表示方式（数据结构）、数据可以完成的操作以及数据的保护方式（数据完整性）。

在关系模型中，数据的逻辑结构是一张二维数据表，是由行（Row）和列（Column）组成的。二维数据表中的一行数据称为一条"记录（Record）"，表示有一定意义的信息组合。二维数据表中的一列为一个"字段（Field）"，表示同类信息，每列的标题称为列名。为了说明关系模型，表 10-1 和表 10-2 分别给出了简化的干部基本信息表（TB_Commoninf）和熟悉外语语种信息表 TB_FamiliarForeign）。干部基本信息表（TB_Commoninf）用来存储干部人员的基本信息，表的字段说明如表 10-3 所示。

表 10-1 干部基本信息表（TB_Commoninf）

cno	name	sex	nation	CID	position	native	birthday	partyTime
001	陈平	男	汉族	110108100000000000	副处	北京	19730828	19940715
002	宋强	男	汉族	410322100000000000	正处	河南	19660109	19880508
003	张建	男	汉族	340200100000000000	正科	安徽	19700819	19950822
004	杨红	女	回族	320706100000000000	副处	江苏	19700822	19920901
005	王莉	女	汉族	422228100000000000	副科	湖北	19780125	20010705
006	赵倩	女	满族	610125100000000000	正科	陕西	19741220	19960510
…	…	…	…	…	…	…		

表 10-2 熟悉外语语种信息表（TB_FamiliarForeign）

cno	foreignKind	level
001	英语	熟练
002	俄语	掌握
003	韩语	入门
004	英语	熟练
005	法语	入门
006	德语	入门
…	…	…

表 10-3 干部基本信息表字段说明

字段说明	字段名	是否主键	类型	是否为空	备注
工号	cno	Yes	varchar	No	唯一标识
姓名	name		varchar	Yes	
性别	sex		varchar	Yes	
民族	nation		varchar	Yes	
身份证号码	CID		varchar	Yes	
职务	position		varchar	Yes	
籍贯	native		varchar	Yes	

字段说明	字段名	是否主键	类　型	是否为空	备　注
出生日期	birthday		varchar	Yes	
入党时间	partyTime		varchar	Yes	

熟悉外语语种信息表（TB_FamiliarForeign）用于存放干部人员对外语语种熟悉程度的信息，表的字段说明如表 10-4 所示。

表 10-4　熟悉外语语种信息表

字段说明	字段名	是否主键	类　型	是否为空	备　注
唯一标识符	cno	Yes	Varchar	No	
外语语种	foreignKind		Varchar	Yes	
熟练程度	level		Varchar	Yes	

关系型数据库采用关系模型作为数据的组织方式，它由许多这样的数据表（Table）组成。关系型数据库具有如下优点：

（1）关系型数据库建立于严格的数学概念基础之上。

（2）概念单一，实体及其联系均用关系表示，数据操作的对象及结构都是一个关系。

（3）存取路径对用户透明，具有较高的数据独立性和安全性。

下面介绍关系型数据库中一些常用的数据对象。

1. 表（Table）

关系型数据库中的表与我们日常生活中使用的表格类似，也是由行（Row）和列（Column）组成的。行包括若干列信息项，一行数据称为一条"记录（Record）"，表示有一定意义的信息组合。列由同类的信息组成，每列称为一个"字段（Field）"，每列的标题称为列名。一个数据库表由一条或多条记录组成，没有记录的表称为空表。每个表中通常有一个主关键字，用于唯一地确定一条记录。

2. 索引（Index）

索引是根据指定的数据库表中的列建立起来的顺序，提供了快速访问数据的途径，并且可以监督表中的数据，使其索引所指向的列中的数据不重复。

3. 视图（View）

视图看上去同表一样，具有一组命名的列和数据项，但它其实是一个虚拟的表，在数据库中并不实际存在。视图是由查询数据库表产生的，它限制了用户能看到和修改的数据。由此可见，视图可以用来控制用户对数据的访问，并能简化数据的显示，即通过视图只显示那些需要的数据信息。

4. 图表（Diagram）

图表即数据库表之间的关系示意图，利用图表可以编辑表与表之间的关系。

5. 默认值（Default）

默认值是在表中创建列或插入数据时，为没有指定具体值的列或列数据项赋予的事先设定好的值。

6. 规则（Rule）

规则是对数据库表中数据信息的约束命令，并且限定的是表中的列。

7. 触发器（Trigger）

触发器是由用户定义的 SQL 事务命令集合。当对一个表进行插入、更改或删除时，这组命令就会自动执行。

8. 存储过程（Stored Procedure）

存储过程是为完成特定的功能而汇集在一起的一组 SQL 语句，是经编译后存储在数据库中供用户调用的 SQL 程序。

10.1.3 SQL 语言简介

结构化查询语言（SQL）是标准的关系型数据库查询语言，很多数据库和软件系统都支持 SQL 语言或提供 SQL 语言接口，IBM 公司最早在其开发的数据库系统中使用。1986 年，美国国家标准局（ANSI）对 SQL 进行规范后，以此作为关系型数据库管理系统的标准语言（ANSI X3. 135-1986），1987 年得到国际标准组织（ISO）的支持而成为国际标准。

SQL 语言易学易用，具有以下特点。

（1）综合统一：SQL 语言集数据定义语言 DDL、数据查询语言 DQL、数据操纵语言 DML 和数据控制语言 DCL 四大功能于一体，语言风格统一，为数据库应用系统的开发提供了良好的环境。

（2）高度非过程化：使用 SQL 语言进行数据操作时，不需要了解存取路径，只需提出"做什么"。

（3）面向集合的操作方式。

（4）支持三级模式结构。

SQL 语言包括数据定义语言（Data Definition Language，DDL）、数据查询语言（Data Query Language，DQL）、数据操纵语言（Data Manipulation Language，DML）和数据控制语言（Data Control Language，DCL）。数据定义语言 DDL 用于建立数据库的结构，提供对数据表、索引和触发器等用户自定义对象的创建、修改和删除等操作；数据查询语言 DQL 用于数据查询而不会对数据本身进行修改；数据操纵语言 DML 用于访问数据库中的数据，包括插入、更新和删除等操作；数据控制语言 DCL 用于处理用户对某个特定对象的允许权限。在这四类 SQL 语言中，完成其核心功能需要 9 个关键字，如表 10-5 所示。

表 10-5　SQL 语言核心关键字

SQL 功能	关键字		
数据定义（DDL）	CREATE	ALTER	DROP
数据查询（DQL）	SELECT		
数据操纵（DML）	INSERT	UPDATE	DELETE
数据控制（DCL）	GRANT	REVOKE	

10.1.4 典型的 SQL 语句

数据查询语言 DQL 和数据操纵语言 DML 是使用比较频繁的 SQL 语言，下面将对它们所包含的四个命令关键字进行简单介绍。

1．插入语句（INSERT）

INSERT 语句用于向数据库表中插入或者增加一行数据，它的格式如下：

```
INSERT INTO "tablename" (first_column, second_column, …… ) VALUES (first_value, second_value, …… )
```

该句的作用是在指定的数据库表 tablename 中插入一行新的记录，新记录的属性 first_column 的值为 first_value，属性 second_column 的值为 second_value，以此类推。

下面举个例子：

```
insert into dbo.TB_Commoninf (cno, name, sex, nation, CID, position, native, birthday, partyTime) values ('001', '陈平', '男', '汉族', '110108197308285216', '副处', '北京', '19730828', '19940715')

insert into dbo.TB_Commoninf (cno, name, sex, nation, CID, position, native, birthday, partyTime) values ('002', '宋强', '男', '汉族', '410322196601094512', '正处', '河南', '19660109', '19880508')

insert into dbo.TB_Commoninf (cno, name, sex, nation, CID, position, native, birthday, partyTime) values ('003', '张建', '男', '汉族', '340200197008195162', '正科', '安徽', '19700819', '19950822')

insert into dbo.TB_Commoninf (cno, name, sex, nation, CID, position, native, birthday, partyTime) values ('004', '杨红', '女', '回族', '320706197008220126', '副处', '江苏', '19700822', '19920901')

insert into dbo.TB_Commoninf (cno, name, sex, nation, CID, position, native, birthday, partyTime) values ('005', '王莉', '女', '汉族', '422228197801257032', '副科', '湖北', '19780125', '20010705')

insert into dbo.TB_Commoninf (cno, name, sex, nation, CID, position, native, birthday, partyTime) values ('006', '赵倩', '女', '满族', '610125197412201127', '正科', '陕西', '19741220', '19960510')
```

上面六条 INSERT 语句向干部基本信息表 TB_Commoninf 中插入六条不同的记录。需要注意的是，每一个字符串都要用单引号括起来。另外，如果 values 关键字后面要插入的值对应该表中所有的字段，那么字段可以省略不写，如

```
insert into dbo.TB_Commoninf (cno, name, sex, nation, CID, position, native, birthday, partyTime) values ('001', '陈平', '男', '汉族', '110108197308285216', '副处', '北京', '19730828', '19940715')
```

和

```
insert into dbo.TB_Commoninf values ('001', '陈平', '男', '汉族', '110108197308285216', '副处', '北京', '19730828', '19940715')
```

是等价的。

2．查询语句（SELECT）

SELECT 语句主要用于对数据库表进行查询并返回符合用户标准的数据。Select 语句的语法格式如下：

```
SELECT [ALL|DISTINCT] column1[,column2] FROM table1[,table2] [WHERE "conditions"] [GROUP BY "column-list"]
```

[HAVING "conditions"] [ORDER BY "column-list" [ASC|DESC]] 。

该句的作用是根据 where 子句的条件表达式 conditions 的值，从一个表 table1（或多个表 table1, table2, ……）中找出满足条件的记录，选出指定的属性列 column1, column2, …… 对应的属性值。参数 ALL 表示选出所有满足条件的记录，不考虑选出的记录是否重复，参数 DISTINCT 表示在选出的记录中去掉重复的记录。如果有带 HAVING 短语 GROUP 子句，则只输出满足条件的记录。如果有 ORDER BY 子句，那么输出的结果要按 column-list 的升序或降序排列。该句中的 [ ] 为可选项。

下面举个例子：

```
select * from dbo.TB_Commoninf;
```

这个语句将从 TB_Commoninf 表中选择所有的信息，结果如图 10-2 所示。

	cno	name	sex	nation	CID	position	native	birthday	partyTime
1	001	陈平	男	汉族	110108197308285216	副处	北京	19730828	19940715
2	002	宋强	男	汉族	410322196601094512	正处	河南	19660109	19880508
3	003	张建	男	汉族	340200197008195162	正科	安徽	19700819	19950822
4	004	杨红	女	回族	320706197008220126	副处	江苏	19700822	19920901
5	005	王莉	女	汉族	422228197801257032	副科	湖北	19780125	20010705
6	006	赵倩	女	满族	610125197412201127	正科	陕西	19741220	19960510

图 10-2　所有记录查询结果

```
select name, sex, nation, CID, native from dbo.TB_Commoninf where sex=' 男 ';
```

这个语句将从 TB_Commoninf 表中查出所有男性干部的姓名、性别、民族、身份证号和籍贯信息，结果如图 10-3 所示。

	name	sex	nation	CID	native
1	陈平	男	汉族	110108197308285216	北京
2	宋强	男	汉族	410322196601094512	河南
3	张建	男	汉族	340200197008195162	安徽

图 10-3　满足条件的部分记录查询结果

下面介绍一类特殊的查询——连接查询。前面的查询都是针对一个数据库表进行的，若一个查询同时涉及两个以上的数据表，则称为连接查询。连接查询是关系数据库中非常重要的一类查询，通过连接运算符可以实现多表查询，它给用户带来很大的灵活性。连接查询可以分为内连接、外连接和交叉连接等。这里主要介绍内连接查询，内连接的查询结果集中仅包含满足条件的行，它是 SQL Server 默认的连接方式。根据所使用的比较方式不同，内连接又分为等值连接、不等连接和自然连接三种。

1. 等值连接

在连接条件中使用等于运算符（=）比较列的列值，其查询结果中列出连接表中的所有列，包括其中的重复列。

2. 不等连接

在连接条件中使用等于运算符以外的其他比较运算符比较列的列值，这些运算符包括

>、>=、<=、<、!> 和 !< 等。

3. 自然连接

在连接条件中使用等于（=）运算符比较列的列值，但它使用选择列表指出查询结果集合中所包括的列，并删除连接表中的重复列。

连接的语法格式如下：

```
SELECT 列名列表 FROM 表名 1，表名 2 WHERE 表名 1. 列名 = 表名 2. 列名 或
SELECT 列名列表 FROM 表名 [INNER] JOIN 表名 2 ON 表名 1. 列名 = 表名 2. 列名
```

下面举个例子：

```
select * from TB_Commoninf,TB_FamiliarForeign where TB_Commoninf.cno = TB_FamiliarForeign.cno
```

这个语句将选出两个表中 cno 值相等的记录，结果如图 10-4 所示。

	cno	name	sex	nation	CID	position	native	birthday	partyTime	cno	foreignKind	level
1	001	陈平	男	汉族	110108197308285216	副处	北京	19730828	19940715	001	英语	熟练
2	002	宋强	男	汉族	410322196601094512	正处	河南	19660109	19880508	002	俄语	掌握
3	003	张建	男	汉族	340200197008195162	正科	安徽	19700819	19950822	003	韩语	入门
4	004	杨红	女	回族	320706197008220126	副处	江苏	19700822	19920901	004	英语	熟练
5	005	王莉	女	汉族	422228197801257032	副科	湖北	19780125	20010705	005	法语	入门
6	006	赵倩	女	满族	610125197412201127	正科	陕西	19741220	19960510	006	德语	入门

图 10-4　连接查询结果

4. 删除语句（DELETE）

DELETE 语句用于从数据库表中删除记录或者行，其语法格式如下：

```
DELETE FROM "tablename" WHERE "conditions"
```

该句的作用是从表 tablename 中删除满足条件 conditions 的所有记录。如果没有 where 条件子句，那么该句将删除表 tablename 中的所有记录。

下面还是举个例子：

```
delete from TB_Commoninf;
```

这条语句没有 where 条件子语句，所以它将删除所有记录。这在实际应用中是非常危险的，没有 where 的 delete 语句要小心使用。

如果只删除其中一行或者几行，可以采用下面的方式：

```
delete from TB_Commoninf where cno = '001';
```

这条语句将从 TB_Commoninf 表中删除 cno 为 001 的行。

5. 更新语句（UPDATE）

UPDATE 语句用于更新或者改变匹配指定条件的记录，它是通过构造一个 where 条件语句来实现的。其语法格式如下：

```
UPDATE "tablename" SET "columnname" = "newvalue1"[,"nextcolumn" = "newvalue2", ……] WHERE
```

"conditions"。

该句的作用是修改表 tablename 中满足条件 conditions 的记录，其中 set 表示用 newvalue1 的值来取代属性 columnname 对应的值，用 newvalue2 的值来取代属性 nextcolumn 对应的值，依次类推。

下面举个例子来说明：

```
update TB_Commoninf set position = ' 正处 ' where cno = '001';
```

以上语句是在 TB_Commoninf 表中，在 cno ='001\ 的行中将 position 字段的值设置为"正处"。

10.2 ADO.NET 概述

ADO.NET 提供了一系列的方法用于访问关系数据和 XML 数据，是 .NET Framework 不可缺少的一部分。ADO.NET 是 Microsoft 的新一代数据处理技术，是 ADO 组件的后继者，具有与 ADO 相似的编程方式。ADO.NET 最主要的特点是以非连接方式访问数据源以及使用标准的 XML 格式来保存和传输数据。因此，它比 ADO 具有更好的互操作性、可维护性、可扩展性以及更好的性能。

ADO.NET 的主要目的是在 .NET Framework 平台上存取数据，为数据处理提供一致的对象模型，可以存取和编辑来自各种数据源的数据，并为这些数据提供了一致的数据处理方式。ADO.NET 的使用主要是通过数据绑定来实现的，即把控件的属性绑定到数据集上，同时使用数据适配器对象从数据库中提取数据并填充到数据集中。此外，ADO.NET 还可以使用 XML 格式保存和传递数据，以实现与其他平台的应用程序进行数据交换。

ADO.NET 的大部分类包含在命名空间 System.Data 中，其组成结构如图 10-5 所示。ADO.NET 用于处理和访问数据的类库包括以下两类组件：.NET Framework 数据提供程序和数据集。

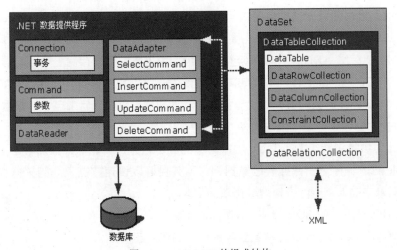

图 10-5 ADO.NET 的组成结构

ADO.NET 数据提供程序包含四个核心对象：数据连接对象（Connection）、数据命令对象（Command）、数据阅读器对象（DataReader）和数据适配器对象（DataAdapter）。其中，数据连接对象用于建立到指定资源的连接；数据命令对象用于执行各种查询命令；数据阅读器对象主要用于从数据源获取一个只读数据流；数据适配器对象用于填充一个数据集，解析数据源的更新等操作。

下面详细介绍这四种对象的功能和使用方法：

1. Connection 对象

建立与数据源间的连接，负责初始化数据库。要建立与 SQL Server 数据库的连接，可以使用 SqlConnection 对象。

2. Command 对象

对数据源执行 SQL 命令。应用程序可以使用 Command 对象发送 SQL 命令来查询、插入、更新和删除数据表的记录。要对 SQL Server 数据库进行数据操作，需要使用 SqlCommand 对象。需要注意的是，要先使用 Connection 对象建立与数据库的连接，然后才能使用 Command 对象执行 SQL 命令。

3. DataReader 对象

使用 DataReader 对象执行命令可以从数据源获取"只读（Read-Only）"和"只能向前（Forward-Only）"的数据流。DataReader 对象每次只能从数据源中读取一行数据到内存，并且获取的数据为只读，不允许插入、删除和更新记录，其目的是显示查询结果。要对 SQL Server 数据库进行此类数据操作，需要使用 SqlDataReader 对象。

4. DataAdapter 对象

使用 DataAdapter 对象连接数据库，执行查询并填充 DataSet 对象。当 DataAdapter 调用 Fill 方法或 Update 方法时，在后台完成所有的数据传输，并将数据表的数据填入 DataSet 对象。DataAdapter 对象能控制与现有数据源的交互，也能将对 DataSet 的变更传输回数据源。

ADO.NET 提供的另外一类数据访问对象是数据集对象。在使用 DataAdapter 对象时，会用到 DataSet 数据集对象，该对象主要是为了满足支持数据库访问的断开连接模型这一需求而设计开发的，它是 ADO.NET 断开连接体系结构中主要的数据存储工具。填充 DataSet 时，必须创建一个 DataAdapter 对象。DataSet 对象代表一组完整的数据，包括表格、约束条件和表关系等。DataSet 对象能够存储代码创建的本地数据，也能存储来自多个数据源的数据，并断开到数据库的连接。

DataSet 对象是由若干 DataTable 对象组成的集合对象，代表保存在内存的数据库。每个 DataTable 对象保存一个数据表的数据记录，并且可以设定数据表间的关联性。可以在 DataTable 对象中插入和删除行处理数据表的记录。

使用 ADO.NET 访问 SQL Server 数据库的步骤如下：

（1）使用 SqlConnection 对象建立与数据源的数据连接。

（2）使用 SqlCommand 对象执行命令来获取数据源的数据，对数据库来说就是使用

SQL 命令。

（3）在获取数据源的数据后，填入 SqlDataReader 或 DataSet 对象。

（4）最后使用数据绑定技术，在 Web 控件上显示记录数据。

接下来以 SQL Server 数据库为例，介绍 ADO.NET 提供的用于连接数据库的 Connection 对象、用于执行 SQL 语句的 Command 对象和用于读取数据的 DataReader 对象，以及用于在数据源以及 DataSet 之间传输数据的 DataAdapter 对象，用于暂存从数据库中所查询到的数据的 DataSet 对象。

10.3　Connection 对象

Connection 对象用于开启程序和数据库之间的连接。不用 Connection 对象将数据库打开，是无法从数据库中取得数据的。该对象处在 ADO.NET 的最底层，我们可以自己生成这个对象，或者由其他的对象自动产生。

10.3.1　常用属性和方法

针对 SQL Server 数据库，.NET 提供了 SqlConnection 类，该类属于 System.Data. SqlClient 命名空间。在编写数据库访问程序时，需要引用该命名空间才能使用相应的对象。SqlConnection 类的构造函数、常用属性和常用方法如表 10-6、表 10-7 和表 10-8 所示。

表 10-6　SqlConnection 类的构造函数

函数名	说　明
SqlConnection()	初始化 SqlConnection 类的新实例
SqlConnection(String)	使用给定的连接字符串初始化 SqlConnection 类的新实例

表 10-7　SqlConnection 类的常用属性

属性名	说　明
ConnectionString	获取或设置用于打开 SQL Server 数据库的字符串
ConnectionTimeout	获取在尝试建立连接时终止尝试并生成错误之前所等待的时间
Container	获取接口 IContainer，它包含 Component
Database	获取当前数据库或连接打开后要使用的数据库的名称
DataSource	获取要连接的 SQL Server 实例的名称
FireInfoMessage-EventOnUserErrors	获取或设置 FireInfoMessageEventOnUserErrors 属性
PacketSize	获取与 SQL Server 实例通信的网络数据包的大小（单位为字节）
ServerVersion	获取包含客户端连接的 SQL Server 实例版本的字符串
Site	获取或设置 Component 的 ISite
State	指示 SqlConnection 的状态
StatisticsEnabled	如果设置为 true，则对当前连接启用统计信息收集
WorkstationId	获取标识数据库客户端的一个字符串

表 10-8　SqlConnection 类的常用方法

方法名	说　明
BeginTransaction()	开始数据库事务
ChangeDatabase()	为打开的 SqlConnection 更改当前数据库
ChangePassword (String,String)	将连接字符串中指示的 SQL Server 密码更改为提供的新密码
ClearAllPools()	清空连接池
ClearPool()	清空与指定连接关联的连接池
Close()	关闭与数据库的连接。这是关闭任何打开连接的首选方法
CreateCommand()	创建并返回一个与 SqlConnection 关联的 SqlCommand 对象
CreateObjRef()	创建一个对象，生成用于与远程对象进行通信的全部相关信息
Dispose()	释放由 Component 占用的资源
EnlistDistributed -Transaction()	在指定的事务中登记为分布式事务
EnlistTransaction()	在指定的事务中登记为分布式事务
Equals(Object)	确定两个对象实例是否相等
GetHashCode()	用作特定类型的哈希函数，适合在哈希算法和数据结构中使用
GetLifetimeService()	检索控制此实例的生存期策略的当前生存期服务对象
GetSchema()	返回 SqlConnection 的数据源的架构信息
GetType()	获取当前实例的类型
InitializeLifetime -Service()	获取控制此实例的生存期策略的生存期服务对象
Open()	使用 ConnectionString 所指定的属性设置打开数据库连接
ResetStatistics()	如果启用统计信息收集，则所有的值都将重置为零
RetrieveStatistics()	调用该方法时，将返回统计信息的名称值对集合
ToString()	返回包含 Component 的名称的 String（如果有）

10.3.2　连接数据库步骤

使用 SqlConnection 类连接数据库分为如下四个步骤：

（1）加入命名空间。

```
using System.Data.SqlClient;
```

（2）建立连接字符串。

声明一个字符串对象，指定如下连接属性：

```
string connection_str="Data Source = 服务器名称 ; Initial Catalog = 数据库名称 ; User Id = 用户名 ; Password = 密码 ";
```

其中，Data Source 属性指定要连接的 SQL Server 数据库所在的服务器名称，Initial Catalog 属性指定要连接的数据库名称，User Id 为 SQL Server 的登录账号，Password 为 SQL Server 的登录密码。

（3）创建 SqlConnection 连接对象。

SqlConnection 类提供两种构造函数，如表 10-6 所示。下面利用第二个构造函数，使用给定的连接字符串初始化 SqlConnection 类的新实例，创建一个 SqlConnection 对象：

```
SqlConnection myConnection = new SqlConnection(connection_str);
```

如果使用第一个构造函数创建 SqlConnection 类的对象，然后设置该对象的 ConnectionString 属性为上述连接字符串，效果和第二个构造函数相同。

（4）连接 SQL Server。

调用 SqlConnection 对象的 Open 方法连接数据库：

```
myConnection.Open();
```

【例 10-1】 利用 SqlConnection 对象连接干部信息数据库，根据连接成功与否，给出相应的提示信息。

创建一个 Windows 应用程序项目，在其中放置一个命令按钮 button1，该命令按钮的事件过程如下：

```
private void button1_Click(object sender, EventArgs e)
{
    string connection_str;
    connection_str = "Data Source = ZGC-20130515AMW\\SQLEXPRESS; Initial Catalog = gbxxdb; User Id = test;
        Password = 123456";

    SqlConnection myConnection = new SqlConnection();
    myConnection.ConnectionString = connection_str;
    myConnection.Open();
    if (myConnection.State == ConnectionState.Open)
    MessageBox.Show(this," 恭喜，成功连接！ "," 连接 SQL Server 数据库测试程序 ", MessageBoxButtons.
        OKCancel);
    else
    MessageBox.Show(this, " 连接失败，你还要继续努力！ ", " 连接 SQL Server 数据库测试程序 ", MessageBox
        Buttons.OKCancel);
    myConnection.Close();
}
```

运行本窗体，单击 button1 按钮，结果如图 10-6 所示。需要注意的是，当用 Open 方法打开数据连接之后，它将一直处于打开状态。因此，在程序最后必须调用 Close 方法关闭数据连接。

图 10-6　例 10-1 程序运行结果

10.4　Command 对象

Command 对象用来向数据库发出一些指令，如可以对数据库发送查询、新增、修改和删除数据等指令，以及调用存在数据库中的预存程序等。这个对象架构在 Connection 对象上，也就是说，Command 对象是通过 Connection 对象连接到数据源的。

10.4.1　常用属性和方法

针对 SQL Server 数据库，.NET 提供了 SqlCommand 类，该类属于 System.Data. SqlClient 命名空间。在编写数据库访问程序时，需要引用该命名空间才能使用相应的对象。SqlCommand 类的构造函数、常用属性和常用方法如表 10-9、表 10-10 和表 10-11 所示。

表 10-9　SqlCommand 类的构造函数

函数名	说　明
SqlCommand()	初始化 SqlCommand 类的新实例
SqlCommand(String)	用查询文本初始化 SqlCommand 类的新实例
SqlCommand(String, SqlConnection)	初始化具有查询文本和 SqlConnection 的 SqlCommand 类的新实例
SqlCommand(String, SqlConnection, SqlTransaction)	使用查询文本、SqlConnection 对象以及 SqlTransaction 对象来初始化 SqlCommand 类的新实例

表 10-10　SqlCommand 类的常用属性

属性名	说　明
CommandText	获取或设置要对数据源执行的 Transact-SQL 语句或存储过程
CommandTimeout	获取或设置在终止命令的尝试并生成错误之前所等待的时间
CommandType	获取或设置一个值，该值指示如何解释 CommandText 属性
Connection	获取或设置 SqlCommand 的实例所使用的 SqlConnection
Container	获取接口 IContainer，它包含 Component
DesignTimeVisible	获取或设置一个值，指示命令对象是否应在窗体设计器中可见
Notification	获取或设置一个指定与此命令绑定的 SqlNotificationRequest 对象的值
NotificationAutoEnlist	获取或设置一个值，该值指示应用程序是否应自动接收来自公共对象 SqlDependency 的查询通知
Parameters	获取 SqlParameterCollection
Site	获取或设置 Component 的 ISite
Transaction	获取或设置将在其中执行 SqlCommand 的 SqlTransaction
UpdatedRowSource	获取或设置命令结果在由 DbDataAdapter 的 Update 方法使用时，如何应用于 DataRow

表 10-11　SqlCommand 类的常用方法

方法名	说　明
BeginExecuteNonQuery	启动 SqlCommand 的 Transact-SQL 语句或存储过程的异步执行

续表

方法名	说　明
BeginExecuteReader	启动 SqlCommand 描述的 Transact-SQL 语句或存储过程的异步执行，并从服务器中检索一个或多个结果集
BeginExecuteXmlReader	启动 SqlCommand 描述的 Transact-SQL 语句或存储过程的异步执行，并将结果作为 XmlReader 对象返回
Cancel	尝试取消 SqlCommand 的执行
Clone	创建作为当前实例副本的新的 SqlCommand 对象
CreateObjRef	创建一个对象，生成用于与远程对象进行通信的全部相关信息
CreateParameter	创建 SqlParameter 对象的新实例
Dispose	释放由 Component 占用的资源
EndExecuteNonQuery	完成 Transact-SQL 语句的异步执行
EndExecuteReader	完成 Transact-SQL 语句的异步执行，返回请求的 SqlDataReader
EndExecuteXmlReader	完成 Transact-SQL 语句的异步执行，以 XML 形式返回请求数据
Equals	确定两个 Object 实例是否相等
ExecuteNonQuery	对连接执行 Transact-SQL 语句并返回受影响的行数
ExecuteReader	将 CommandText 发送到 Connection 并生成一个 SqlDataReader
ExecuteScalar	执行查询，并返回结果集中第一行的第一列，忽略其他列或行
ExecuteXmlReader	将 CommandText 发送到 Connection 并生成一个 XmlReader 对象
GetHashCode	用作特定类型的哈希函数，它在哈希算法和数据结构中使用
GetLifetimeService	检索控制此实例的生存期策略的当前生存期服务对象
GetType	获取当前实例的类型
InitializeLifetime -Service	获取控制此实例的生存期策略的生存期服务对象
Prepare	在 SQL Server 的实例上创建命令的一个准备版本
ReferenceEquals	确定指定的对象实例是否是相同的实例
ResetCommandTimeout	将 CommandTimeout 属性重置为其默认值
ToString	返回包含 Component 的名称的 String（如果有）

10.4.2　执行 SQL 语句步骤

使用 SqlCommand 发送 SQL 命令的步骤如下：

（1）加入命名空间。

```
using System.Data.SqlClient;
```

（2）创建 SqlCommand 命令对象。

SqlCommand 类提供了四种构造函数，如表 10-9 所示。下面利用第一个构造函数，创建一个空的 SqlCommand 对象：

```
SqlCommand myCommand = new SqlCommand();
```

（3）指定 SqlCommand 的 CommandText 属性和 Connection 属性。

```
sql_str = "select count(*) from dbo.TB_Commoninf ";
```

```
myCommand.CommandText = sql_str;
myCommand.Connection = myConnection;
```

（4）调用 SqlCommand 的 ExecuteScalar() 方法，执行数据库查询。

【例 10-2】 利用 SqlCommand 对象查询干部信息数据库，返回 TB_Commoninf 表中的记录数目。

创建一个 Windows 应用程序项目，在其中放置一个命令按钮 button1，该命令按钮的事件过程如下：

```
private void button1_Click(object sender, EventArgs e)
{
    string connection_str, sql_str;
    connection_str = "Data Source = ZGC-20130515AMW\\SQLEXPRESS; Initial Catalog = gbxxdb; User Id = test;
Password = 123456";

    SqlConnection myConnection = new SqlConnection();
    myConnection.ConnectionString = connection_str;
    myConnection.Open();

    sql_str = "select count(*) from dbo.TB_Commoninf ";
    SqlCommand myCommand = new SqlCommand();
    myCommand.CommandText = sql_str;
    myCommand.Connection = myConnection;
    string gb_number = myCommand.ExecuteScalar().ToString();
    MessageBox.Show(this, "TB_Commoninf 表中共有 " + gb_number + " 条记录。", "SqlCommand 对象测试程序",
MessageBoxButtons.OKCancel);
    myConnection.Close();
}
```

运行本窗体，单击 button1 按钮，结果如图 10-7 所示。

图 10-7　例 10-2 程序运行结果

 10.5　DataReader 对象

当我们只需要循序地读取数据而不需要其他操作时，可以使用 DataReader 对象。DataReader 对象只是一次一笔地向下顺序读取数据源中的数据，而且这些数据是只读的，不允许对其做其他操作。因为 DataReader 在读取数据的时候限制了每次只读取一笔，而且只能只读，所以使用起来不但节省资源而且效率很高。由于使用 DataReader 对象不用把数据全部传回，因此可以降低网络的负载。

10.5.1 常用属性和方法

针对 SQL Server 数据库，.NET 提供了 SqlDataReader 类，该类属于 System.Data. SqlClient 命名空间。在编写数据库访问程序时，需要引用该命名空间才能使用相应的对象。SqlDataReader 类没有显式的构造函数，其常用属性和常用方法如表 10-12 和表 10-13 所示。

表 10-12　SqlDataReader 类的常用属性

属性名	说　明
Depth	获取一个值，用于指示当前行的嵌套深度
FieldCount	获取当前行中的列数
HasRows	获取一个值，该值指示 SqlDataReader 是否包含一行或多行数据
IsClosed	检索一个布尔值，该值指示是否已关闭指定的 SqlDataReader 实例
Item	获取以本机格式表示的列的值
RecordsAffected	获取执行 Transact-SQL 语句所更改、插入或删除的行数
VisibleFieldCount	获取 SqlDataReader 中未隐藏的字段的数目

表 10-13　SqlDataReader 类的常用方法

方法名	说　明
Close	关闭 SqlDataReader 对象
CreateObjRef	创建一个对象，生成用于与远程对象进行通信的全部相关信息
Dispose	释放由 SqlDataReader 对象占用的资源
Equals	确定两个对象实例是否相等
GetBoolean	获取指定列的布尔值形式的值
GetByte	获取指定列的字节形式的值
GetBytes	从指定的列偏移量将字节流读入缓冲区，并将其作为从给定的缓冲区偏移量开始的数组
GetChar	获取指定列的单个字符串形式的值
GetChars	从指定的列偏移量将字符流作为数组从给定的缓冲区偏移量开始读入缓冲区
GetData	返回被请求的列序号的 SqlDataReader 对象
GetDataTypeName	获取源数据类型的名称
GetDateTime	获取指定列的 DateTime 对象形式的值
GetDecimal	获取指定列的 Decimal 对象形式的值
GetDouble	获取指定列的双精度浮点数形式的值
GetEnumerator	返回循环访问 SqlDataReader 的 IEnumerator
GetFieldType	获取是对象的数据类型的 Type
GetFloat	获取指定列的单精度浮点数形式的值
GetGuid	获取指定列的值作为全局唯一标识符（GUID）
GetHashCode	用作特定类型的哈希函数，它在哈希算法和数据结构中使用

方法名	说　明
GetInt16	获取指定列的 16 位有符号整数形式的值
GetInt32	获取指定列的 32 位有符号整数形式的值
GetInt64	获取指定列的 64 位有符号整数形式的值
GetLifetimeService	检索控制实例的生存期策略的当前生存期服务对象
GetName	获取指定列的名称
GetOrdinal	在给定列名称的情况下获取列序号
GetProvider-SpecificFieldType	获取表示基础提供程序特定字段类型的 Object
GetProvider-SpecificValue	获取表示基础提供程序特定值的 Object
GetProvider-SpecificValues	获取表示基础提供程序特定值的对象的数组
GetSchemaTable	返回 DataTable，用于描述 SqlDataReader 的列元数据
GetSqlBinary	获取指定列的 SqlBinary 形式的值
GetSqlBoolean	获取指定列的 SqlBoolean 形式的值
GetSqlByte	获取指定列的 SqlByte 形式的值
GetSqlBytes	获取指定列的 SqlBytes 形式的值
GetSqlChars	获取指定列的 SqlChars 形式的值
GetSqlDateTime	获取指定列的 SqlDateTime 形式的值
GetSqlDecimal	获取指定列的 SqlDecimal 形式的值
GetSqlDouble	获取指定列的 SqlDouble 形式的值
GetSqlGuid	获取指定列的 SqlGuid 形式的值
GetSqlInt16	获取指定列的 SqlInt16 形式的值
GetSqlInt32	获取指定列的 SqlInt32 形式的值
GetSqlInt64	获取指定列的 SqlInt64 形式的值
GetSqlMoney	获取指定列的 SqlMoney 形式的值
GetSqlSingle	获取指定列的 SqlSingle 形式的值
GetSqlString	获取指定列的 SqlString 形式的值
GetSqlValue	获取表示基础 SqlDbType 变量的 Object
GetSqlValues	获取当前行中的所有属性列
GetSqlXml	获取指定列的 XML 值形式的值
GetString	获取指定列的字符串形式的值
GetType	获取当前实例的 Type
GetValue	获取以本机格式表示的指定列的值
GetValues	获取当前行的集合中的所有属性列
Initialize-LifetimeService	获取控制实例的生存期策略的生存期服务对象
IsDBNull	获取一个值，用于指示列中是否包含不存在的或缺少的值
NextResult	当读取 Transact-SQL 的结果时，使数据读取器前进到下一个结果
Read	使 SqlDataReader 前进到下一条记录
ReferenceEquals	确定指定的 Object 实例是否是相同的实例
ToString	返回表示当前 Object 的 String

10.5.2　读取数据步骤

SqlDataReader 的使用步骤如下：

（1）加入命名空间。

```
using System.Data.SqlClient;
```

（2）创建 SqlDataReader 命令对象。

SqlDataReader 对象没有显示的构造函数，可以利用 SqlCommand 对象的 ExecuteReader 方法返回 SqlDataReader 对象：

```
SqlDataReader myDataReader = myCommand.ExecuteReader();
```

（3）调用 SqlDataReader 的 Read() 方法，读取查询到的数据表内容。

【例 10-3】 利用 SqlDataReader 对象查询干部信息数据库，返回 TB_Commoninf 表中所有记录的详细信息。

创建一个 Windows 应用程序项目，在窗体 Load 事件中添加如下代码：

```
private void Form1_Load(object sender, EventArgs e)
{
    string connection_str;
    connection_str = "Data Source = ZGC-20130515AMW\\SQLEXPRESS; Initial Catalog = gbxxdb; User Id = test;
    Password = 123456";

    SqlConnection myConnection = new SqlConnection();
    myConnection.ConnectionString = connection_str;
    myConnection.Open();

    // 利用 SqlDataReader 对象查询 TB_Commoninf 表中的内容并返回表中所有的记录
    string sql_str;
    sql_str = "select * from TB_Commoninf";
    SqlCommand myCommand = new SqlCommand();
    myCommand.CommandText = sql_str;
    myCommand.Connection = myConnection;
    SqlDataReader myDataReader = myCommand.ExecuteReader();
    listBox1.Items.Add(" 编号 \t 姓名 \t\t 性别 \t 民族 \t\t 身份证号 \t\t 职务 \t\t 籍贯 \t 出生日期 \t 入党时间 ");
    listBox1.Items.Add("===========================================");

    while (myDataReader.Read())
    {
        listBox1.Items.Add(String.Format("{0}\t{1}\t{2}\t{3}\t{4}\t{5}\t{6}\t{7}\t{8}",
        myDataReader[0].ToString(),myDataReader[1].ToString(),
        myDataReader[2].ToString(),myDataReader[3].ToString(),
        myDataReader[4].ToString(),myDataReader[5].ToString(),
```

```
    myDataReader[6].ToString(),myDataReader[7].ToString(),

    myDataReader[8].ToString()));

}

myConnection.Close();

}
```

运行本窗体，结果如图 10-8 所示。

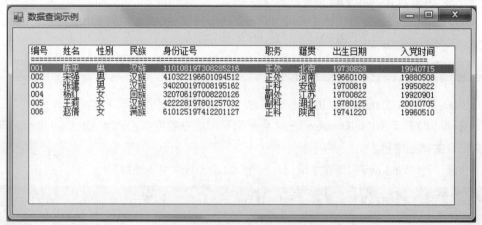

图 10-8　例 10-3 程序运行结果

10.6　DataAdapter 对象

DataAdapter 对象用于在数据源以及 DataSet 之间传输数据，它可以通过 Command 对象下达命令后，将取得的数据放入 DataSet 对象中。这个对象架构在 Command 对象上，并提供了许多配合 DataSet 使用的功能。

10.6.1　常用属性和方法

针对 SQL Server 数据库，.NET 提供了 SqlDataAdapter 类，该类属于 System.Data.SqlClient 命名空间。在编写数据库访问程序时，需要引用该命名空间才能使用相应的对象。SqlDataAdapter 类的构造函数、常用属性和常用方法如表 10-14 ～表 10-16 所示。

表 10-14　SqlDataAdapter 类的构造函数

函数名	说　明
SqlDataAdapter()	初始化 SqlDataAdapter 类的新实例
SqlDataAdapter(SqlCommand)	用指定的 SqlCommand 初始化 SqlDataAdapter 的新实例
SqlDataAdapter(String, SqlConnection)	用指定的 SelectCommand 和 SqlConnection 初始化 SqlDataAdapter 类的新实例
SqlDataAdapter(String, String)	用指定的 SelectCommand 和连接字符串初始化 SqlDataAdapter 类的新实例

表 10-15　SqlDataAdapter 类的常用属性

属性名	说　明
AcceptChanges -DuringFill	获取或设置一个值，该值指示在执行 Fill 操作过程中，将 AcceptChanges 添加到 DataTable 之后是否在 DataRow 上调用它
AcceptChanges -DuringUpdate	获取或设置在 Update 期间是否调用 AcceptChanges
Container	获取 IContainer，它包含 Component
ContinueUpdate -OnError	获取或设置一个值，该值指定在行更新过程中遇到错误时是否生成异常
DeleteCommand	获取或设置一个 Transact-SQL 语句或存储过程，以从数据集删除记录
FillLoadOption	获取或设置 LoadOption，以确定适配器如何从 SqlDataReader 中填充 DataTable
InsertCommand	获取或设置一个 Transact-SQL 语句，以在数据源中插入新记录
MissingMappingAction	确定传入数据没有匹配的表或列时需要执行的操作
MissingSchemaAction	确定现有 DataSet 架构与传入数据不匹配时需要执行的操作
ReturnProvider -SpecificTypes	获取或设置 Fill 方法应当返回提供程序特定的值，还是返回公用的符合 CLS 的值
SelectCommand	获取或设置一个 Transact-SQL 语句，用于在数据源中选择记录
Site	获取或设置 Component 的 ISite
TableMappings	获取一个集合，提供源表和 DataTable 之间的主映射
UpdateBatchSize	获取或设置每次到服务器的往返过程中处理的行数
UpdateCommand	获取或设置一个 Transact-SQL 语，用于更新数据源中的记录

表 10-16　SqlDataAdapter 类的常用方法

方法名	说　明
CreateObjRef	创建一个对象，该对象包含生成用于与远程对象进行通信的代理所需的全部相关信息
Dispose	释放由 Component 占用的资源
Equals	确定两个 Object 实例是否相等
Fill	填充 DataSet 或 DataTable
FillSchema	将 DataTable 添加到 DataSet 中并进行配置以匹配数据源的架构
GetFill- Parameters	获取当执行 SQL SELECT 语句时由用户设置的参数
GetHashCode	用作特定类型的哈希函数，它在哈希算法和数据结构中使用
GetLifetimeService	检索控制此实例的生存期策略的当前生存期服务对象
GetType	获取当前实例的 Type
Initialize- LifetimeService	获取控制此实例的生存期策略的生存期服务对象
ReferenceEquals	确定指定的 Object 实例是否是相同的实例
ResetFillLoadOption	将 FillLoadOption 重置为默认状态，并使 Fill 接受 AcceptChangesDuringFill
ShouldSerializeAccept -ChangesDuringFill	确定是否应保持 AcceptChangesDuringFill 属性
ShouldSerialize- FillLoadOption	确定是否应保持 FillLoadOption 属性
ToString	返回包含 Component 的名称的 String（如果有）
Update	为 DataSet 中每个已插入、更新或删除的行调用相应的 INSERT、UPDATE 或 DELETE 语句

10.6.2　一般使用步骤

SqlDataAdapter 的使用步骤如下：

（1）加入命名空间。

```
using System.Data.SqlClient;
```

（2）创建 SqlDataAdapter 命令对象。

SqlDataAdapter 类提供了四种构造函数，如表 10-14 所示。下面利用第三个构造函数，使用给定的 SQL 语句 sql_str 和连接对象 myConnection 初始化 SqlDataAdapter 类的新实例，创建 SqlDataAdapter 对象：

```
SqlDataAdapter myDataAdapter = new SqlDataAdapter(sql_str, myConnection);
```

（3）调用 myDataAdapter 的 Fill() 方法，将数据表中的内容填入 DataSet 对象中。

```
myDataAdapter.Fill(myDataSet, "TB_Commoninf");
```

（4）调用 DataSet 对象的 Tables 属性读取其中的内容。

【例 10-4】利用 SqlDataAdapter 对象完成例 10-3 同样的功能。

创建一个 Windows 应用程序项目，在窗体 Load 事件中添加如下代码：

```
private void Form1_Load(object sender, EventArgs e)
{
    string connection_str, sql_str;
    connection_str = "Data Source = ZGC-20130515AMW\\SQLEXPRESS; Initial Catalog = gbxxdb; User Id = test;
    Password = 123456";

    SqlConnection myConnection = new SqlConnection();
    myConnection.ConnectionString = connection_str;
    myConnection.Open();
    // 利用 SqlDataAdapter 对象查询 TB_Commoninf 表中的内容并返回表中所有的记录
    sql_str = "select * from TB_Commoninf";
    SqlDataAdapter myDataAdapter = new SqlDataAdapter(sql_str, myConnection);
    DataSet myDataSet = new DataSet();
    myDataAdapter.Fill(myDataSet, "TB_Commoninf");

    listBox1.Items.Add(" 编号 \t 姓名 \t\t 性别 \t 民族 \t\t 身份证号 \t\t 职务 \t\t 籍贯 \t 出生日期 \t 入党时间 ");
    listBox1.Items.Add("=========================================");

    for (int i = 0; i < myDataSet.Tables[0].Rows.Count; i++) {
     listBox1.Items.Add(String.Format("{0}\t{1}\t{2}\t{3}\t{4}\t{5}\t{6}\t{7}\t{8}",
        myDataSet.Tables[0].Rows[i].ItemArray[0].ToString(),
        myDataSet.Tables[0].Rows[i].ItemArray[1].ToString(),
        myDataSet.Tables[0].Rows[i].ItemArray[2].ToString(),
```

```
        myDataSet.Tables[0].Rows[i].ItemArray[3].ToString(),
        myDataSet.Tables[0].Rows[i].ItemArray[4].ToString(),
        myDataSet.Tables[0].Rows[i].ItemArray[5].ToString(),        myDataSet.Tables[0].Rows[i].ItemArray[6].ToString(),
        myDataSet.Tables[0].Rows[i].ItemArray[7].ToString(),
        myDataSet.Tables[0].Rows[i].ItemArray[8].ToString()));
    }
    myConnection.Close();
}
```

运行本窗体，结果参见图 10-8 所示。

 ## 10.7　DataSet 对象

DataSet 对象可以视为一个暂存缓冲区（Cache），它可以把从数据库中查询到的数据保留起来，甚至可以将整个数据库显示出来。DataSet 不只可以储存多个 Table，还可以通过 DataSetCommand 对象取得一些如主键等数据表结构，并记录数据表间的关联。DataSet对象是 ADO.NET 中的重量级对象，这个对象架构在 DataAdapter 对象之上，它本身不具备和数据源沟通的能力。也就是说，DataSet 对象通过 DataAdapter 对象这个桥梁与数据源传输数据。

10.7.1　常用属性和方法

DataSet 类属于 System.Data 命名空间，在编写数据库访问程序时，需要引用该命名空间才能使用相应的对象。该类的构造函数、常用属性和常用方法如表 10-17 ～表 10-19 所示。

表 10-17　DataSet 类的构造函数

函数名	说　明
DataSet()	初始化 DataSet 类的新实例
DataSet(String)	用给定名称初始化 DataSet 类的新实例
DataSet(SerializationInfo, StreamingContext)	初始化具有给定序列化信息和上下文的 DataSet 类的新实例
DataSet(SerializationInfo, StreamingContext, Boolean)	初始化 DataSet 类的新实例

表 10-18　DataSet 类的常用属性

属性名	说　明
CaseSensitive	获取或设置一个值，指示 DataTable 中的字符串比较时是否区分大小写
Container	获取组件的容器
DataSetName	获取或设置当前 DataSet 的名称
DefaultViewManager	获取 DataSet 包含的数据的自定义视图，以允许使用自定义的 DataViewManager 进行筛选、搜索和导航

属性名	说　明
DesignMode	获取指示组件当前是否处于设计模式的值
EnforceConstraints	获取或设置一个值，指示在执行更新操作时是否遵循约束规则
Events	获取附加到该组件的事件处理程序的列表
ExtendedProperties	获取与 DataSet 相关的自定义用户信息的集合
HasErrors	获取一个值，指示在 DataSet 中的 DataTable 对象是否存在错误
IsInitialized	获取一个值，该值表明是否初始化 DataSet
Locale	获取或设置用于比较表中字符串的区域设置信息
Namespace	获取或设置 DataSet 的命名空间
Prefix	获取或设置一个 XML 前缀，该前缀是 DataSet 的命名空间的别名
Relations	获取用于将表链接起来并允许从父表浏览到子表的关系的集合
RemotingFormat	为远程处理期间使用的 DataSet 获取或设置 SerializationFormat
SchemaSerializationMode	获取或设置 DataSet 的 SchemaSerializationMode
Site	获取或设置 DataSet 的 System.ComponentModel.ISite
Tables	获取包含在 DataSet 中的表的集合

表 10-19　DataSet 类的常用方法

方法名	说　明
AcceptChanges	提交自加载 DataSet 或上次调用 AcceptChanges 以来对其进行的所有更改
BeginInit	开始初始化在窗体上使用或由另一个组件使用的 DataSet。初始化发生在运行时
Clear	通过移除所有表中的所有行来清除任何数据的 DataSet
Clone	复制 DataSet 的结构，包括所有 DataTable 架构、关系和约束。不复制任何数据
Copy	复制 DataSet 的结构和数据
CreateDataReader()	为每个 DataTable 返回带有一个结果集的 DataTableReader，顺序与 Tables 集合中表的显示顺序相同
DetermineSchemaSerializationMode -(SerializationInfo,StreamingContext)	确定 DataSet 的 SchemaSerializationMode
Dispose()	释放由 MarshalByValueComponent 使用的所有资源
EndInit	结束在窗体上使用或由另一个组件使用的 DataSet 的初始化。初始化发生在运行时
Equals(Object)	确定指定的对象是否等于当前对象
Finalize	允许对象在“垃圾回收”之前尝试释放资源并执行其他清理操作
GetChanges()	获取 DataSet 的副本，该副本包含自加载以来或自上次调用 AcceptChanges 以来对数据集进行的所有更改
GetHashCode	用作特定类型的哈希函数
GetObjectData	用序列化 DataSet 所需的数据填充序列化信息对象
GetSerializationData	从二进制或 XML 流反序列化表数据
GetService	获取 IServiceProvider 的实施者
GetType	获取当前实例的 Type
HasChanges()	获取一个值，该值指示 DataSet 是否有更改，包括新增行、已删除的行或已修改的行

续表

方法名	说　明
InitializeDerivedDataSet	从二进制或 XML 流反序列化数据集的所有表数据
IsBinarySerialized	检查 DataSet 的序列化表示形式的格式
Load(IDataReader,LoadOption, DataTable[])	使用 IDataReader 以数据源的值填充 DataSet,同时使用 DataTable 实例的数组提供架构和命名空间信息
Load(IDataReader, LoadOption,String[])	使用所提供的 IDataReader,并使用字符串数组为 DataSet 中的表提供名称,用数据源的值填充 DataSet
MemberwiseClone	创建当前 Object 的浅表副本
Merge(DataRow[])	将 DataRow 对象数组合并到当前的 DataSet 中
Merge(DataSet)	将指定的 DataSet 及其架构合并到当前的 DataSet 中
Merge(DataTable)	将指定的 DataTable 及其架构合并到当前的 DataSet 中
OnPropertyChanging	引发 OnPropertyChanging 事件
OnRemoveRelation	从 DataTable 中移除 DataRelation 对象时发生
OnRemoveTable	从 DataSet 中移除 DataTable 时发生
RaisePropertyChanging	发送指定的 DataSet 属性将要更改的通知
RejectChanges	回滚自创建 DataSet 以来或上次调用 AcceptChanges 以来对其进行的所有更改
Reset	清除所有表,并从 DataSet 中移除任何关系和约束
ShouldSerializeRelations	获取一个值,该值指示是否应该保持 Relations 属性
ShouldSerializeTables	获取一个值,该值指示是否应该保持 Tables 属性
ToString	返回包含 Component 的名称的 String(如果有)

10.7.2　一般使用步骤

DataSet 的使用步骤如下:

(1)加入命名空间。

```
using System.Data;
```

(2)创建 DataSet 对象。

DataSet 类提供了四种构造函数,如表 10-17 所示。下面利用第一个构造函数,创建一个空的 DataSet 对象:

```
DataSet myDataSet = new DataSet();
```

(3)调用 myDataAdapter 的 Fill() 方法,将数据表中的内容填入 DataSet 对象中。

```
myDataAdapter.Fill(myDataSet, "TB_Commoninf");
```

(4)调用 DataSet 对象的 Tables 属性读取其中的内容。

注:DataSet 类一般要和 SqlDataAdapter 类配合使用,在例 10-4 中介绍 SqlDataAdapter 类的用法时,已经用到 DataSet 类,这里就不再举例说明 DataSet 类的用法了。

强化练习

　　基于 ADO.NET 的数据库访问技术在开发实际项目的过程中会经常用到，课后读者可以自行练习以下操作，体会 ADO.NET 访问操纵数据库的方法。

　　练习：

　　创建一个 Windows 数据库应用程序项目，编程实现 ADO.NET 连接 SQL Server 数据库，熟悉 ADO.NET 访问操纵数据库的方法。

第11章
面向对象技术高级应用

内容概要

　　本章将结合 C# 语言，介绍面向对象编程的高级编程技术。通过本章的学习，读者将能够使用 C# 语言，应用面向对象高级编程技术，实现相对复杂的高级面向对象程序设计。

学习目标

◆ 了解抽象类与抽象方法
◆ 熟悉接口的概念和实现方法
◆ 了解密封类与密封方法

课时安排

◆ 理论学习　2 课时
◆ 上机操作　2 课时

11.1　抽象类与抽象方法

11.1.1　抽象类概述及声明

抽象类是指只能作为基类使用的类。抽象类用于创建派生类，本身不能实例化，也就是不能创建对象。抽象类使用关键字 abstract 修饰，其定义格式如下：

```
abstract class 类名
{
类成员定义
}
```

抽象类中的成员可以是抽象成员也可以是非抽象成员。可以从抽象类派生出新的抽象类，也可以派生出非抽象类。如果派生类是非抽象类，则该派生类必须实现基类中的所有抽象成员。

11.1.2　抽象方法概述及声明

抽象方法只存在于抽象类的定义中，非抽象类中不能包含抽象方法。

抽象方法的定义格式为：

```
访问修饰符 abstract 返回值类型 方法名 ( 参数表 );
```

抽象方法使用关键字 abstract 修饰，只需要给出方法的函数头部分，以分号结束。注意，抽象方法定义不包含实现部分，没有函数体的花括号部分，如果给出花括号，则出错。

如果希望基类的某个方法包含在所有派生类中，可以将基类定义为抽象类，将该方法定义为抽象方法，则基类的所有派生类的定义中都必须重写该方法。

11.1.3　抽象类与抽象方法的使用

【例 17-1】抽象类和抽象方法的具体实例。

```csharp
using System;
using System.Collections.Generic;
using System.Linq;
using System.Text;

namespace Example17_1
{
  abstract class T
  {
    public abstract void Test(int x);
  }
  class S:T
```

```
  {
    public override void Test(int x)
    {
      Console.WriteLine("x= {0}",x);
    }
  }

  class Program
  {
    static void Main(string[] args)
    {
      S s1 = new S();
      s1.Test(3);
      Console.ReadKey();
    }
  }
}
```

程序输出结果为：

```
x=3
```

派生类 S 中需要重写抽象类中的抽象方法 Test，因此使用 override 关键字。注意，类 T 是抽象类，使用 new T（）将出错。

 ## 11.2 接口

11.2.1 接口的概念及声明

接口是方法的抽象，如果同样的方法成员在不同的类中都会出现，可使用接口给出方法成员的声明，需要该方法成员的类都继承这一接口。例如：

```
public interface Irun
{
  void Run();
}
class Human : Irun
{
  public void Run()
  {
    Console.WriteLine(" 人类用双脚直立行走！ ");
  }
}
```

```
class Fish : Irun
{
    public void Run()
    {
        Console.WriteLine(" 鱼用鳍游动！ ");
    }
}
class Car : Irun
{
    public void Run()
    {
        Console.WriteLine(" 汽车用车轮前进！ ");
    }
}
```

从接口的定义来说，接口其实就是类和类之间的一种协定、一种约束。以上面的例子来说，所有继承了 Irun 接口的类中都会实现 Run() 方法，那么从使用类的用户的角度来看，如果知道某个类继承了 Irun 接口，那么就可以放心大胆地调用 Run() 方法而不用管 Run() 方法具体是如何实现的。当然，每个类中对于 Run() 方法的实现有所不同，根据对象的不同，调用 Run() 方法将执行不同的操作。

从设计的角度来看，项目中用到的类需要去编写，由于这些类比较复杂，工作量比较大，这样每个类就需要占用一个工作人员进行编写。通过接口对使用同一方法的不同类进行约束，让它们都继承同一接口，既方便统一管理，又方便调用。

```
[ 访问修饰符 ] interface 接口名
{
    接口成员声明
}
```

访问修饰符通常使用 public，接口名称一般都以 "I" 作为首字母；接口成员声明不包括数据成员，只能包含方法、属性、事件、索引等成员；接口中只能声明抽象成员，即只包含接口成员的声明，不包含实现，接口的实现必须在接口被继承后，由继承接口的派生类完成。

11.2.2　接口成员的声明

接口中方法成员的声明格式如下：

```
返回值类型 方法名 ( 参数表 )
```

例如：

```
void Run();
```

接口中属性成员的声明格式如下：

```
类型 属性名 { get; set; }
```

接口成员的访问修饰符默认是 public，声明时不能再为接口成员指定任何访问修饰符，否则编译器会报错。接口成员不能有 static、abstract、override、virtual 修饰符，使用 new 修饰符不会报错，但会给出警告提示不需要关键字 new。

要访问接口的成员，首先要有一个类继承该接口，创建类的对象，使用"对象名.成员名"的格式访问接口成员。这是因为，在被继承之前，接口的成员都是抽象的，无法访问，必须在继承接口的类实现接口成员之后，通过该类的对象来访问接口成员。

11.2.3　接口的实现与继承

接口的实现由继承接口的类来完成，在接口的实现过程中，实现接口的类必须严格遵守接口成员的声明来实现接口的所有成员。接口一旦开始使用，就不能再随意修改，否则就破坏了类和类之间的约定。可以根据需要增加新的接口，满足新的需要；也可以修改接口成员的实现代码，调整接口成员的功能。

一个类可以继承多个接口，如例 17-2 所示。

【例 17-2】接口的实现与继承

```
using System;
using System.Collections.Generic;
using System.Linq;
using System.Text;

namespace Example17_2
{
    public interface Iname
    {
        string Name { get; set; }
    }
    public interface Ising
    {
        void Sing();
    }
    public interface Idance
    {
        void Dance();
    }
    class Test : Iname,Ising, Idance
    {
        private string name;
        public string Name
        {
            get
            {
```

```
        return name;
      }
      set
      {
        name = value;
      }
    }
    public void Sing()
    {
      Console.WriteLine(" 我会唱歌！ ");
    }
    public void Dance()
    {
      Console.WriteLine(" 我能跳舞！ ");
    }
    public void Myname()
    {
      Console.WriteLine(" 我的名字叫 {0}!", name);
    }
  }
  class Program
  {
    static void Main(string[] args)
    {
      Test t = new Test();
      t.Name = " 小明 ";
      t.Myname();
      t.Sing();
      t.Dance();
      Console.ReadKey();

    }
  }
}
```

程序输出结果为：

我的名字叫小明！
我会唱歌！
我能跳舞！

11.2.4　显式接口成员实现

如果一个类同时继承多个接口，并且多个接口包含同名方法，那么该类在实现该同名方法时需要使用显式接口成员实现，也就是为每一个包含该同名方法的接口实现一次该方法。为了区分同名方法，在类中实现方法时需要指出是为哪个接口实现的。具体格式如下：

```
返回值类型 接口名 . 方法名 ( 参数表 )
{
}
```

【例 17-3】显式接口成员实现。

```
using System;
using System.Collections.Generic;
using System.Linq;
using System.Text;

namespace Example17_3
{
    public interface IEnglish
    {
        void Greeting();
    }
    public interface IChinese
    {
        void Greeting ();
    }
    class Student : IEnglish, IChinese
    {
        public void IEnglish. Greeting ()
        {
            Console.WriteLine("Hello everyone ！  ");
        }
        public void IChinese. Greeting ()
        {
            Console.WriteLine(" 大家好！ ");
        }
    }
    class Program
    {
        static void Main(string[] args)
        {
            Student t = new Student();
            IEnglish et=t;
            et.Greeting();
            IChinese ct=t;
            ct.Greeting();
            Console.ReadKey();
        }
```

```
    }
  }
```

程序输出结果为：

Hello everyone！

大家好！

在调用同名方法时，也要使用显式调用 IEnglish et=t; et.Gretting();，也就是必须指出要调用的是对应哪个接口的方法。

11.2.5 接口与抽象类

接口和抽象类非常类似，但二者存在以下区别：

接口中不能包含方法的具体实现，接口中声明的方法要由继承接口的类给出具体实现。抽象类中声明的方法既可以在抽象类中给出具体实现，也可以只给出方法名，由抽象类的派生类完成该方法的具体实现。

接口支持多重继承，一个类可以同时继承多个接口，在类的定义中对多个接口声明的方法加以实现。抽象类只能实现单一继承，即抽象类的派生类只能有一个基类。类可以同时继承基类和接口，此时在类定义中的类名之后先给出基类名，再给出接口名。

接口定义中不能为接口成员指定访问修饰符，默认为 public，而抽象类定义中可以为接口成员指定访问修饰符。

 ## 11.3 密封类与密封方法

11.3.1 密封类概述及声明

如果不希望一个类被其他类继承，可以将该类定义为密封类，即不能作为基类的类。定义的密封类格式如下：

```
sealed class 类名
{
类成员定义
}
```

11.3.2 密封方法概述及声明

如果允许某个类作为基类，同时希望类中的某个方法能够被派生类继承但不能被派生类重写，可以将不允许被派生类重写的方法定义为密封方法。定义的密封方法格式如下：

```
访问修饰符 sealed 返回值类型 方法名（参数表）
{
}
```

【例17-4】密封类与密封方法的使用。

```
using System;
using System.Collections.Generic;
using System.Linq;
using System.Text;

namespace Example17_4
{
    class T
    {
        public virtual void Test()
        {
            Console.WriteLine(" 这是类 T 的虚拟方法 Test( )！ ");
        }
    }
    class S : T
    {
        public sealed override void Test()
        {
            Console.WriteLine(" 这是类 S 重写的密封方法 Test( )！ ");
        }
    }
    class W : S
    {

    }
    class Program
    {
        static void Main(string[] args)
        {
            W w1 = new W();
            w1.Test( );
            Console.ReadKey();
        }
    }
}
```

程序输出结果为：

这是类 S 重写的密封方法 Test()！

注意，只有被重写的方法才能定义为密封方法，例 17-4 中类 T 包含一个虚拟方法 Test()，类 T 的派生类 S 重写了方法 Test()，为了防止类 S 的派生类 W 再次重写方法 Test()，在类 S 中给方法 Test() 的定义加上了 sealed，密封了该方法，因此类 S 的派生类 W 只能继承类 S 重写过的方法 Test()，而不能再次重写。

 强化练习

本章介绍了面向对象编程的基本思想，以及面向对象程序设计的基本方法。

练习 1：

创建一个 C# 控制台应用程序项目，编写代码定义一个抽象类 student，要求包含数据成员 name 和 age、抽象方法 info() 非抽象方法 test()，定义 student 类的派生类 collegestu 类，在 collegestu 类中增加数据成员 major，重写方法成员 info()，然后实例化 collegestu 类的对象并调用方法 info() 和 test()。

练习 2：

创建一个 C# 控制台应用程序项目，定义接口 interfacestu，接口中包含属性 Age 和方法 info()，定义 student 类，包含数据成员 name 和 age，该类继承接口 interfacestu，使用属性 Age 控制数据成员 age 的取值范围为 [15,30]，实例化 student 类的对象，调用方法成员 info() 实现该对象的信息输出。

第12章

程序调试与异常处理

内容概要

开发应用程序的过程中，代码必须要保证准确可靠，但也难免出现错误。本章将对如何设置断点并跟踪调试、.NET Framework 的异常处理机制、C# 中常用的异常类、自定义异常类以及如何捕获异常等内容进行介绍，读者将熟悉常用的程序调试方法。另外，通过本章结构化异常处理（Structured Exception Handling，SHE）的学习，读者将会使用 throw、try、catch 和 finally 之类的 C# 关键字来处理语句代码运行时产生的异常。

学习目标

◆ 了解什么是程序调试与异常处理
◆ 熟悉程序调试和异常处理的概念
◆ 熟悉常用的程序调试操作
◆ 掌握异常处理语句

课时安排

◆ 理论学习　1 课时
◆ 上机操作　2 课时

12.1 程序调试概述

程序错误主要分为三类，包括语法错误、异常和逻辑错误。这些错误都可以通过 Visual Studio 开发环境提供的生成和调试工具来查找。

语法错误是指在编写程序代码时没有遵循编程语言的语法规则导致的错误。在生成应用程序时，生成工具可以检查语法错误，并在"错误列表"窗口输出这些错误的位置和原因。但是异常和逻辑错误比较隐蔽，所以发现并修复这些错误相对比较复杂。

逻辑错误表现为程序语法正确，编译运行也不会出现任何异常，但程序运行后产生的结果与程序需要完成的功能不一样。在一般情况下，首先要分析逻辑错误发生的大概位置，在可能产生错误的代码处设置断点；然后运行程序，程序执行到断点处中断运行，并分析执行这条语句后的运行结果，直到找到逻辑错误。

 12.2 常用的程序调试操作

12.2.1 断点操作

断点是一个信号，它通知调试器在某个特定点中断应用程序并暂停执行。当程序执行到某个断点处挂起时，处于中断模式，并可以在任何时候继续执行。Visual Studio 调试器提供了多种设置断点的方法。下面介绍插入、删除和编辑断点的基本方法。

1. 插入断点

插入断点的方法有以下三种：
◎ 在代码编辑器中，单击需要插入断点的行左侧的灰色空白处。
◎ 在代码编辑器中，选定需要插入断点的行，然后按下 F9 键。
◎ 在代码编辑器中，选定需要插入断点的行，然后单击鼠标右键，在弹出的快捷菜单中选择"断点"/"插入断点"命令。

断点在代码编辑器的左侧灰色空白处显示为一个深红色实心圆点，如图 12-1 所示。

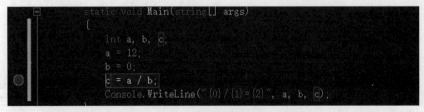

图 12-1　断点显示为一个深红色实心圆点

2. 删除断点

删除断点的方法有以下三种：

◎ 在代码编辑器中，单击需要删除断点的行左侧的深红色圆点。

◎ 在代码编辑器中，选定需要删除断点的行，然后按下 F9 键。

◎ 在代码编辑器中，选定需要删除断点的行，然后单击鼠标右键，在弹出的快捷菜单中选择"断点"/"删除断点"命令。

3. 编辑断点

默认情况下，每次程序执行到断点时都会中断。如果用户不希望程序每次执行到断点时都中断，那么可以通过编辑断点的属性来实现。

如果用户希望满足一定条件时才中断执行程序，那么可以设置断点条件。在代码编辑器中，右键单击断点，在弹出的快捷菜单中选择"条件"命令，弹出"断点条件"对话框，如图 12-2 所示。用户可以在文本框中输入一个逻辑表达式，例如：b == 0。当程序执行到该断点处时，如果 b == 0 为 true，那么就中断运行，否则继续运行程序。

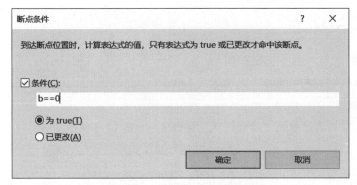

图 12-2　"断点条件"对话框

设置了条件等高级属性的断点，在断点标识符的中心会添加一个"+"符号，如图 12-3 所示。

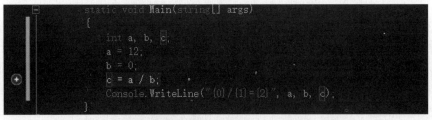

图 12-3　设置高级属性的断点标识符的中心会添加"+"符号

如果用户希望命中断点一定次数后才中断程序，那么可以设置断点命中次数。在代码编辑器中，右键单击断点，在弹出的快捷菜单中选择"命中次数"命令，弹出"断点命中次数"对话框，如图 12-4 所示。

默认情况下，每次命中断点时程序都会中断。用户可以设定为：命中次数等于指定值时中断、命中次数等于指定值的倍数时中断、命中次数大于或等于指定值时中断。如果用户设定命中次数等于 5 时中断，那么当程序执行到该断点处时，前 4 次都继续运行程序，直到第 5 次才中断运行，之后再执行到该断点处，都不会中断运行程序。

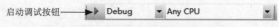

图 12-4 "断点命中次数"对话框

如果要跟踪断点的命中次数但不希望中断执行，可以将命中次数设置为一个很高的值以便不中断程序执行。

12.2.2 开始执行

启动调试的常用方法有以下三种：

◎ 从"调试"菜单中选择"启动调试"命令。

◎ 按 F5 键。

◎ 单击标准工具栏中的"启动调试"按钮▶，如图 12-5 所示。

启动调试按钮————▶ Debug ▼ Any CPU ▼

图 12-5 单击标准工具栏中的启动调试按钮

启动调试应用程序后，调试器会在断点处中断应用程序并暂停执行。

12.2.3 中断执行

当程序执行到某个断点或引发未捕获的异常时，调试器将中断程序的运行。当程序在某个断点处挂起时，程序处于中断模式，并在代码编辑器左侧的灰色空白处显示一个黄色箭头指示中断点的位置，如图 12-6 所示。进入中断模式并不会终止或结束程序的执行。程序可以在任何时候继续执行。在中断模式下，用户可以检查程序的状态，以查看是否存在冲突或缺陷（bug）。

```
{
    int a, b, c;
    a = 12;
    b = 0;
    try                     //try语句块中包含可能抛出异常的语句
    {
        c = a / b;
        Console.WriteLine("{0}/{1}={2}", a, b, c);
    }
    catch(Exception ex)//catch语句捕获指定的异常
    {                       //catch语句块包含异常恢复代码
        Console.WriteLine("异常：{0}", ex.Message);
    }
}
```

图 12-6 程序运行到断点处中断执行

在调试过程中，处于中断模式的进程可以在任何时候从断点处继续执行。继续调试程序的常用方法有以下三种：

◎ 从"调试"菜单中选择"继续"命令。

◎ 按F5键。

◎ 单击标准工具栏中的"继续"按钮 ▶，如图12-7所示。

继续按钮

图12-7 单击标准工具栏中的继续按钮

继续调试应用程序后，调试器会在下一个断点处中断应用程序并暂停执行。

12.2.4 停止执行

停止调试意味着终止正在调试的进程。停止调试的常用方法有以下三种：

◎ 从"调试"菜单中选择"停止调试"命令。

◎ 按 Shift + F5 键。

◎ 单击调试工具栏中的"停止调试"按钮■，如图12-8所示。

停止调试按钮

图12-8 单击标准工具栏中的停止调试按钮

12.2.5 单步执行和逐过程执行

单步执行是最常见的调试方式之一。调试器提供了三种单步调试的方式：逐语句、逐过程和跳出。

"逐语句"和"逐过程"的差异仅在于它们处理函数调用的方式不同。这两个命令都指示调试器执行下一行代码。如果某一行包含函数调用，"逐语句"仅执行调用本身，然后在函数内的第一行代码处停止。而"逐过程"执行整个函数，然后在函数外的第一行代码处停止。如果要查看函数调用的内容，请使用"逐语句"。若要避免单步执行函数，请使用"逐过程"。位于函数调用的内部并想返回调用函数时，请使用"跳出"。"跳出"将一直执行代码，直到函数返回，然后在调用函数中的返回点处中断。

逐语句调试的常用方法有以下三种：

◎ 从"调试"菜单中选择"逐语句"命令。

◎ 按F11键。

◎ 单击调试工具栏中的"逐语句"按钮，如图12-9所示。

逐过程调试的常用方法有以下三种：

◎ 从"调试"菜单中选择"逐过程"命令。

◎ 按F10键。

◎ 单击调试工具栏中的"逐过程"按钮，如图12-9所示。

跳出调试的常用方法有以下三种：

◎ 从"调试"菜单中选择"跳出"命令。

◎ 按 Shift + F11 键。

◎ 单击调试工具栏中的"跳出"按钮，如图 12-9 所示。

逐语句按钮  逐过程按钮
跳出按钮

图 12-9 单击调试工具栏中的单步调试功能的相关按钮

12.2.6 运行到指定位置

在调试程序的时候，如果用户希望在没有设置断点的语句处中断执行，可以使用"运行到光标处"的方式，使程序在指定位置中断运行。如果右键单击代码编辑器中的某一条语句，在弹出的菜单中选择"运行到光标处"命令，那么当程序运行到光标所在的语句时就会中断执行，如图 12-10 所示。

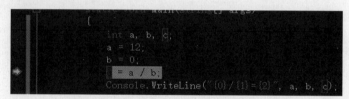

图 12-10 程序运行到光标所在的语句中断执行

 ## 12.3 异常处理概述

在编写程序时，不仅要关心程序的正常运行状况，还应该考虑程序运行时可能发生的各种意外情况，比如网络资源不可用、读写磁盘出错和内存申请失败等。这些都将导致应用程序无法按照预期正常运行。在正式介绍结构化异常处理之前，我们首先为常见的三种异常术语下定义。

◎ 缺陷（bug）：简言之，由程序员一方引起的错误。如对数组的访问超过其范围，就会产生一个缺陷（bug）。

◎ 用户错误：不同于缺陷（bug），用户错误不是由应用程序的编写者引发而是由运行程序的用户引起的。如在与用户进行交互时，用户输入的字符不符合程序的格式要求，此时很有可能会产生用户错误。

◎ 异常：异常往往是运行时的非正常情况，在编程时很难预计。异常可能包括试图连接一个不存在的数据库，或者连接当前处于离线状态的机器等。

通过上述定义，我们发现在 .NET Framework 中，结构化异常处理比较适合用来处理程序运行时异常的技术。而在接下来介绍的异常中，我们把"异常"解释为缺陷（bug）、用户错误输入和运行时错误。用于处理应用程序可能产生的错误或者其他可以中断程序执行

的异常情况的机制就是异常处理。

12.4 异常处理语句

12.4.1 try-catch 语句

try-catch 语句块由一个 try 块后跟一个或多个 catch 块构成。程序例 12-1 的异常处理代码由一个 try 块和一个 catch 块组成。

【例 12-1】try-catch 语句块示例，如图 12-11 所示。

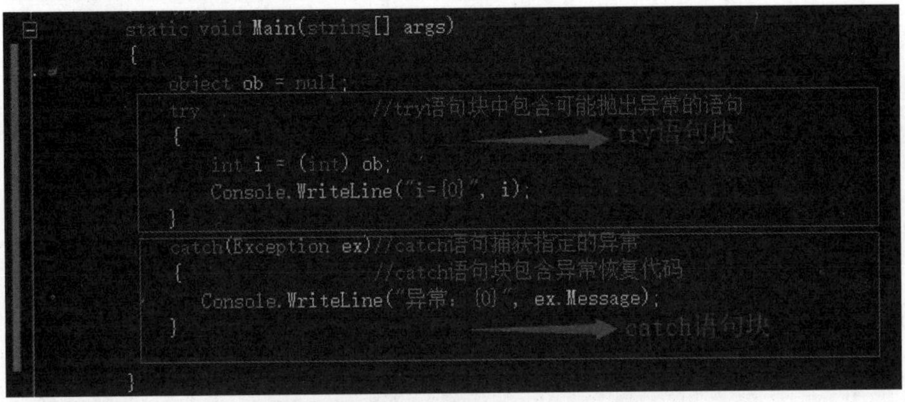

图 12-11　程序例 12-1 的 try-catch 语句块示例

try 块是一系列以关键字 try 开头的语句。try 块包含可能导致异常的保护代码。该块一直执行到引发异常或成功完成为止。例如，执行程序例 12-1 时，try 块中的 int i = (int) ob 语句会引发 NullReferenceException 异常，其后的语句则不会执行。

catch 块是一系列以关键字 catch 开头的语句。catch 块捕获 try 块抛出的异常。catch 块包含捕获的异常类型和处理异常的代码。如果 try 块没有抛出异常，那么就不执行 catch 块。例如，执行程序例 12-1 时，catch 块捕获 NullReferenceException 异常后，执行 catch 块中的处理异常的代码，在控制台显示异常消息，如图 12-12 所示。

catch 子句使用时可以不带任何参数，这种情况下它可以捕获任何类型的异常，并被称为一般 catch 子句。

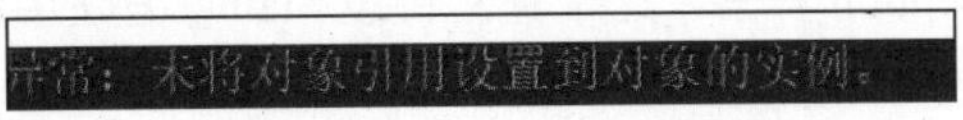

异常：未将对象引用设置到对象的实例。

图 12-12　异常被 catch 块捕获

12.4.2 throw 语句

异常可以由公共语言运行时 (CLR)、第三方库或使用 throw 关键字的应用程序抛出。

当程序存在无法完成指定任务的情况时，就会引发异常。throw 语句用于发出在程序执行期间出现异常的信号。通常 throw 语句与 try/catch /finally 语句一起使用。当引发异常时，程序查找处理此异常的 catch 语句。throw 语句的基本语法格式如下：

```
throw exObject
```

其中，exObject 表示要抛出的异常对象，它是派生自 System.Exception 类的对象。程序例 12-2 的 ThrowException 方法使用 throw 语句显式地抛出一个异常。

【例 12-2】 显式抛出异常的程序

```csharp
using System;
namespace ExceptionEx7
{
    class Program
    {
        static void Main(string[] args)
        {
            try
            {
                ThrowException();
            }
            catch(DivideByZeroException ex)
            {
                Console.WriteLine(ex.Message);
            }
        }
        static void ThrowException()
        {
            DivideByZeroException ex = new DivideByZeroException();
            throw ex;
        }
    }
}
/*-------------------------------------------------------*/
```

例如，执行程序例 12-2 时，执行到 ThrowException() 方法中的 throw 语句时，会显式地抛出 DivideByZeroException 异常。这个异常将被 Main() 方法中的 catch 块捕获，在控制台显示异常消息，如图 12-13 所示。

尝试除以零。

图 12-13 异常被 catch 块捕获

12.4.3　try-catch-finally 语句

try-catch-finally 语句块的常见使用方式是：在 try 块中获取并使用资源，在 catch 块中处理异常情况，并在 finally 块中释放资源。无论 try 块的退出方式如何，finally 块包含的代码是保证会执行。程序例 12-3 的异常处理代码由一个 try 块、一个 catch 块和一个 finally 块组成。

【例 12-3】try-catch-finally 语句块示例，如图 12-14 所示。

```
class Program
{
    0 个引用
    static void Main(string[] args)
    {
        FileStream f1 = null;
        FileInfo f1Info = null;
        try
        {
            f1Info = new FileInfo("D://data.txt");     try块
            f1 = f1Info.OpenWrite();
            f1.WriteByte(0xF);
        }
        catch(UnauthorizedAccessException ex)
        {
            Console.WriteLine(ex.Message);             catch块
        }
        finally
        {
            if(f1 != null)                             finally块
            {
                f1.Close();
            }
        }
    }
}
```

图 12-14　程序例 12-3 的 try-catch-finally 语句块示例

例如，执行程序例 12-3 时，无论 try 块是否引发异常，finally 块包含的代码都保证会执行，所以释放资源的代码应当放在 finally 块中。例如，程序例 12-3 的 finally 块负责关闭文件。执行该程序时，如果 try 块抛出的异常没有被 catch 捕获，finally 块也会执行，文件也保证会被关闭。如果将释放资源的代码放在 finally 块之后，那么如果抛出的异常未被捕获，该语句就无法执行，从而造成文件一直保持打开状态（直到下一次垃圾回收）。

另外，finally 块中的条件判断语句可以确保 finally 块能够关闭文件并且不会抛出异常。try 块中的三条语句都可能抛出异常。如果 try 块抛出异常时没有打开文件，则 finally 块不会尝试关闭文件。如果在 try 块中成功打开文件，则 finally 块将关闭打开的文件。

 强化练习

本章对程序的调试操作和异常处理进行了全面介绍,接下来通过练习来巩固所学知识。

练习 1:编写一个程序,使用两种不同类型的数据进行加法运算,并使用异常处理语句捕获由于数据类型转换和算数运算错误而引发的异常。

练习 2:编写一个程序,使用两种不同类型的数据进行除法运算,并使用异常处理语句抛出除数为零的异常,然后捕获由于数据类型转换和算数运算错误而引发的异常。

第13章
文件及数据流技术

内容概要

　　文件是永久存储在磁盘等介质上的一组数据，一个文件有唯一的文件名，操作系统通过文件名对文件进行管理。很多 Windows 应用程序需要读写磁盘文件，这就涉及如何创建文件、如何读写文件中的数据等问题。本章将对 C# 中的文件操作进行详细讲解。通过本章的学习，读者将会掌握如何使用 C# 中的有关文件流技术及类操作文件及文件夹、读写访问文件中的数据。

学习目标

◆ 了解文件类型、属性和访问方式
◆ 掌握 System.IO 模型
◆ 熟悉文件夹和文件的操作
◆ 熟悉 FileStream 文件流类
◆ 掌握文本文件的读写操作
◆ 掌握二进制文件的读写操作

课时安排

◆ 理论学习　4 课时
◆ 上机操作　2 课时

13.1　文件

本节简要介绍文件的类型、属性及访问方式。

13.1.1　文件类型

文件的分类标准有很多，根据不同的分类标准，可以将文件分为不同的类型。

1．文本文件和二进制文件

按文件数据的组织格式，文件分为文本文件（或 ASCII 码文件）和二进制文件。

1）文本文件

在文本文件中，每个字符存放一个 ASCII 码，输出时每个字节代表一个字符，便于对字节进行逐个处理。也就是说，如果一个文件中的每个字节的内容都可以表示成 ASCII 码字符的数据，我们就可以称这个文件为文本文件。由于结构简单，文本文件被广泛用于存储数据。在 Windows 中，当一个文件的扩展名为 txt 时，系统就认为它是一个文本文件。文本文件一般占用的空间较大，并且转换时间较长。

2）二进制文件

二进制文件中的数据均以二进制方式存储，存储的基本单位是字节，可以将除了文本文件以外的文件都称为二进制文件。在二进制文件中，能够存取任意所需要的字节，可以把文件指针移到文件的任何地方，因而这种文件存取极为灵活。

2．顺序文件和随机文件

按文件的存取方式及结构，文件分为顺序文件和随机文件。

1）顺序文件

顺序存取文件简称为顺序文件，它由若干文本行组成，每个文本行的结尾为一个回车字符，并且文件结尾为 Ctrl+Z。顺序文件的每个字符用一个字节来存储。顺序文件的优点是操作简单，不足是无法任意取出其中某一个数据进行修改，一定要从文件开始处顺序移动指针到该数据处才能修改。当文件中包含大量数据时，这种顺序存取方式显得非常不方便。

2）随机文件

随机存取文件简称为随机文件，它是以记录格式来存储数据的文件，由多个记录组成，每个记录都有相同的大小和格式。每个记录又由字段组成，在字段中存放数据。每个记录前都有记录号表示此记录开始。在读取文件时，只需要给出记录号，就可以快速找到该记录，并将该记录读出；若对记录做了修改，需要写到文件中时，通过记录号可以快速定位并写入，新记录将自动覆盖原记录。随机文件访问速度快，读、写文件灵活方便。但占用的空间要更大。

13.1.2　文件的属性

文件的属性用于描述文件本身的信息，主要包括以下几方面。

（1）文件属性：只读、隐藏和归档等类型。

（2）访问方式：读、读 / 写和写等类型。

（3）访问权限：读、写、追加数据等类型。

（4）共享权限：文件共享、文件不共享等类型。

13.1.3 文件访问方式

文件最主要的访问方式是读文件和写文件。应用程序运行时，从文件中读取数据到内存中，称为文件读操作或输入操作；而把数据的处理结果从内存存放到文件中，称为文件写操作或输出操作。

13.2 System.IO 模型

在 C# 中通过 .NET 的 System.IO 模型以流的方式对各种数据文件进行访问。

13.2.1 什么是 System.IO 模型

1．System.IO 模型介绍

System.IO 模型提供了一个面向对象的方法来访问文件系统，提供了很多针对文件、文件夹的操作功能，特别是以流（Stream）的方式对各种数据进行访问，这种访问方式不但灵活，而且可以保证编程接口的统一。

2．System.IO 命名空间

System.IO 模型的实现包含在 System.IO 命名空间中，该命名空间包含允许在数据流和文件上进行同步和异步读取及写入、提供基本文件和文件夹操作的各种类，即 System.IO 模型是一个文件操作类库，包含的类可用于文件的创建、读 / 写、复制、移动和删除等操作。System.IO 命名空间常用的类及说明如表 13-1 所示。

表 13-1　System.IO 命名空间常用的类及说明

类	说　明
Directory	公开用于创建、移动和枚举通过目录和子目录的静态方法。无法继承此类
DirectoryInfo	公开用于创建、移动和枚举目录和子目录的实例方法。无法继承此类
DriveInfo	提供对有关驱动器的信息的访问
File	提供用于创建、复制、删除、移动和打开文件的静态方法，并协助创建 FileStream 对象
FileInfo	提供创建、复制、删除、移动和打开文件的实例方法，并且帮助创建 FileStream 对象，无法继承此类
FileStream	公开以文件为主的 Stream，既支持同步读写操作，也支持异步读写操作
MemoryStream	创建支持存储区为内存的流
Path	对包含文件或目录路径信息的 String 实例执行操作。这些操作是以跨平台的方式执行的
Stream	提供字节序列的一般视图

类	说　明
StreamReader	实现 TextReader，使其以一种特定的编码从字节流中读取字符
StreamWriter	实现 TextWriter，使其以一种特定的编码向流中写入字符
StringReader	实现从字符串进行读取的 TextReader
StringWriter	实现用于将信息写入字符串的 TextWriter。该信息存储在基础 StringBuilder 中
TextReader	表示可读取连续字符系列的读取器
TextWriter	表示可以编写一个有序字符系列的编写器。该类为抽象类
BinaryReader	用特定的编码将基元数据类型读作二进制值

13.2.2　文件编码

文件编码也称为字符编码，用于指定在处理文本时如何表示字符。一种编码可能优于另一种编码，主要取决于它能处理或不能处理哪些语言字符，通常首选的是 Unicode 编码。读取或写入文件时，未正确匹配文件编码的情况可能会导致发生异常或产生不正确的结果。

System.IO 模型中的 Encoding 类表示字符编码，表 13-2 列出了该类的编码及说明。

表 13-2　文件编码类型及说明

编　码	说　明
ASCII	获取 ASCII 码字符集的编码
Default	获取系统的当前 ANSI 代码页的编码
Unicode	获取使用 Little-Endian 字节顺序的 UTF-16 格式的编码
UTF32	获取使用 Little-Endian 字节顺序的 UTF-32 格式的编码
UTF7	获取 UTF-7 格式的编码
UTF8	获取 UTF-8 格式的编码

13.2.3　C# 的文件流

在 C# 中操作文件时，将文件看成是顺序的字节流，也称为文件流。文件流是字节序列的抽象概念，文件可以看成是存储在磁盘上的一系列二进制字节信息。C# 用文件流对文件进行输入、输出操作，例如读取文件信息、向文件写入信息。

文件和流的区别可以认为是：文件是存储在存储介质上的数据集，是静态的，它具有名称和相应的路径。当打开一个文件并对其进行读写时，该文件就成为流（Stream）。不过，流不仅仅是指打开的磁盘文件，还可以是网络数据、控制台应用程序中的键盘输入和文本显示，甚至是内存缓存区的数据读写。因此，流是动态的，它代表正处于输入 / 输出状态的数据，是一种特殊的数据结构。

C# 提供的 Stream 类（System.IO 成员）是所有流的基类，Stream 类的主要属性有 CanRead、CanSeek、CanTimeout、CanWrite、Length、Position、ReadTimeout 及 WriteTimeout 等，主要方法有 BeginRead、BeginWrite、Close、EndRead、EndWrite、Flush、Read、ReadByte、Seek、Write 及 WriteByte 等。

在 System.IO 模型中，借助文件流进行文件操作的常用步骤如下：

（1）用 File 类打开操作系统文件。

（2）建立对应的文件流，即 FileStream 对象。

（3）用 StreamReader/StreamWriter 类提供的方法对文件流（文本文件）进行读写或用 BinaryReader/BinaryWriter 类提供的方法对文件流（二进制文件）进行读写。

 ## 13.3　文件夹和文件操作

13.3.1　文件夹操作

对文件夹进行操作时，主要用到 .NET Framework 类库中提供的 DirectoryInfo 类和 Directory 类，而常见的文件夹操作主要有：判断文件夹是否存在、创建文件夹、移动文件夹、删除文件夹以及遍历文件夹等。

1．DirectoryInfo 类

DirectoryInfo 类提供了操作文件夹的方法，如创建、移动、删除、复制、重命名等，另外，也可将其用于获取和设置与目录的创建、访问及写入操作相关的 DateTime 信息。DirectoryInfo 类没有静态方法，必须实例化该类，即创建对象 DirectoryInfo 实体后，才能调用其方法。DirectoryInfo 类常用的方法和属性及说明如表 13-3 和表 13-4 所示。

表 13-3　DirectoryInfo 类的常用方法及说明

方　法	说　明
Create()	创建文件夹
Delete()	如果文件夹为空，则删除该文件夹
Delete(bool)	删除文件夹时，可指定是否删除该文件夹下的子文件或文件夹
GetFiles()	获取文件夹下的文件，返回 FileInfo 数组
GetDirectories()	获取文件夹下的所有子文件夹，返回 DirectoryInfo 数组
CreateSubdirectory()	创建子文件夹
MoveTo()	将文件夹移动到新位置

表 13-4　DirectoryInfo 类的常用属性及说明

属　性	说　明
Parent	获取指定子文件夹的父文件夹 DirectoryInfo 对象
Root	获取路径的根 DirectoryInfo 对象
Name	返回文件夹的名称
CreationTime	当前 FileSystemInfo 对象的创建日期和时间
Exists	确定文件夹是否存在，如果文件夹存在，则为 true，否则为 false
FullName	获取文件夹的完整路径

2．Directory 类

Directory 类是一个静态类，只包含静态成员，支持创建、移动、删除和枚举所有文件夹/子文件夹等操作。其使用方式与 DirectoryInfo 类相似，但在使用时无须创建对象实体，

而是直接使用"Directory. 方法"的方式调用。Directory 类的方法都是静态方法，如果某一文件夹操作只执行一次，则调用 Directory 类的方法来实现更为方便。Directory 类常用的方法及说明如表 13-5 所示。

表 13-5　Directory 类的常用方法及说明

方　法	说　明
Exists()	确定给定路径是否存在文件夹
GetFiles()	返回指定文件夹中文件的名称数组 string[]
GetDirectories()	获取指定文件夹中子文件夹的名称，并返回所有子文件夹的名称数组 string[]
CreateDirectory()	在指定路径中创建文件夹
Delete()	从指定路径删除文件夹，并可指定是否删除该文件夹下的任何子文件夹
Move()	将文件夹及其内容移动到一个新的路径
GetLogicalDrives()	返回逻辑驱动器表

13.3.2　文件操作

对文件进行操作时，主要用到 .NET Framework 类库中提供的 FileInfo 类和 File 类，而常见的文件操作主要有：判断文件是否存在、创建文件、打开文件、复制文件、移动文件、删除文件以及获取文件的基本信息等。

1．FileInfo 类

FileInfo 类能够获取硬盘上现有文件的详细信息（创建时间、大小、文件特征等），帮助我们创建、复制、移动和删除文件。与 DirectoryInfo 类相似，该类需要实例化，即创建对象 DirectoryInfo 实体后，才能调用其方法。FileInfo 类常用的方法和属性及说明如表 13-6 和表 13-7 所示。

表 13-6　FileInfo 类常用的方法及说明

方　法	说　明
CopyTo()	将现有文件复制到新文件，不允许覆盖
CopyTo(string,bool)()	将现有文件复制到新文件，允许覆盖
Delete()	永久删除该文件
MoveTo ()	将现有文件移动到新位置，不允许覆盖

表 13-7　FileInfo 类常用的属性及说明

属　性	说　明
Exists()	检查文件是否存在，返回一个布尔值
Extension()	获取文件扩展名
Name()	获取文件名
FullName()	获取文件的完整路径
Length()	获取当前文件的大小

2．File 类

File 类支持对文件的基本操作，提供了用于创建、复制、删除、移动和打开文件的静态方法，并可以协助创建 FileStream 对象。与 Directory 类一样，File 类的方法是共享的（都是静态方法）， 无须创建对象实体即可使用，可以直接使用"File. 方法"方式调用。

File 类和 FileInfo 类的许多方法调用都是相同的，但是 FileInfo 类没有静态方法，只能用于创建对象。File 类和 FileInfo 类之间的关系与 Directory 类和 DirectoryInfo 类之间的关系十分类似，这里不再赘述。File 类的常用方法及说明如表 13-8 所示。

表 13-8 File 的常用方法及说明

方　法	说　明
GetAttributes()	获取指定路径上文件的 FileAttributes
GetCreationTime()	返回指定文件的创建日期和时间
Exists()	确定指定的文件是否存在，并返回一个布尔值
Create()	在指定路径中创建文件
Delete()	从指定路径删除指定文件，不存在会引发异常，调用前最好先判断是否存在
Copy()	将现有文件复制为新文件，不允许覆盖同名的文件
Move()	将指定文件移动到一个新的路径

【例 13-1】文件夹与文件操作。

功能实现：创建一个 Windows 应用程序，在默认窗体中，显示指定目录中所有文件的文件名、创建时间和文件属性，窗体中包含 1 个标签控件 Label、1 个文本框控件 TextBox、1 个列表框控件 ListBox 和 1 个按钮控件 Button。添加的关键代码如下。程序运行时，在文本框中输入文件夹名称"C:\Windows"，单击按钮控件，则可在列表框中显示该文件夹下的所有文件，如图 13-1 所示。

```
using System.IO;
private void button1_Click(object sender, EventArgs e)
{
    int i;
    string[] filen;
    string filea;
    listBox1.Items.Clear();
    if (!Directory.Exists(textBox1.Text))
        MessageBox.Show(textBox1.Text + " 文件夹不存在 ", " 信息提示 ", MessageBoxButtons.OK);
    else
    {
        filen = Directory.GetFiles(textBox1.Text);
        for (i = 0; i <= filen.Length - 1; i++)
        {
            filea = String.Format("{0}\t\t{1}\t{2}", filen[i],
File.GetCreationTime(filen[i]), fileatt(filen[i]));
            listBox1.Items.Add(filea);
        }
    }
}
```

```csharp
// 自定义函数
private string fileatt(string filename) // 获取文件属性
{
    string fa = "";
    switch (File.GetAttributes(filename))
    {
        case FileAttributes.Archive:
            fa = " 存档 ";
            break;
        case FileAttributes.ReadOnly:
            fa = " 只读 ";
            break;
        case FileAttributes.Hidden:
            fa = " 隐藏 ";
            break;
        case FileAttributes.Archive | FileAttributes.ReadOnly:
            fa = " 存档 + 只读 ";
            break;
        case FileAttributes.Archive | FileAttributes.Hidden:
            fa = " 存档 + 隐藏 ";
            break;
        case FileAttributes.ReadOnly | FileAttributes.Hidden:
            fa = " 只读 + 隐藏 ";
            break;
        case FileAttributes.Archive | FileAttributes.ReadOnly | FileAttributes.Hidden:
            fa = " 存档 + 只读 + 隐藏 ";
            break;
    }
    return fa;
}
```

图 13-1　例 13-1 运行结果

13.4 FileStream 类

使用 FileStream 类可以产生在磁盘或网络路径上指向文件的文件流，以便对文件进行读取、写入、打开和关闭操作。FileStream 类支持字节和字节数组处理，有些操作比如随机文件读写访问，必须由 FileStream 对象执行。FileStream 类提供的构造函数有很多，最常用的构造函数如下：

◎ public FileStream(string path, FileMode mode)

◎ public FileStream(string path, FileMode mode, FileAccess access)

它们使用指定的路径、创建模式及访问级别初始化 FileStream 类的新实例。其中，path 用于指出当前 FileStream 对象封装的文件的相对路径或绝对路径。mode 指定一个 FileMode 枚举取值，确定如何打开或创建文件。FileMode 枚举的取值及说明如表 13-9 所示。

表 13-9　FileMode 枚举的取值及说明

取　值	说　明
Append	如果文件存在，就打开文件，将文件移动到文件的末尾，否则创建一个新文件。FileMode.Append 只可以与枚举 FileAccess.Write 联合使用
Create	创建新文件，如果存在这样的文件，就覆盖它
CreateNew	创建新文件，如果已经存在此文件，则抛出异常
Open	打开现有的文件，如果不存在所指定的文件，则抛出异常
OpenOrCreate	如果文件存在，就打开文件，否则就创建新文件，如果文件已经存在，则保留文件中的数据
Truncate	打开现有文件，清除其内容，然后可以向文件写入全新的数据，但是保留文件的初始创建日期；如果不存在所指定的文件，则抛出异常

FileAccess 枚举参数规定了对文件的不同访问级别，FileAccess 枚举有三种类型：Read（可读）、Write（可写）、ReadWrite（可读写），此属性可基于用户的身份验证赋予用户对文件的不同访问级别。

FileStream 类的常用方法如下：

1）Seek 方法

Seek 方法用于设置文件指针的位置，其调用格式如下：

```
public long Seek(long offset, SeekOrigin origin);
```

其中，Long offset 规定文件指针以字节为单位的移动距离；SeekOrigin origin 规定开始计算的起始位置，此枚举包含 3 个值：Begin、Current 和 End。比如，若 aFile 是一个已经初始化的 FileStream 对象，则语句 aFile.Seek(8,SeekOrigin.Begin); 表示文件指针从文件的第一个字节计算起移动到文件的第 8 个字节处。

2）Read 方法

Read 方法用于从 FileStream 对象所指向的文件读数据，其调用格式如下：

```
Public int Read(byte[] array,int offset, int count);
```

第一个参数是传输进来的字节数组，用以接受 FileStream 对象读到的数据。第二个参

233

数指明从文件的什么位置开始读入数据，它通常是 0，表示从文件开端读取数据并写到数组，最后一个参数是规定从文件中读出多少字节。

使用 FileStream 类读取数据不像使用 StreamReader 和 StreamWriter 类读取数据那么容易，这是因为 FileStream 类只能处理原始字节，这也使得 FileStream 类可用于任何数据文件，而不仅仅是文本文件，通过读取字节数据就可以读取类似图像和声音的文件。这种灵活性的代价是不能使用它直接读入字符串，而使用 StreamWriter 和 StreaMeader 类却可以这样处理。

3）Write 方法

Write 方法用于向 FileStream 对象所指向的文件中写数据，其调用格式与 Read 方法相似。写入数据的流程是先获取字节数组，再把字节数据转换为字符数组，然后把这个字符数组用 Write 方法写入文件中，当然在写入的过程中，可以确定在文件的什么位置写入，写多少字符等等。

 ## 13.5　文本文件的操作

使用 FileStream 类时，其数据量是字节流，只能读写字节，这样使用它处理文本文件就很不方便。为此，System.IO 模型又提供了文本文件操作类，使用它们可以方便地从文件字节流中读取字符或向文件字节流中输入字符。文本文件的操作可通过 TextReader 和 TextWriter 两个类提供的方法来实现，也可以使用其派生类 StreamReader 和 StreamWriter 或者 StringReader 和 StringWriter。下面介绍读写文件操作比较常用的类 StreamReader 和 StreamWriter。

13.5.1　StreamReader 类

StreamReader 类以一种特定的编码从字节流中读取字符，常用的构造函数如下。

◎ StreamReader(Stream)：为指定的流初始化 StreamReader 类的新实例。

◎ StreamReader(String)：为指定的文件名初始化 StreamReader 类的新实例。

◎ StreamReader(Stream,Encoding)：用指定的字符编码为指定的流初始化 StreamReader 类的一个新实例。

◎ StreamReader(String,Encoding)：用指定的字符编码，为指定的文件名初始化 StreamReader 类的一个新实例。

StreamReader 类常用的方法及说明如表 13-10 所示。

表 13-10　StreamReader 类常用的方法及说明

方　法	说　明
ReadLine()	从当前流中读取一行字符并将数据作为字符串返回
Read()	读取文件流中的下一个字符或下一组字符
ReadToEnd()	从文件流的当前位置一直读取到末尾
Peek()	返回下一个可用的字符，但不使用它
Close()	关闭 StreamReader 对象和基础流，并释放与读关联的所有系统资源

使用 StreamReader 类读取文本文件中的数据的过程，如图 13-2 所示：首先通过 File 的 OpenRead 方法打开文件，并建立一个文件读取文件流，然后通过 StreamReader 类的方法将文件流中的数据读到 C# 文本框等用户界面窗体控件中。

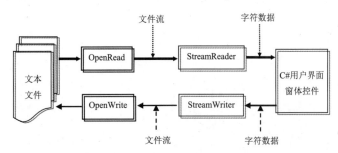

图 13-2　文本文件读写过程

13.5.2　StreamWriter 类

StreamWriter 类以一种特定的编码输出字符，其常用的构造函数如下。

◎ StreamWriter(Stream)：用 UTF-8 编码及默认缓冲区大小，为指定的流初始化 StreamWriter 类的一个新实例。

◎ StreamWriter(String)：使用默认编码和缓冲区大小，为指定路径上的指定文件初始化 StreamWriter 类的新实例。

◎ StreamWriter(Stream,Encoding)：用指定的编码及默认缓冲区大小，为指定的流初始化 StreamWriter 类的新实例。

◎ StreamWriter(string path,bool append)：path 表示要写入的完整文件路径。append 表示是否将数据追加到文件。如果该文件存在，并且 append 为 false，则该文件被改写；如果该文件存在，并且 append 为 true，则数据被追加到该文件中。否则，将创建新文件。

StreamWriter 类常用的方法及说明如表 13-11 所示。

表 13-11　StreamWriter 类常用的方法及说明

方　法	说　明
WriteLine()	写入参数指定的某些数据，后跟行结束符
Write()	写入流
Close()	关闭 StreamWriter 对象和基础流

使用 StreamWriter 类将数据写入文本文件的过程，如图 13-2 所示：首先通过 File 类的 OpenWrite 建立一个写入文件流，然后通过 StreamWriter 的 Write/WriteLine() 方法将 C# 文本框等用户界面窗体控件中的数据写入该文件流中。

【例 13-2】文本文件的读写访问。

功能实现：创建一个 Windows 应用程序，在默认窗体中，将一个文本框中的数据写入 MyTest.txt 文件中，而后读出，在另一个文本框中显示这些数据。窗体中包含 2 个文本框控件 TextBox（它们的 MultiLine 属性都设置为 true）和 2 个按钮控件 Button。添加的关键代码如下。程序运行时，在文本框 textBox1 中输入几行数据，单击"写入数据"按钮将它们写入指定的文件中，而后单击"读取数据"按钮从该文件中读出数据并在文本框 textBox2 中输出，运行结果如图 13-3 所示。

```csharp
using System.IO;
string path = "G: \\MyTest.txt"; // 文件名 path 作为 Form1 类的字段
private void button1_Click(object sender, EventArgs e)
{
    if (File.Exists(path)) // 存在该文件时删除之
        File.Delete(path);
    else
    {
        FileStream fs = File.OpenWrite(path);   // 建立文件写文件流
        StreamWriter sw = new StreamWriter(fs); // 建立文件流写对象
        sw.WriteLine(textBox1.Text);  // 将文本框内容写入文件
        sw.Close();
        fs.Close();
        button2.Enabled = true;
    }
}
private void button2_Click(object sender, EventArgs e)
{
    string mystr = "";
    FileStream fs = File.OpenRead(path);
    StreamReader sr = new StreamReader(fs);
    while (sr.Peek() > -1)
        mystr = mystr + sr.ReadLine() + "\r\n";
    sr.Close();
    fs.Close();
    textBox2.Text = mystr;
}
private void Form1_Load(object sender, EventArgs e)
{
    textBox1.Text = "";
    textBox2.Text = "";
    button1.Enabled = true;
    button2.Enabled = false;
}
/*------------------------------------------------------------------------*/
```

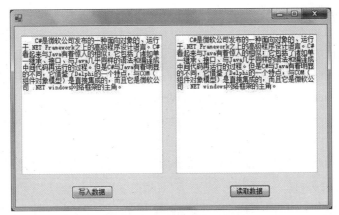

图 13-3　文本文件的读写访问

13.6　二进制文件操作

二进制文件是以二进制形式存储的文件。二进制文件的操作通过 BinaryReader 和 BinaryWriter 两个类提供的方法来实现，它们都属于 System.IO 命名空间。这两个类的使用方式、操作方法同操作文本文件的 StreamReader 和 StreamWriter 类非常相似，只是处理的文件数据格式不同。

13.6.1　BinaryReader 类

BinaryReader 类用特定的编码将基元数据类型读作二进制值，数据的读取过程与 StreamReader 类似。BinaryReader 常用的构造函数如下。

◎ BinaryReader(Stream)：基于所提供的流，用 UTF8Encoding 初始化 BinaryReader 类的实例。

◎ BinaryReader(Stream, Encoding)：基于所提供的流和特定的字符编码，初始化 BinaryReader 类的实例。

BinaryReader 类常用的方法及说明如表 13-12 所示。

表 13-12　BinaryReader 类常用的方法及说明

方　法	说　明
ReadString()	从当前流中读取一个字符串
ReadDouble()	从当前流中读取 8 字节浮点值，并使流的当前位置提升 8 个字节
PeekChar()	返回下一个可用的字符，并且不提升字节或字符的位置
ReadBytes()	用于读取字节数组，从当前流中将 count 个字节读入字节数组，并使当前位置提升 count 个字节
Readchars()	用于读取字符数组，从当前流中读取 count 个字符，以字符数组的形式返回数据并提升当前位置
Close()	关闭当前阅读器和基础流

13.6.2 BinaryWriter 类

BinaryWriter 类以二进制形式将基元类型写入流，并支持用特定的编码写入字符串，数据写入过程与 StreamWriter 类似，只是数据格式不同。BinaryWriter 常用的构造函数如下。

◎ BinaryWriter ( )：初始化一个 BinaryWriter 类的实例。

◎ BinaryWriter (Stream)：基于所提供的流，用 UTF8 作为字符串编码初始化 Binary-Writer 类的实例。

◎ BinaryWriter (Stream, Encoding)：基于所提供的流和特定的字符编码，初始化 Binary-Writer 类的实例。

BinaryWriter 类常用的方法及说明如表 13-13 所示。

表 13-13 BinaryWriter 类常用的方法及说明

方　法	说　明
Seek()	设置当前流中的指针位置
Write()	写入流
Close()	关闭 BinaryWriter 对象和基础流

【例 13-3】二进制文件的操作。

功能实现：创建一个 Windows 应用程序，用于将文本框 richTextBox1 中的内容写入指定文件中，用户可通过 1 组单选按钮来选择写入方式，包括二进制格式和各种不同的字符编码格式，而写入的内容将以默认格式显示在文本框 richTextBox2 中。添加的关键代码如下，运行结果如图 13-4 所示，从中可看到 ASCII 码不能有效处理汉字等 Unicode 码字符。

```
using System.IO;
    private void Form1_Load(object sender, EventArgs e)
    {
        string[] ss = { "Beijing", " 北京 ", "♥♦♠♠" };
        richTextBox1.Lines = ss;
    }
    private void button1_Click(object sender, EventArgs e)
    {
        FileStream fs1 = File.Create("demo.txt");
        if (radioButton1.Checked)
        {
            BinaryWriter bw1 = new BinaryWriter(fs1);
            foreach (string s in richTextBox1.Lines)
                bw1.Write(s);
            bw1.Close();
        }
        else
        {
```

```
        Encoding encoding = Encoding.ASCII;
        if (radioButton3.Checked)
            encoding = Encoding.UTF7;
        if (radioButton4.Checked)
            encoding = Encoding.UTF8;
        if (radioButton5.Checked)
            encoding = Encoding.UTF32;
        if (radioButton6.Checked)
            encoding = Encoding.Unicode;
        if (radioButton7.Checked)
            encoding = Encoding.BigEndianUnicode;
        StreamWriter sw1 = new StreamWriter(fs1, encoding);
        foreach (string s in richTextBox1.Lines)
            sw1.WriteLine(s);
        sw1.Close();
    }
    fs1.Close();
    richTextBox2.Lines = File.ReadAllLines("demo.txt");
    }
/*-----------------------------------------------------------*/
```

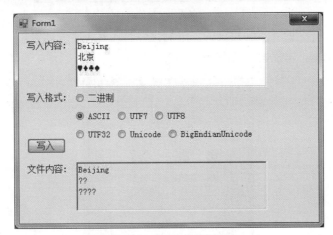

图 13-4 例 13-3 运行结果

13.6.3 二进制文件的随机查找

System.IO 模型便于二进制结构化数据的随机查找,其基本方法是:用 BinaryReader 类的方法打开指定的二进制文件,并求出每个记录的长度 reclen,通过 Seek() 方法将文件指针移动到指定的位置进行读操作。

练习 1：创建一个 Windows 应用程序，用来读取字符编码为 ANSI 的文本文件的内容并显示。具体实现时，可在默认窗体添加 2 个 Button 控件，其中一个用来选择文本文件，另一个用来读取文本文件的内容，并添加一个文本框 TextBox 和一个富文本框 RichTextBox，分别用来显示选择的文本文件的路径和显示文本文件的内容，实现效果如图 13-5 所示。

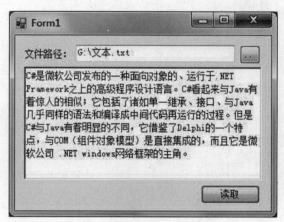

图 13-5　读取文本文件的内容并显示

练习 2：设计一个窗体，向指定的二进制文件写入若干学生记录，并在一个文本框中显示该文件中的数据，实现效果如图 13-6 所示。

图 13-6　二进制文件的写入与读取

第14章
报表与打印技术

内容概要

　　RDLC 报表是内置于 Visual Studio.NET 开发环境中的一种报表设计工具。利用 RDLC 报表，程序员能够在 .NET 平台上创建比较专业的互动式报表，便于用户对数据进行统计和分析。RDLC 报表可以通过多种形式发布，比如 Word、Excel 和 PDF 等，便于对数据的查看和处理。通过 Windows 打印控件，可以方便、快捷地对文档进行预览、设置和打印。

学习目标

◆ 了解报表的基本概念与开发环境
◆ 掌握报表的创建和设计方法
◆ 掌握打印控件的方法和打印控制技术

课时安排

◆ 理论学习　2 课时
◆ 上机操作　2 课时

14.1   开发环境介绍

RDLC 报表是通过报表设计器进行设计的，之后通过报表控件预览和导出数据。报表设计器的环境大体分为三部分。左侧为工具箱和数据源窗格。其中，工具箱包含设计报表时需要的所有控件，可以通过拖动控件的方式进行报表的设计；数据源窗格中包含设计报表所需要的数据来源。中部为报表的设计区域。右侧为属性窗格，可以用来对指定的控件进行设计，以美化报表。RDLC 报表的设计器环境如图 14-1 所示。

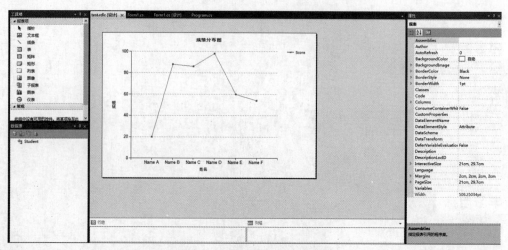

图 14-1　RDLC 报表的设计器环境

 14.2   报表的基本操作

报表操作包括创建报表、设计报表和使用报表。本节从这三个方面来讲解报表的基本操作。

14.2.1 创建报表文件

下面通过实例来演示如何创建报表。

【例 14-1】创建一个 Windows 应用程序，向窗体中添加一个报表文件。

具体步骤如下：

（1）新建一个 Windows 应用程序，并命名为 Example14_1，默认窗体为 Form1.cs。

（2）在"解决方案资源管理器"中选中当前项目名称，单击鼠标右键，在弹出的快捷菜单中选择"添加新项"命令，然后在弹出的对话框中选择"报表"选项，如图 14-2 所示。修改报表名称，单击"添加"按钮即可创建一个报表文件。

图 14-2　创建报表文件

14.2.2　添加数据源

报表的作用是为了以不同的形式显示数据，因此，在创建报表文件之后需要给报表添加数据源。添加数据源的方式常用的有两种：连接数据库和连接自定义对象。连接数据源需要在数据源窗格中单击添加数据源图标 ，这里以添加数据库为例演示如何添加数据源。

【例 14-2】在例 14-1 项目基础上，向报表中添加数据库数据源，具体步骤如下：

（1）在弹出的"数据源配置向导"窗口中选择"数据库"选项，如图 14-3 所示，单击"下一步"按钮。

图 14-3　选择数据源类型

（2）在弹出的窗口中选择"数据集"选项，如图 14-4 所示，单击"下一步"按钮。

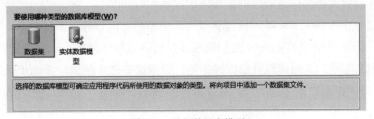

图 14-4　选择数据库模型

（3）在弹出的数据连接中单击右上方的"新建连接"按钮，之后在弹出的窗口中填入服务器名，选择登录服务器的方式以及要连接到的数据库之后，单击"确定"按钮。

（4）在弹出的"选择数据库对象"对话框中选择要显示的表、视图、存储过程和函数，如图 14-5 所示，然后单击"完成"按钮。

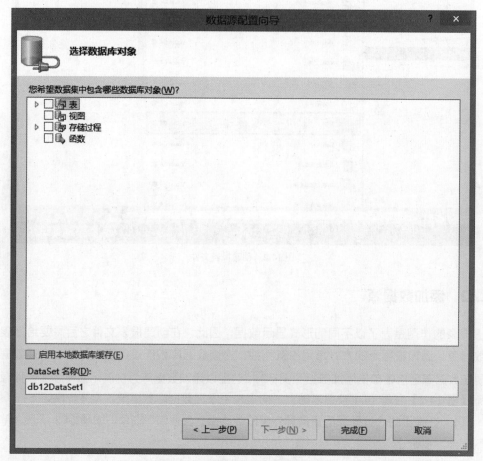

图 14-5 "选择数据库对象"对话框

报表中的数据并非全部都是从数据库中读取出来的，有些数据是通过 C# 代码处理过后得出的，这类数据只能通过参数传递的方式将数据从 C# 后台传递到报表中。那么，如何通过参数传递的方式在报表中显示数据呢？

报表参数传递需要三步：

（1）在报表中添加参数。

（2）在报表控件中应用报表参数。

（3）C# 后台代码将指定参数的值传递给报表。

下面通过一个实例来演示如何通过参数传递的方式，向报表中添加数据。

【例 14-3】新建一个 Windows 应用程序，在应用程序中添加一个报表文件，然后在报表上添加一个文本框，之后通过参数传递的方式设置文本框中的值。具体步骤如下：

（1）打开"报表数据"选项卡。在菜单栏中单击"视图"选项，在弹出的菜单中选择

"报表数据"命令，如图 14-6 所示。如果"视图"菜单中没有"报表数据"命令，可以按
快捷键 Ctrl+Alt+D，之后再打开"视图"菜单，就可以看见"报表数据"命令了。

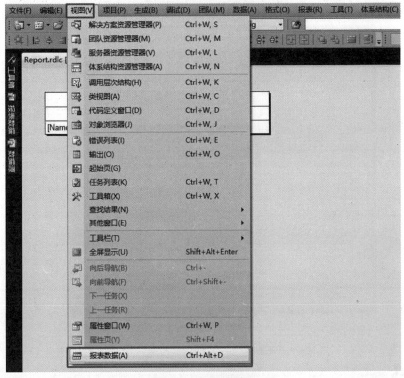

图 14-6 报表数据命令

（2）添加参数。在"报表数据"选项卡中右键单击"参数"，在弹出的菜单中选择"添
加参数"命令，如图 14-7 所示。之后可以在弹出的"报表参数属性"对话框中设置添加的
参数信息。设置完参数信息后单击"确定"按钮，即可添加参数。"报表参数属性"对话
框如图 14-8 所示。

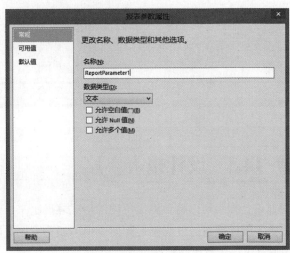

图 14-7 报表数据 - 参数   图 14-8 "报表参数属性"对话框

（3）在报表控件中应用参数。右键单击控件，在弹出的菜单中选择"表达式"命令，在弹出的"表达式"对话框中填写应用参数的表达式。表达式格式为：Parameters! 参数名称 .Value。在这里设置添加的参数名称为 Name，如图 14-9 所示。

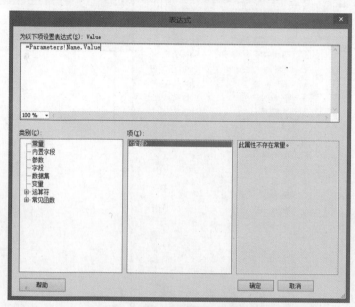

图 14-9　设置控件值为指定的参数值

（4）通过 C# 后台代码将指定参数的值传递给报表。传递代码如下：

```
/*********************************************************/
private void SendDataToRDLC()
    {
        // 设置参数。注意：参数名称必须和报表中的参数名称保持一致，否则无法传递参数
        ReportParameter[] para = new ReportParameter[]{
            new ReportParameter("Name","122")
        };
        // 将参数传递给报表
        this.reportViewer1.LocalReport.SetParameters(para);
        // 刷新报表
        this.reportViewer1.RefreshReport();
    }
```

 ## 14.3　设计报表

通过设计报表可以将数据以不同的形式表现出来，便于用户对数据进行多方面、全方位的分析。设计报表的过程就是向报表中添加不同控件以及设计控件属性的过程。下面讲解报表设计过程中常用的控件。

1. 文本框

文本框即文本编辑区域，在报表设计过程中主要用来显示文本信息。可以在设计报表时直接赋值，也可以通过参数传递为其赋值。直接赋值有两种方式：

（1）双击文本框，直接在文本框中输入所赋的值。

（2）右键单击文本框，选择"表达式"命令，在弹出的窗口中输入文本框中的值，如图 14-10 所示。

图 14-10　直接设置文本框中的值

2. 数据表

报表中的表和数据库中的表概念是一样的。其使用范围比较广泛，可以直接将数据库中查询出来的数据表显示出来。报表的使用也很方便，在给报表添加数据源之后，可以直接选择表的某一列来显示数据表中的某一列值。其具体使用步骤如下。

（1）给报表添加数据源。

（2）在报表中添加控件，并且按照需求设计表的样式。

（3）选择显示数据源，选择表中的某一列显示数据源中某一列的值。

选择显示列如图 14-11 所示。

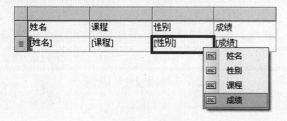

图 14-11　数据表

3. 矩阵

矩阵即二维表，常用于表示统计表。其使用方法和表的使用方法类似，在添加数据源之后，选择矩阵的某一列或者某一行显示数据源中的某一列值。和表不同的是，矩阵不仅需要在某一列设置显示的值，还需要设置某一行显示的值以及行列对应的空格需要显示的值。设计图和效果图如图 14-12 所示。

	[姓名]	总和	平均值
[课程]	[成绩]	[Sum(成绩)]	[Avg(成绩)]

（a）数据表设计图

	cxg	jhk	ld	lkm	syc	zj	总和	平均值
Chinese	100	96	118	85	99.2	64.5	562.7	93.78
English	95.1	67.3	92.1	88.6	64.5	85.1	492.7	82.12
Math	113	125	99.4	132	108	125	702.4	117.07

（b）数据表效果图

图 14-12　数据表的结构与实例

4. 图像

在设计报表时如果需要在报表中添加照片，此时就会用到报表中的图像控件。图像控件是一个方框，在添加图像控件时，会自动弹出"图像属性"对话框，如图 14-13 所示，在"图像属性"对话框可以选择图像的来源。

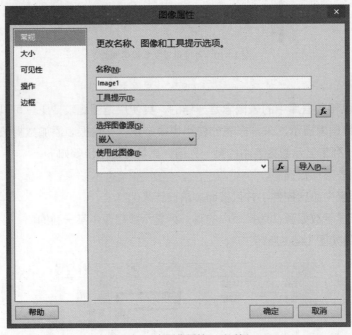

图 14-13　"图像属性"对话框

5. 图表

图表常用来对数据进行全方位多角度的分析总结。因此，在报表设计中，图表是非常重要的一个控件。在添加图表时，系统会让我们选择图表类型，如图 14-14 所示。

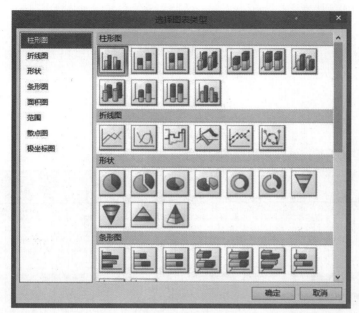

图 14-14　图表类型

确定图表类型之后需要为图表设置显示的数据。在这里我们以柱状图为例。将鼠标指针移动到图表上，单击鼠标左键，会出现三个区域用来设置显示的数据，分为上、下、右区域。分别表示数据字段、类别字段和序列字段。设置好数据字段值之后，我们就可以用这个图表来显示分析数据了。

14.4　使用 ReportViewer 控件显示报表

前面已经介绍了如何设计报表和给报表添加数据。那么，报表做好之后，如何显示出来呢？实际开发中，最常用来显示报表的控件是 ReportViewer 控件。下面，介绍 ReportViewer 控件的使用方法。

ReportViewer 控件是 Visual Studio 自带的用来预览报表的控件。通过 ReportViewer 控件，用户可以在窗体界面上看到生成的报表样式。同时 ReportViewer 控件自带数据导出功能和打印功能，使得报表导出和打印更加方便、快捷。下面我们通过一个实例来演示如何使用 ReportViewer 控件加载报表。

【例 14-4】新建一个 Windows 应用程序，在窗体上添加一个 ReportViewer 控件，并连接到报表。

具体步骤如下：

（1）新建一个 Windows 窗体应用程序，在默认窗体上添加一个 ReportViewer 控件。

（2）单击 ReportViewer 控件右上方的三角箭头，选择要绑定的报表，如图 14-15 所示。

图 14-15　ReportViewer 控件

（3）通过代码给控件设置数据来源和参数。代码如下：

```
/*************************************************************/
// 添加数据来源
    ReportDataSource datasource = new ReportDataSource("DataSet1", getData());
    this.reportViewer1.LocalReport.DataSources.Clear();
    this.reportViewer1.LocalReport.DataSources.Add(datasource);
    // 设置参数。注意：参数名称必须和报表中的参数名称保持一致，否则无法传递参数
    ReportParameter[] para = new ReportParameter[]{
        new ReportParameter("Name","122")
    };
    // 将参数传递给报表
    this.reportViewer1.LocalReport.SetParameters(para);
    // 刷新报表
    this.reportViewer1.RefreshReport();
```

 14.5　Windows 打印技术

通过 Windows 打印控件，可以方便、快捷地对文档进行预览、设置和打印。下面详细介绍 Windows 打印控件，并举例说明如何使用这些打印控件。

14.5.1　PageSetupDialog 控件

PageSetupDialog 控件用于设置页面详细信息。用户可以用该控件设置打印页面的边框、边距调整量、页眉、页脚以及是纵向打印还是横向打印。表 14-1 列出了 PageSetupDialog 控件的常用属性及其说明。

表 14-1　PageSetupDialog 控件的常用属性及说明

属　性	说　明
Document	获取页面设置的 PrintDocument 类对象
AllowMargins	是否启用对话框的边距部分
AllowOrientation	是否启用对话框的方向部分（横向或者纵向）
AllowPaper	是否启用对话框的纸张部分（纸张大小和纸张来源）
AllowPrinter	是否启用"打印机"按钮

14.5.2　PrintDocument 控件

PrintDocument 控件用于设置打印的文档，该控件中比较常用的是 PrintPage 事件和 Print 方法。其中，PrintPage 事件在需要为当前页打印输出时发生，调用 Print() 方法开始文档的打印进程。下面通过实例演示如何使用 PrintDocument 和 PrintSetupDialog 控件。

【例 14-5】创建一个 Windows 应用程序，向窗体中添加一个 PrintDocument 控件，一个 PageSetupDialog 控件和一个 Button 控件。然后在 Button 控件的 Click 事件中设置 PageSetupDialog 控件的相应属性。

代码如下：

```
/****************************************************/
Private void button1_Click(object sender, EventArgs e)
{
    printDialog1.Document = printDocument1;
    printDialog1.AllowMargins= true;
    printDialog1.AllowOrientation = true;
    printDialog1.AllowPaper = true;
    printDialog1.AllowPrinter = true;
    printDialog1.ShowDialog();
}
```

运行程序，效果如图 14-16 所示。

图 14-16　设置文档的打印效果

14.5.3　PrintDialog 控件

PrintDialog 控件用于选择打印机、要打印的页以及其他与打印相关的设置。PrintDialog 控件常用的属性及说明如表 14-2 所示。

表 14-2　PrintDialog 控件的常用属性及说明

属　性	说　明
Document	获取 PrinterSettings 类的 PrintDocument 对象
AllowCurrentPage	是否显示"当前页面"单选按钮
AllowPrintToFile	是否启用"打印到文件"复选框
AllowSelection	是否启用"选定范围"单选按钮
AllowSomePages	是否启用"页码"单选按钮

【例 14-6】创建一个 Windows 应用程序，在窗体中添加一个 PrintDocument 控件、一个 PageDialog 控件和一个 Button 控件。然后在 Button 控件的 Click 事件中设置 PageDialog 控件的相应属性。

代码如下：

```
/*******************************************************/
Private void button1_Click(object sender, EventArgs e)
{
    printDialog1.Document = printDocument1;
    printDialog1.AllowPrintToFile = true;
    printDialog1.AllowCurrentPage = true;
    printDialog1.AllowSelection = true;
    printDialog1.AllowSomePages = true;
    printDialog1.ShowDialog();
}
```

运行程序，单击"打印"按钮，如图 14-17 所示。

图 14-17　"打印"对话框

14.5.4　PrintPreviewControl 控件

PrintPreviewControl 控件用于按文档打印时的外观显示文档。该控件只为用户提供预览打印文档的功能。因此，通常只有在希望编写自己的打印预览用户界面时才使用 PrintPreviewControl 控件。PrintPreviewControl 控件中比较重要和常用的属性是 Document，该属性用于设置要预览的文档。

14.5.5　PrintPreviewDialog 控件

PrintPreviewDialog 控件用于预览文档打印后的外观。该控件包含打印、放大、显示一页或多页和关闭对话框等按钮。PrintPreviewDialog 控件的常用属性和方法及说明如表 14-3 所示。

表 14-3　PrintPreviewDialog 控件的常用属性和方法及说明

属性或方法	说　　明
Document	设置要预览的文档
UseAntiAlias	设置打印是否使用操作系统的防锯齿功能
ShowDialog()	将窗体显示为模式对话框，并将当前活动窗口设置为它的所有者

下面通过实例来演示如何使用 PrintPreviewDialog 控件实现预览效果。

【例 14-7】新建一个窗体应用程序，在主界面上添加一个 Button 控件，更改 Button 控件的 Name 属性为 btn_pvw，添加 Button 控件的单击触发事件。

代码如下：

```
private void btn_pvw_Click(object sender, EventArgs e)
{
// 定义打印的文档
PrintDocument document = new PrintDocument();
// 设置打印文档的默认页面大小
document.DefaultPageSettings.PaperSize = new PaperSize("Custom", 500, 500);
document.PrintPage += document_PrintPage;
PrintPreviewDialog print = new PrintPreviewDialog();
// 为预览窗口加载文档
print.Document = document;
if (print.ShowDialog() == DialogResult.OK)
{
    document.Print();
}
}

void document_PrintPage(object sender, PrintPageEventArgs e)
{
    e.Graphics.DrawString("Hello, World!!", new Font(new FontFamily(" 宋体 "), 24), System.Drawing.Brushes.AliceBlue, 50, 50);
}
```

 强化练习

本章主要介绍了用 RDLC 制作报表的过程，RDLC 报表的行组和列组功能十分强大，并且可以做到数据与报表格式分离，实际应用十分广泛。请大家完成以下练习来体验 RDLC 的强大功能。

练习 1：

简述报表的设计过程。

练习 2：

设计一个学生类，并添加姓名、性别、出生日期、备注等属性，并设计一张报表，用 ReportViewer 控件加载该报表，实现学生信息的导出、打印功能。

第15章
网络编程技术

内容概要

本章介绍网络编程，包含客户端编程和服务器编程，这是 C/S 模式软件的重要开发内容。还将介绍主机扫描技术、套接字编程、基于 TCP 的程序设计以及 E-mail 服务程序设计等内容。

学习目标

◆ 了解网络编程技术中端口、串口的基本概念
◆ 掌握端口扫描器的概念和基本技术
◆ 了解串口通信技术
◆ 掌握 TCP/IP 技术的基本概念与编程技术
◆ 掌握电子邮件的编程技术

课时安排

◆ 理论学习　4 课时
◆ 上机操作　2 课时

15.1　端口和串口

端口即计算机与外界通信交流的出口，是计算机与外界通信交流的必经之地，也是保证计算机安全的必争之地。

串口是采用串行通信方式的扩展接口，通过串口通信程序设计能够用软件控制硬件，是软件与硬件之间通信的必学课程。

端口是一种逻辑接口，是网络通信的接口，一个端口就是一个通信通道。通过端口扫描，可以知道目标主机上开放了哪些端口，运行了哪些服务，这些都是入侵系统的可能途径。对端口扫描技术进行研究，可以在一定程度上防范黑客的入侵。

 15.2　端口扫描技术

端口扫描技术是一种自动探测本地和远程系统端口开放情况的策略及方法，是一种非常重要的攻击探测手段。

15.2.1　端口扫描器

端口扫描器，即端口扫描软件，可用于帮助我们发现目标机的某些内在弱点。一个好的扫描器能对它得到的数据进行分析，从而帮助我们查找目标主机的漏洞。

端口扫描器可以向目标主机的 TCP/IP 协议栈中的服务端口发送探测数据包，并记录目标主机的响应。然后通过分析端口扫描的响应信息来判断相应的服务端口是否打开，从而获取目标主机所提供的网络服务清单，监听端口上开放的服务类型以及对应的软件版本，甚至被探测主机所使用的操作系统类型，进而发现主机存在的漏洞。

在功能设计上，扫描器应具有以下模块：

◎ 用户界面——友好的用户界面能够使扫描结果显示得更加条理清晰，扫描插件维护功能方便。

◎ 端口扫描引擎——检测目标系统，调度扫描插件模板，执行安全测试。

◎ 扫描插件——主要完成对目标系统的检查。

◎ 脆弱性报告——能够依据不同的需求，提供不同形式的报表。

◎ 漏洞数据库——包括系统安全漏洞、警告信息。

在性能上，扫描器应达到两方面要求：

◎ 扫描速度。每一个主机都有 65536 个网络端口，对每一个端口进行扫描且发送漏洞检测数据，数据在网络中的传输以及目标主机的响应有一个比较长的时延。因此为了提高扫描速度，应采用多线程技术同时对多个端口进行扫描以提高扫描速度。

◎ 效率。无论什么扫描器，都不需要对所有端口都扫描，可以根据个人需要来设置扫描的 IP 数量。同时需要设置延迟的时间，若太长时间返回数据就丢掉，这样就可以有效提高效率。

15.2.2　端口扫描技术分类

常用端口扫描技术有四大类：全连接扫描、半连接扫描、秘密扫描和其他扫描。

1. 全连接扫描

全连接扫描（TCP Connect 扫描），是最基本的 TCP 扫描。通过 Connect() 系统调用，可以与目标端口进行连接，连接成功则表示端口处于侦听状态，否则表示这个端口没有提供服务。全连接扫描的优点是任何用户都可以使用此调用，缺点是容易被防火墙察觉，并且会写入日志文件中。

2. 半连接扫描

半连接扫描（TCP SYN 扫描），是一种非完全连接的扫描技术。SYN 扫描技术并未完成 TCP 连接的三次握手，而是向目标主机发送一个 SYN 数据包，好像准备打开一个实际的连接并等待反应一样（参考 TCP 的 3 次握手建立一个 TCP 连接的过程）。如果返回信息为 SYN|ACK，则表示该端口处于侦听状态，需要再发送一个 RST 信号以关闭该连接；如果返回 RST，则表示该端口没有处于侦听状态。这种扫描技术的优点是不会在目标主机上留下痕迹，缺点是必须要有管理员权限才能建立 SYN 数据包。

3. 秘密扫描

秘密扫描包含 TCP FIN 扫描、TCP ACK 扫描、NULL 扫描、XMAS 扫描、SYN/ACK 扫描等，其原理大同小异，即向目标主机发送指定标志位置的特殊的报文段，根据返回值判断该端口是否处于侦听状态。这些扫描方法都不会在目标主机上留下痕迹。

4. 其他扫描

这种方法使用的是 UDP 协议，而非 TCP/IP 协议。UDP 协议很简单，所以扫描变得困难，而且由于打开的端口对扫描探测并不发送确认信息，关闭的端口也并不需要发送一个错误数据包。幸运的是，大部分主机在向一个未打开的 UDP 端口发送数据包时，会返回一个 ICMP_PORT_UNREACH 错误，这样扫描者就能知道哪个端口是关闭的。

15.2.3　TCP 全连接扫描程序设计

TCP 全连接指的是按照 3 次握手方式进行连接，其可靠性好，容易理解，是学习扫描程序的入门方法。下面通过一个实例来演示如何实现端口扫描。

【例 15-1】新建一个 Windows 应用程序，其设计界面如图 15-1 所示，使用多线程技术设计一个 TCP 全连接端口扫描程序。

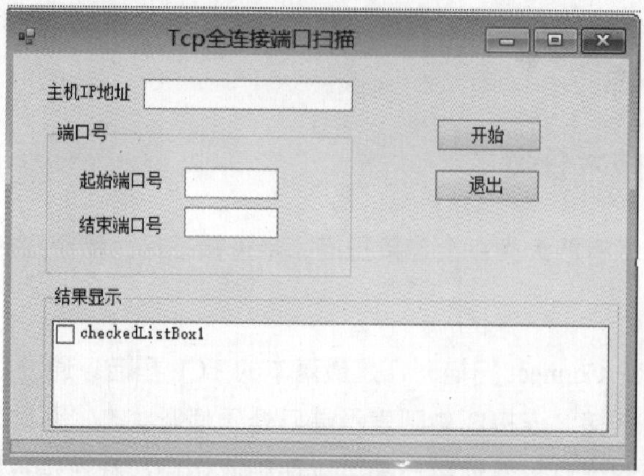

图 15-1 "TCP 全连接端口扫描"窗口

主要代码如下：

```
/***************************************************/
// 开始扫描
    private void start()
    {
      // 清空结果集中的项
      checkedListBox1.Items.Clear();
      connState = 0;
      portSum = 0;
      //IP 地址
      scanHost = txtHostName.Text.Trim();
      try
      {
        // 根据 IP 地址，解析主机
        IPAddress ipaddress = (IPAddress)Dns.Resolve(scanHost).AddressList.GetValue(0);
        txtHostName.Text = ipaddress.ToString();
      }
      catch
      {
        txtHostName.Focus();
        MessageBox.Show(" 该地址无法解析 ", " 系统提示 ", MessageBoxButtons.OK, MessageBoxIcon.Error);
        return;
      }
      // 使用线程池来管理线程，设置线程池最大线程数
      ThreadPool.SetMaxThreads(1000, 1000);
      progressBar1.Maximum = Convert.ToInt32(endPort.Text);
      progressBar1.Minimum = Convert.ToInt32(startPort.Text);
      progressBar1.Value = progressBar1.Minimum;
       for (int threadNum = Convert.ToInt32(startPort.Text); threadNum <= Convert.ToInt32(endPort.Text); threadNum++)
      {
        // 每扫描一个端口，便开启一个线程。用线程池来管理线程
```

```csharp
            ThreadPool.QueueUserWorkItem(new WaitCallback(NormalScan),(object)threadNum);
    }
}
// 判断指定端口是否开放
private void NormalScan(object threadNum)
{
    int port = (int)threadNum;
    string tmsg = "";
    TcpClient tcp = new TcpClient();
    try
    {
        // 通过 TcpClient 中的 Connect 判断是否连接成功，连接成功则表示端口开放。否则表示端口不开放
        tcp.Connect(scanHost, port);
        portSum++;
        tmsg = port.ToString() + " 端口开放 ";
        // 在非主线程中调用主线程中的控件，需要用到委托
        this.BeginInvoke(new Action(() =>
        {
            checkedListBox1.Items.Add(tmsg);
        }));
        tcp.Close();
    }
    catch
    {
        //tmsg = port.ToString() + " 端口未开放 ";
        //this.BeginInvoke(new Action(() =>
        //{
        //    checkedListBox1.Items.Add(tmsg);
        //}));
        tcp.Close();
    }
    this.BeginInvoke(new Action(() =>
    {
        // 设置进度条进度
        if (progressBar1.Value < progressBar1.Maximum)
        {
            progressBar1.Value += 1;
        }
        else
        {
            MessageBox.Show(" 扫描完毕 ", " 系统提示 ", MessageBoxButtons.OK, MessageBoxIcon.Asterisk);
        }
    }));
}
```

15.2.4　高级端口扫描程序设计

高级端口扫描是用半连接扫描技术进行程序设计，由于需要用户自己构造数据包，且需要对发送和接受信息进行分析，因此程序比较复杂，这里就不演示了。感兴趣的读者可以到 MSDN 上搜寻相关的例子。

 ## 15.3　串口通信技术

串口通信协议包括 RS-232、RS-422、RS-485 三种标准。目前，PC 与通信工业中应用最广泛的串行接口是 RS-232，因此本节主要介绍 RS-232 标准。

15.3.1　概述

RS-232 的传输方式为单端通信，分别有 9 针和 25 针两种引脚，如图 15-2 和图 15-3 所示。具体的引脚定义如表 15-1 所示。

表 15-1　RS-232 串口引脚定义

9 针串口			25 针串口		
针号	功能说明	缩写	针号	功能说明	缩写
1	数据载波检查	DCD	8	数据载波检查	DCD
2	接受数据	RXD	3	接受数据	RXD
3	发送数据	TXD	2	发送数据	TXD
4	数据终端准备	DTR	20	数据终端准备	DTR
5	信号地	GND	7	信号地	GND
6	数据设备准备好	DSR	6	数据设备准备好	DSR
7	请求发送	RTS	4	请求发送	RTS
8	消除发送	CTS	5	消除发送	CTS
9	振铃指示	DELL	22	振铃指示	DELL

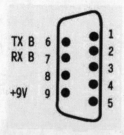

图 15-2　9 针引脚图　　　　图 15-3　25 针引脚图

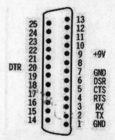

串口传输数据只要有接收数据针脚和发送数据针脚就能实现，同一串口的接收数据针脚和发送数据针脚直接用线相连。

RS-422 是由 RS-192 发展而来的，是为了弥补 RS-232 通信距离短、速率低的不足而提出来的，是一种单机发送、多机接收的单向、平衡传输规范，被命名为 TIA/EIA-422-A 标准。

而 RS-485 是在 RS-422 的基础上制定的，增加了发送器的驱动能力和冲突保护特性。

15.3.2 SerialPort 类

.Net Framework 2.0 类库包含 SerialPort 类，方便地实现了所有串口通信的多种功能。因此本节内容主要介绍这种方法。

SerialPort 类提供了同步 I/O 和事件驱动 I/O、对引脚和中断状态的访问以及串行驱动程序属性的访问。该类存在于 System.IO.Ports 命名空间，因此在使用该类之前，需要引用 System.IO.Ports 命名空间。表 15-2 和表 15-3 列出了 SerialPort 类常用的属性及说明和常用方法及说明。

表 15-2 SerialPort 类常用的属性及说明

属 性	说 明
BaseStream	获取 SerialPort 对象的基础 Stream 对象
BaudRate	获取或设置串行波特率
BreakState	获取或设置中断信号状态
BytesToRead	获取接收缓冲区中数据的字节数
BytesToWrite	获取发送缓冲区中数据的字节数
CDHolding	获取端口的载波检测行的状态
CtsHolding	获取"可以发送"行的状态
DataBits	获取或设置每个字节的标准数据位长度
DiscardNull	获取或设置一个值，该值指示 Null 字节在端口和接收缓冲区之间传输时是否被忽略
DsrHolding	获取数据设置就绪 (DSR) 信号的状态
DtrEnable	获取或设置一个值，该值在串行通信过程中启用数据终端就绪 (DTR) 信号
Encoding	获取或设置传输前后文本转换的字节编码
Handshake	获取或设置串行端口数据传输的握手协议
IsOpen	获取一个值，该值指示 SerialPort 对象的打开或关闭状态
NewLine	获取或设置用于解释 ReadLine( ) 和 WriteLine( ) 方法调用结束的值
Parity	获取或设置奇偶校验检查协议
ParityReplace	获取或设置一个字节，该字节在发生奇偶校验错误时替换数据流中的无效字节
PortName	获取或设置通信端口，包括但不限于所有可用的 COM 端口
ReadBufferSize	获取或设置 SerialPort 输入缓冲区的大小
ReadTimeout	获取或设置读取操作未完成时发生超时之前的毫秒数
ReceivedBytesThreshold	获取或设置 DataReceived 事件发生前内部输入缓冲区中的字节数
RtsEnable	获取或设置一个值，该值指示在串行通信中是否启用请求发送 (RTS) 信号
StopBits	获取或设置每个字节的标准停止位数
WriteBufferSize	获取或设置串行端口输出缓冲区的大小
WriteTimeout	获取或设置写入操作未完成时发生超时之前的毫秒数

表 15-3 SerialPort 类中常用的方法及说明

方 法	说 明
Close()	关闭端口连接，将 IsOpen 属性设置为 False，并释放内部 Stream 对象

续表

方 法	说 明
Open()	打开一个新的串行端口连接
Read()	从 SerialPort 输入缓冲区中读取
ReadByte()	从 SerialPort 输入缓冲区中同步读取一个字节
ReadChar()	从 SerialPort 输入缓冲区中同步读取一个字符
ReadLine()	一直读取到输入缓冲区中的 NewLine 值
ReadTo()	一直读取到输入缓冲区中指定 value 的字符串
Write()	已重载。将数据写入串行端口输出缓冲区
WriteLine()	将指定的字符串和 NewLine 值写入输出缓冲区

　　SerialPort 类是串口通信编程中最常用和最重要的类，若想学会串口编程，掌握 SerialPort 类是必须的。

 ## 15.4　TCP/IP 通信技术

　　网络编程既是网络原理的深入和实践过程，又是网络通信软件的重要开发内容。在了解网络体系结构的基础上，本节以套接字编程为主线，重点阐述套接字编程、TcpClient 类和 TcpListener 类。

15.4.1　TCP/IP 介绍

　　TCP/IP（Transmission Control Protocol / Internet Protocol）是一种网络协议。它定义了如何通过网络适配器、集线器、交换机、路由器和其他网络通信硬件发送和接收数据的详细信息。TCP/IP 是互联网上使用的主要协议，在公共领域已经成为世界上最受欢迎的网络协议。现如今，几乎所有的计算机系统和网络硬件都支持 TCP/IP。

　　TCP 数据包的格式如图 15-4 所示，其中源端口号和目的端口号可用于套接字编程。

0　　　　源端口号　　　　15	16　　　　目标端口号　　　　31
序列号	
确认号	
头部长度|保留|URG|ACK|PSH|RST|SYN|FIN	窗口大小
校验和	紧急指针
选项及数据	

图 15-4　TCP 数据包格式

　　TCP/IP 以类似于电话呼叫的方式工作，必须通过拨打电话来发起连接。在连接的另一端，有人必须监听呼叫，然后在呼叫进入时接听线路。在 TCP / IP 通信中，IP 地址类似于电话号码，端口号类似于一旦呼叫被应答，特定的分机。TCP / IP 连接中的"客户端"是"拨打电话"的计算机或设备，"服务器"是"侦听"呼叫进入的计算机。换句话说，客户端需要知道 IP 地址，它想要连接的服务器，还需要知道它想要发送和接收数据通过连接建立后的端口号。服务器只需要侦听连接，并且在客户端发起连接时接受或拒绝。

　　在 TCP/IP 协议簇中，应用层具有 FTP 等多个协议，它们位于 TCP 和 UDP 基础之上。

其中，基于 TCP 的常用服务和端口如表 15-4 所示。

表 15-4 TCP 常用的服务端口号及应用

端口号	服务进程	描述
20	FTP	文件传输协议（数据连接）
21	FTP	文件传输协议（控制连接）
23	Telnet	虚拟终端网络
25	SMPT	简单邮件传输协议
53	DNS	域名服务器
80	HTTP	超文本传输协议
111	RPC	远程过程调用

15.4.2 阻塞 / 非阻塞模式及其应用

下面了解几个容易混淆的概念：同步、异步、阻塞和非阻塞。

◎ 同步方式：指客户机在发送请求之后，必须获得服务器的回应才能发送下一个请求。此时，所有的请求都会在服务器端同步。

◎ 异步方式：指客户机在发送请求之后，不必等待服务器的回应就可以发送下一个请求。

◎ 阻塞方式：指执行套接字的调用函数只有在得到结果之后才会返回；在调用结果返回之前，当前线程会被挂起，即此套接字一直阻塞在线程调用上，不会继续往下执行。

◎ 非阻塞方式：指执行套接字的调用函数时，即使不能立即得到结果，该函数也不会阻塞当前线程，而是立即返回。

由此可见，同步和异步属于通信模式，而阻塞和非阻塞属于套接字模式。一般而言，在实现效果方面，同步和阻塞方式一致，异步和非阻塞方式一致。

15.4.3 同步套接字编程技术

同步套接字编程技术主要用于客户端和服务器之间的数据传输。首先，服务器启动并处于监听状态，然后等待客户端发出连接请求。下面通过一个实例来演示同步套接字编程。

【例 15-2】套接字编程分为两部分，分别为服务器端编程和客户端编程。

1. 服务器端程序设计

1）设计界面

服务器界面设计如图 15-5 所示。

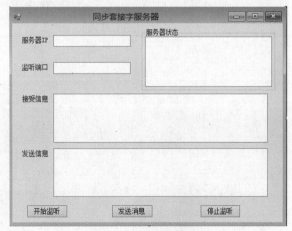

图 15-5 服务器界面设计

2）对象或者变量初始化

```csharp
private Socket socket;
private Socket newsocket;
private Thread thread;
主要方法和事件
/*****************************************************/
/// <summary>
    /// 开始监听
    /// </summary>
    /// <param name="sender"></param>
    /// <param name="e"></param>
    private void btn_Listen_Click(object sender, EventArgs e)
    {
        this.btn_Listen.Enabled = false;
        IPAddress ip = IPAddress.Parse(this.txt_IP.Text.Trim());
        IPEndPoint server = new IPEndPoint(ip,Convert.ToInt32(txt_port.Text));
        socket = new Socket(AddressFamily.InterNetwork, SocketType.Stream, ProtocolType.Tcp);
        socket.Bind(server);
        socket.Listen(10);
        newsocket = socket.Accept();
        this.txt_State.Text += " 与客户 " + newsocket.RemoteEndPoint.ToString() + " 建立连接 \n";
        thread = new Thread(new ThreadStart(AcceptMessage));
        thread.Start();
    }


    /// <summary>
    /// 新开启一个线程，用于接收消息
    /// </summary>
    private void AcceptMessage()
    {
        while (true)
        {
            try
            {
                byte[] message = new byte[1024];
                int size = newsocket.Receive(message);
                if (size == 0)
                {
                    break;
                }
                txt_receive.Text += System.Text.Encoding.Unicode.GetString(message) + "\n";
            }
            catch(Exception ex)
```

```
    {
        this.BeginInvoke(new Action(() =>
        {
            txt_State.Text += " 与客户断开连接 \n";
        }));
        break;
    }
}
}


/// <summary>
/// 发送数据
/// </summary>
/// <param name="sender"></param>
/// <param name="e"></param>
private void btn_send_Click(object sender, EventArgs e)
{
    string str = this.txt_send.Text;
    byte[] sendbytes = System.Text.Encoding.Unicode.GetBytes(str);
    try
    {
        newsocket.Send(sendbytes, sendbytes.Length, SocketFlags.None);
        this.txt_send.Text = "";
    }catch
    {
        MessageBox.Show(" 无法发送！！ ", " 信息提示 ", MessageBoxButtons.OK, MessageBoxIcon.Error);
    }
}


/// <summary>
/// 停止监听
/// </summary>
/// <param name="sender"></param>
/// <param name="e"></param>
private void btn_stop_Click(object sender, EventArgs e)
{
    this.btn_Listen.Enabled = true;
    try
    {
        socket.Shutdown(SocketShutdown.Both);
        socket.Close();
        if (newsocket.Connected)
        {
            newsocket.Close();
```

```
            thread.Abort();
        }
    }
    catch
    {
        MessageBox.Show(" 监听尚未开始，关闭无效！！ "," 消息提示 ", MessageBoxButtons.OK, MessageBoxIcon.
            Error);
    }
}


/// <summary>
/// 窗口关闭时，断开连接
/// </summary>
/// <param name="sender"></param>
/// <param name="e"></param>
private void Form1_FormClosing(object sender, FormClosingEventArgs e)
{
    try
    {
        socket.Shutdown(SocketShutdown.Both);
        socket.Close();
        if (newsocket.Connected)
        {
            newsocket.Close();
            thread.Abort();
        }
    }
    catch { }
}
```

2. 客户端程序设计

1）界面设计

客户端界面设计如图 15-6 所示。

图 15-6　客户端界面设计

2）变量与对象

```
   private Socket socket;
   private Thread thread;
主要代码和事件
/// <summary>
   /// 发起连接请求
   /// </summary>
   /// <param name="sender"></param>
   /// <param name="e"></param>
   private void btn_open_Click(object sender, EventArgs e)
   {
     IPAddress ip = IPAddress.Parse(txt_ip.Text);
     IPEndPoint server = new IPEndPoint(ip, Convert.ToInt32(txt_port.Text));
     socket = new Socket(AddressFamily.InterNetwork, SocketType.Stream, ProtocolType.Tcp);
     try
     {
       socket.Connect(server);
     }
     catch
     {
      MessageBox.Show(" 服务器连接失败！ ", " 系统提示 ", MessageBoxButtons.OK, MessageBoxIcon.Error);
       return;
     }

     this.btn_open.Enabled = false;
     txt_state.Text += " 与服务器连接成功 \n";
     thread = new Thread(new ThreadStart(AcceptMessage));
     thread.Start();
   }


   /// <summary>
   /// 新开启一个线程，用于接收数据
   /// </summary>
   private void AcceptMessage()
   {
     while (true)
     {
       try
       {
         //NetworkStream netStream = new NetworkStream(socket);
         //byte[] datasize = new byte[4];
         //netStream.Read(datasize, 0, 4);
```

```
//int size = System.BitConverter.ToInt32(datasize, 0);
//byte[] message = new byte[size];
//int dataleft = size;
//int start = 0;
//while (dataleft > 0)
//{
//    int recv = netStream.Read(message, start, dataleft);
//    start += recv;
//    dataleft -= recv;
//}
byte[] message = new byte[1024];
int size = socket.Receive(message);
if (size == 0)
{
    break;
}

this.txt_receive.Text += System.Text.Encoding.Unicode.GetString(message);
}
catch(Exception ex)
{
    this.BeginInvoke(new Action(() =>
    {
        txt_state.Text += " 与服务器断开连接 \n";
    }));
    break;
}
}
}

/// <summary>
/// 发送数据
/// </summary>
/// <param name="sender"></param>
/// <param name="e"></param>
private void btn_send_Click(object sender, EventArgs e)
{
    string str = txt_send.Text;
    int i = str.Length;
    if (i == 0)
    {
        return;
    }
```

```
else
{
  i *= 2;
}
//byte[] datasize = new byte[4];
//datasize = System.BitConverter.GetBytes(i);
byte[] sendbytes = System.Text.Encoding.Unicode.GetBytes(str);
try
{
  //NetworkStream netStream = new NetworkStream(socket);
  //netStream.Write(datasize, 0, 4);
  //netStream.Write(sendbytes, 0, sendbytes.Length);
  //netStream.Flush();
  socket.Send(sendbytes, sendbytes.Length, SocketFlags.None);
  txt_send.Text = "";
}
catch
{
  MessageBox.Show(" 无法发送！！ ", " 系统提示 ", MessageBoxButtons.OK, MessageBoxIcon.Error);
}
}


/// <summary>
/// 关闭连接
/// </summary>
/// <param name="sender"></param>
/// <param name="e"></param>
private void btn_closeConn_Click(object sender, EventArgs e)
{
  try
  {
    socket.Shutdown(SocketShutdown.Both);
    socket.Close();
    txt_state.Text += " 与主机断开连接 \n";
    thread.Abort();
  }
  catch
  {
    MessageBox.Show(" 尚未与主机连接！！ ", " 系统提示 ", MessageBoxButtons.OK, MessageBoxIcon.Error);
  }

  btn_open.Enabled = true;
```

```
        }
```

15.4.4 异步套接字编程技术

异步套接字编程和同步套接字编程的不同点在于，异步套接字编程在监听的同时，能够进行其他操作。表 15-5 列出了异步套接字常用的方法及功能。

表 15-5　异步套接字常用的方法及功能

方　法	功　能
BeginAccept()，EndAccept()	服务器接收连接请求
BeginConnect()，EndConnect()	客户端连接到服务器
BeginReceive()，EndReceive()	接收数据
BeginReceiveFrom()，EndReceiveFrom()	从指定的主机上接收数据
BeginSend()，EndSend()	发送数据
BeginSendTo()，EndSendTo()	将数据发送到指定的主机上

下面通过几个实例来演示异步套接字编程。

【例 15-3】客户机发出连接请求

首先，客户端使用 BeginConnection() 方法发出连接请求给服务器，代码如下：

```
Socket socket= new Socket(AddressFamily.InterNetWork,SocketType.Stream,ProtocoType.Tcp);
IPEndPoint iep=new IPEndPoint(IPAddress.Parse("127.0.0.1"),8000);
socket.BeginConnect(iep,new AsyncCallback(ConnectionServer),socket);
```

然后，异步执行 ConnectServer，获得连接状态后，再调用 EndConnect 方法完成连接。

```
Private void ConnectServer(IAsyncResult ar)
    {
        clientSocket = (Socket) ar.AsyncState;
        clientSocket.EndConnect(ar);
        clientSocket.BeginReceive(data,0,dataSize,SocketFlags.None,new AsyncCallback(ReceiveData),clientSocket );
    }
```

【例 15-4】服务器接收连接请求。

在服务器端，调用 Listen() 方法之前的程序与同步套接字相同。程序执行到接收连接请求时，开始使用异步套接字方法 BeginAccpet()，代码如下：

```
private Socket serverSocket, newSocket;
IPHostEntry myHost = new IPHostEntry();
myHost=Dns.GetHostByName("NetHost");// 主机名称为 NetHost
IPAddress myIP=IPAddress.Parse(myHost.AddressList[0].ToString());// 选取第一个地址
IPEndPoint iep=new IPEndPoint(myIP,8000);
serverSocket=newSocket(AddressFamily.InterNetWork,SocketType.Stream,ProtocolType.Tcp );
serverSocket.Bind(iep);
```

```
serverSocket.Listen(5);// 监听队列为 5
// 开始异步接收连接请求
serverSocket.BeginAccept(new AsyncCallback(AcceptConnection),serverSocket);
```

【例 15-5】服务器发送和接收数据。

（1）一旦服务器接收到一个客户机连接请求，AsyncCallback 委托将自动调用 AcceptConnection() 方法。于是，可以在 AcceptConnection() 方法中获取返回信息，并调用 EndAccept 方法完成接收请求。

```
private void AcceptConnection(IAsyncResult ar)
{
    Socket myServer = (Socket)ar.AsyncState;
    // 异步接收传入的连接，并创建新的 Socket 来处理远程主机通信
    newSocket = myServer.EndAccept(ar);
    byte[] message = System.Text.Encoding.Unicode.GetBytes(" 客户你好 ");
    newSocket.BeginSend(message, 0, message.Length, SocketFlags.None,new AsyncCallback(SendData),newSocket);
}
```

（2）当套接字准备好发送的数据时，会自动调用 SendData() 方法完成数据发送，并返回成功发送的字节数。

```
private void SendData(IAsyncResult ar)
{
    Socket client = (Socket)ar.AsyncState;
    try
    {
        newSocket.EndSend(ar);
        client.BeginReceive(data, 0, dataSize, SocketFlags.None, new AsyncCallback(ReceiveData), client);
    }
    catch
    {
        client.Close();
        serverSocket.BeginAccept(new AsyncCallback(AcceptConnection),server Socket);
    }
}
```

（3）服务器发送成功后，立即调用 BeginReceive() 方法，开始异步接收客户端的数据。

```
private void ReceiveData(IAsyncResult ar)
{
    Socket client = (Socket)ar.AsyncState;
    try
    {
        // 结束读取，并获得读取的字节数
```

```
        int dataLength=client.EndReceive(ar);
        string str=System.Text.Encoding.Unicode.GetString(data,0,dataLength);
        byte[] message=System.Text.Encoding.Unicode.GetBytes(" 服务器收到信息："+str);
        newSocket.BeginSend(message,0,message.Length,SocketFlags.None,new AsyncCallback(SendData),newSocket);
    }
    catch
    {
        client.Close();
        serverSocket.BeginAccept(new AsyncCallback(AcceptConnection),serverSocket);
    }
}
```

15.4.5　TcpClient 和 TcpListener

TcpClient 和 TcpListener 类是构建于 Socket 之上的更加抽象的 TCP 服务，便于程序员快速编写网络程序。其中，TcpClient 类用于客户机，TcpListener 类用于服务器。表 15-6 和表 15-7 列出了 TcpClient 类常用的属性和方法及说明。

表 15-6　TcpClient 类常用的属性及说明

属　性	说　明
Available	获取已经从网络接收且可供读取的数据量
Client	获取或设置基础 System. Net.Sockets.Socket
Connected	获取一个值，该值指示 System.Net.Sockets.TcpClient 是否已连接到远程主机
ExclusiveAddressUse	获取或设置 System.Boolean 值，该值指定 System.Net.Sockets.TcoClient 是否只允许一个客户端使用端口
LingerState	有关套接字逗留时间的信息
NoDelay	获取或设置一个值，该值在发送或接收缓冲区未满时禁用延迟
ReceiveBufferSize	获取或设置接收缓冲区的大小
ReceiveTimeout	获取或设置在初始化一个读取操作后，System.Net.Sockets.TcpClient 等待接收数据的时间量
SendBufferSize	获取或设置发送缓冲区的大小
SendTimeout	获取或设置 System.Net.Sockets.TcpClient 等待发送操作成功完成的时间量

表 15-7　TcpClient 类常用的方法及说明

方　法	说　明
BeginConnect()	开始对服务器发出一个异步连接请求
Close()	释放此 TcpClient 实例，而不关闭基础连接
Connect()	使用指定的 IP 地址和端口号将客户端连接到远程 TCP 主机
EndConnect()	完成一个异步连接请求
GetStream()	返回用于发送和接收数据的 System.Net.Sockets.NetworkStream

表 15-8 和表 15-9 列出了 TcpListener 类常用的属性和方法及说明。

表 15-8 TcpListener 类的主要属性及说明

属 性	方 法
ExclusiveAddRessUse	获取或设置一个 bool 值，以指定当前 TcpListener 是否只允许一个基础套接字来监听特定端口
LocalEndpoint	获取当前 TcpListener 的基础 IPEndPoint 实例，此对象包含本地网络接口的 IP 地址和端口号信息
Server	获取基础网络 Socket

表 15-9 TcpListener 类的主要方法及说明

方 法	说 明
AcceptSocket()	接收挂起的连接请求，并返回一个 Socket 实例与客户进行通信
AcceptTcpClient()	接收挂起的连接请求，并返回一个 TcpClient 实例与用户进行通信
BeginAcceptSocket()	开始异步接收一个连接请求
BeginAcceptTcpClient()	开始异步接收一个连接请求
EndAcceptSocket()	完成接收传入的连接请求，并创建新的 Socket 来处理远程主机通信
endAcceptTcpClient()	完成接收传入的连接请求，并创建新的 TcpClient 来处理远程主机通信
Pending()	确定是否有挂起的连接请求
Start()	开始监听客户端的连接请求
Stop()	关闭监听器

TcpListener 和 TcpClient 主要用于 C/S 架构式软件的开发，是 C/S 架构式软件中客户端与服务器之间通信的重要部分。因此，读者需要对 TcpListener 和 TcpClient 多加练习，并争取熟练掌握它们在 C/S 架构式软件开发过程中的用法。

15.5 SMTP 与 POP3 应用编程

随着互联网的普及，电子邮件已经成为人们日常工作、生活中必不可少的通信工具。本章主要介绍如何利用 SMTP 与 POP3 协议实现邮件的发送和接收。

15.5.1 概述

提供 E-mail 收发的邮件服务器是各类网站的一个重要组成部分，尤其对一个独立的企业或者机构来说，建立属于自己的邮件服务器是十分必要的。

15.5.2 SMTP 协议

电子邮件的发送使用的是 SMTP（Simple Mail Transfer Protocol），意思是简单邮件传输协议，默认端口为 25。使用 SMTP 发送邮件时，有两种形式，一种是使用匿名的方式发送邮件，这种方式不需要使用客户端认证，这种方式也称为一般的 SMTP；另一种为 ESMTP（Extended SMTP），即需要客户端提供用户名和密码。两者的主要区别在于是否需要客户端提供用户名和密码，除此之外，其他完全一样。为了避免或者减少垃圾邮件，目前大部分 SMTP 邮件服务器采用的是 ESMTP，即需要客户端提供用户名和密码。

客户端发送电子邮件时，先通过客户端软件将邮件发送到 SMTP 邮件服务器上，然后由 SMTP 邮件服务器转发到目标服务器上。

在 SMTP 中，电子邮件由三部分组成，分别是信封、首部和正文。

1) 信封

信封包括发信人的邮件地址和接收人的邮件地址，用两条 SMTP 命令指明。详细介绍如表 15-10 所示。

表 15-10　信封命令介绍

命　令	描　述
MAIL FROM	发信人的地址
RCPT TO	收信人的地址

2) 首部

首部中的常用命令以及相关介绍如表 15-11 所示。

表 15-11　首部命令介绍

命　令	描　述
FROM	邮件发送者的姓名或邮件地址
TO	邮件接收者的姓名或邮件地址
SUBJECT	邮件标题
DATE	发送邮件的时间
REPLY-TO	邮件的回复地址
Content-Type	邮件类型，表示邮件包含哪些类型的文本或文件
X-Priority	优先级
MIME-Version	版本。它对传输内容的消息、附件及其他内容定义了格式

3) 正文

正文是邮件的内容。首部以一个空行结束，再下面就是正文部分。

4) 结束符号

邮件以 "." 结束。

15.5.3　发送邮件实现

从 SMTP 协议的介绍可以看出，发送和接收邮件的内部实现过程比较复杂，如果全部从底层开始编程，需要的代码比较多。因此，.Net 框架提供了相关的类库，以方便开发者简单快捷地搭建一个能够发送邮件的客户端。

1) NetworkCredential 类

该类位于 System.Net 命名空间下，其主要功能是提供客户端身份验证机制的凭据。其中包括标准 Internet 身份验证方法（基本、简要、协商、NTLM 和 Kerberos 身份验证）以及可以创建的自定义方法。在邮件发送中，我们需要使用这个类提供 SMTP 服务器需要的用户名和密码，用法如下：

```
NetworkCredential myCredentials = new NetworkCredential(FromURL,Password)
```

其中，FromURL 表示发件人的邮件地址，Password 表示密码。

2) System.Net.Mail 命名空间下的 MailAddress 类

该类位于 System.Net.Mail 命名空间，其主要功能是提供发件人和收件人的邮件地址，常用用法如下：

```
MailAddress from = new MailAddress(FromURL);
MailAddress to = new MailAddress(ToURL);
```

其中，FromURL 表示发件人的邮件地址，ToURL 表示收件人的邮件地址。

3) MailMessage 类

该类位于 System.Net.Mail 命名空间，其主要功能是提供邮件的信息，包括主题、内容、附件、信息类型等，常用用法如下：

```
MailMessage message = new MailMessage(from, to);
message.Subject = " 主题 ";
message.SubjectEncoding = System.Text.Encoding.UTF8;
message.Body = " 邮件内容 ";
message.BodyEncoding = System.Text.Encoding.UTF8;
```

4) Attachment 类

该类位于 System.Net.Mail 命名空间，主要功能是提供附件对象，常用形式如下：

```
Attachment attachFile = new Attachment(FileName);
message.Attachments.Add(attachFile);
```

其中，FileName 表示文件名称。

5) SmtpClient 类

该类位于 System.Net.Mail 命名空间，主要功能是发送邮件，常用形式如下：

```
SmtpClient client = new SmtpClient(" 邮件服务器地址 ");
client.Send(message);
```

【例 15-6】设计一个 Windows 应用程序，实现发送邮件的功能。要求利用正则表达式验证用户输入的信息，当输入信息符合要求时，才将邮件发送到指定的邮件服务器上。

(1) 创建一个名为 Ex_SendMail 的 Windows 应用程序，修改 Form1 为 FormSendMail。设计界面如图 15-7 所示。

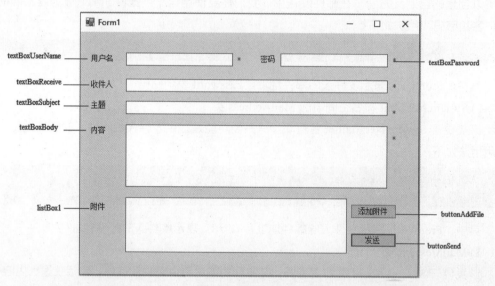

图 15-7　发送邮件界面

(2) 切换到代码方式，添加对应的命名空间引用、事件与方法，源代码如下：

```csharp
using System;
using System.Collections.Generic;
using System.ComponentModel;
using System.Data;
using System.Drawing;
using System.Text;
using System.Windows.Forms;
// 添加的命名空间引用
using System.Text.RegularExpressions;
using System.Net;
using System.Net.Mail;
namespace SendMailExample
{
    public partial class FormSendMail : Form
    {
        public FormSendMail()
        {
            InitializeComponent();
        }
        // 用户名（发件人地址）改变时触发
        private void textBoxUserName_TextChanged(object sender, EventArgs e)
        {
            // 要求满足电子邮件格式
            labelUserName.Visible = !Regex.IsMatch(textBoxUserName.Text,
                @"^\w+([-+.']\w+)*@\w+([-.]\w+)*\.\w+([-.]\w+)*$");
```

```
}
// 密码改变时触发
private void textBoxPassword_TextChanged(object sender, EventArgs e)
{
    // 要求满足 5 ~ 20 个英文字母或数字的组合
    labelPassword.Visible = !Regex.IsMatch(textBoxPassword.Text, @"^\w{5,20}$");
}
// 收件人地址改变时触发
private void textBoxReceive_TextChanged(object sender, EventArgs e)
{
    // 要求满足电子邮件格式
    labelReceive.Visible = !Regex.IsMatch(textBoxReceive.Text,
        @"^\w+([-+.']\w+)*@\w+([-.]\w+)*\.\w+([-.]\w+)*$");
}
// 主题改变时触发
private void textBoxSubject_TextChanged(object sender, EventArgs e)
{
    // 不能为空
    labelSubject.Visible = !Regex.IsMatch(textBoxSubject.Text, @"^.{1,}$");
}
// 发送内容改变时触发
private void textBoxBody_TextChanged(object sender, EventArgs e)
{
    // 不能为空
    labelBody.Visible = !Regex.IsMatch(textBoxBody.Text, @"^.{1,}$");
}
// 单击 " 发送 " 按钮触发的事件
private void buttonSend_Click(object sender, EventArgs e)
{
    string invalidString = "";
    if (labelUserName.Visible == true) invalidString += " 用户名、";
    if (labelPassword.Visible == true) invalidString += " 口令、";
    if (labelReceive.Visible == true) invalidString += " 收件人、";
    if (labelSubject.Visible == true) invalidString += " 主题、";
    if (labelBody.Visible == true) invalidString += " 邮件内容、";
    if (invalidString.Length > 0)
    {
        MessageBox.Show(invalidString.TrimEnd('、') +
            " 不能为空或者有不符合规定的内容 ");
    }
    else
    {
        // 发件人和收件人地址
```

```csharp
MailAddress from = new MailAddress(textBoxUserName.Text);
MailAddress to = new MailAddress(textBoxReceive.Text);
// 邮件主题、内容
MailMessage message = new MailMessage(from, to);
message.Subject = textBoxSubject.Text;
message.SubjectEncoding = System.Text.Encoding.UTF8;
message.Body = textBoxBody.Text;
message.BodyEncoding = System.Text.Encoding.UTF8;
// 添加附件
if (listBox1.Items.Count > 0)
{
    for (int i = 0; i < listBox1.Items.Count; i++)
    {
        Attachment attachFile = new Attachment(listBox1.Items[i].ToString());
        message.Attachments.Add(attachFile);
    }
}
try
{
    // 大部分邮件服务器均加 smtp. 前缀
    SmtpClient client = new SmtpClient("smtp." + from.Host);
    SendMail(client, from, textBoxPassword.Text, to, message);
    MessageBox.Show(" 发送成功 ");
}
catch (SmtpException err)
{
    // 如果错误原因是没有找到服务器，则尝试不加 smtp. 前缀的服务器
    if (err.StatusCode == SmtpStatusCode.GeneralFailure)
    {
        try
        {
            // 有些邮件服务器不加 smtp. 前缀
            SmtpClient client = new SmtpClient(from.Host);
            SendMail(client, from, textBoxPassword.Text, to, message);
            MessageBox.Show(" 发送成功 ");
        }
        catch (SmtpException err1)
        {
            MessageBox.Show(err1.Message, " 发送失败 ");
        }
    }
    else
    {
```

```
                    MessageBox.Show(err.Message, " 发送失败 ");
                }
            }
        }
    }
// 根据指定的参数发送邮件
private void SendMail( SmtpClient client, MailAddress from, string password,
    MailAddress to, MailMessage message)
{
    // 不使用默认凭证，注意此句必须放在 client.Credentials 的上面
    client.UseDefaultCredentials = false;
    // 指定用户名、密码
    client.Credentials = new NetworkCredential(from.Address, password);
    // 邮件通过网络发送到服务器
    client.DeliveryMethod = SmtpDeliveryMethod.Network;
    try
    {
        client.Send(message);
    }
    catch
    {
        throw;
    }
    finally
    {
        // 及时释放占用的资源
        message.Dispose();
    }
}
// 单击 " 添加附件 " 按钮触发的事件
private void buttonAddAttachment_Click(object sender, EventArgs e)
{
    OpenFileDialog myOpenFileDialog = new OpenFileDialog();
    myOpenFileDialog.CheckFileExists = true;
    // 只接收有效的文件名
    myOpenFileDialog.ValidateNames = true;
    // 允许一次选择多个文件作为附件
    myOpenFileDialog.Multiselect = true;
    myOpenFileDialog.ShowDialog();
    if (myOpenFileDialog.FileNames.Length > 0)
    {
        listBox1.Items.AddRange(myOpenFileDialog.FileNames);
    }
```

```
        }
    }
}
```

(3) 按 F5 键编译并执行，在"用户名"文本框中输入类似于 myname@126.com 形式的电子邮件地址，然后输入密码、收件人地址等信息。单击"发送"按钮后，程序首先根据发件人的电子邮件地址找到 SMTP 邮件服务器，并设置邮件服务器需要的验证信息，然后调用 SmtpClient 对象的 Send 方法，指定的邮件即可发送到邮件服务器中。

注意，该实例中没有对发送失败的具体原因进行分析处理，而只是简单地将错误信息显示出来，但是基本功能已经具备了。读者可以在此基础上进一步完善，做出符合实际需求的邮件发送客户端。

15.5.4 POP3 协议

与发送电子邮件不同，接收电子邮件主要是利用 POP（Post Office Protocol），现在常用的是第三版，简称为 POP3，默认端口为 110。通过 POP3 协议，客户机登录服务器后，可以对自己的邮件进行删除或下载，下载后，电子邮件客户端软件就可以在本地对邮件进行处理，随 Windows 操作系统一块安装的 Outlook Express 采用的就是这种工作方式。

POP3 邮件服务器的工作原理是通过监听 TCP 端口 110 提供 POP3 服务。客户端软件读取邮件之前，需要事先与服务器建立 TCP 连接。连接成功后，客户端会向 POP3 服务器发送命令，并等待服务器响应以及处理服务器响应的信息，然后继续发送下一个命令，如此往复多次，直至连接终止。

在 POP3 工作过程中有三种状态，分别为"授权""操作""更新"，每条状态对应指定的命令。在 POP3 协议中，规定的命令只有十几条。每条命令均由命令和参数两部分组成，而且每条命令都以回车换行结束。命令和参数之间由空格间隔。命令部分由三到四个字母组成，参数部分可达 40 个字符长度。

POP3 服务器回送的响应信息一般是由一个状态码和一个可能跟有附加信息的命令组成。状态码有两种："确定"（+OK）和"失败"（-ERR）。在客户端程序中可以根据服务器回送的状态码的第一个字符是"+"号还是"-"号来判断服务器是否正确响应客户端发送的命令。POP3 协议常用的命令如表 15-12 所示。

表 15-12 POP3 协议常用的命令

命　令	参　数	描　述
USER	Username	认证状态中的用户名
PASS	Password	认证状态的密码。该命令若成功，则状态转换为更新
APOP	Name、Digest	Digest 是 MD5 消息摘要
STAT	None	请求服务器发回关于邮箱的统计资料，如邮件总数和总字节数
UIDL	[Msg#]（邮件号，下同）	返回邮件的唯一标识符，POP3 会话的每个标识符都将是唯一的
LIST	[Msg#]	返回邮件的唯一标识符，POP3 会话的每个标识符都将是唯一的

续表

命 令	参 数	描 述
RETR	[Msg#]	返回由参数标识的邮件的全部文本
DELE	[Msg#]	服务器将由参数标识的邮件标记为删除,由 QUIT 命令执行
TOP	[Msg#]	服务器将返回由参数标识的邮件的邮件头 + 前 n 行内容,n 必须是正整数
NOOP	None	服务器返回一个肯定的响应,用于测试连接是否成功
QUIT	None	1) 如果服务器处于"处理"状态,那么将进入"更新"状态以删除任何标记为删除的邮件,并重返"认证"状态。 2) 如果服务器处于"认证"状态,则结束会话,退出连接

15.5.5 接收邮件实现

由上述介绍可以看出,POP3 协议中的命令并不是很多,具体传送数据的过程仍采用 TCP 协议。下面将通过一个实例来讲解邮件的接受处理过程,重点是如何利用同步 TCP 发送和接受数据。(使用 QQ 邮箱实现)

【例 15-7】利用 POP3 协议和同步 TCP 编写一个简单的邮件接收客户端程序。

(1)新建一个名为 Ex_ReceiveMail 的 Windows 应用程序项目,修改 Form1 为 Form_Receive。窗体设计如图 15-8 所示(注:在此程序中,使用的用户名是 QQ 邮箱,密码是授权码)。

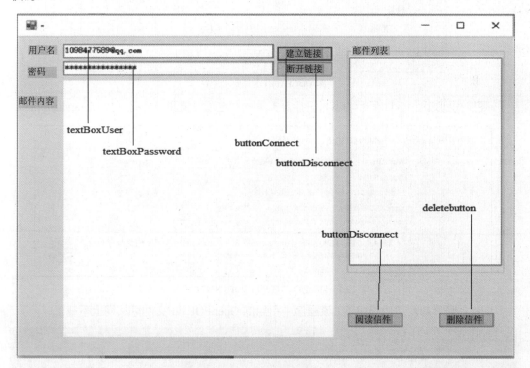

图 15-8 接收邮件界面设计

(2)密码是从 QQ 邮箱中获取的,不是 QQ 登录密码,步骤如图 15-9 所示。

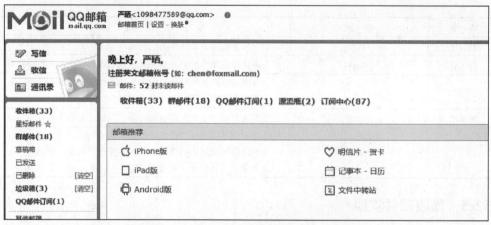

图 15-9　登录 QQ 邮箱

单击邮箱设置，并打开"账户"选项卡，如图 15-10 所示。

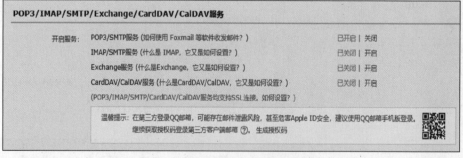

图 15-10　QQ 邮箱账户设置

下拉找到如图 15-11 所示内容，开启服务第一个选项设置登录密码，如 rfzidgvhziraffaa。

图 15-11　QQ 邮箱开启 POP3/SMTP 服务

（3）编写功能源代码如下（该程序中引用的 OpenPOP.dll 文件可从网上下载）：

```
using System;
using System.Collections;
using System.Collections.Generic;
using System.IO;
using System.Text;
```

```
using System.Windows.Forms;
// 添加的命名空间引用
using System.Threading;
using System.Net.Sockets;
using OpenPOP.POP3;
using System.Security.Cryptography.X509Certificates;
using System.Net.Security;
using System.Text.RegularExpressions;

namespace Ex_ReceiveMail
{
    public partial class Form_Receive : Form
    {
        private TcpClient tcpClient;
        private StreamReader sr;
        private StreamWriter sw;
        private int _receiveTimeOut = 60000;
        private int _receiveBufferSize = 4090;
        private int _sendBufferSize = 4090;
        private string _lastCommandResponse;
        private const string RESPONSE_OK = "+OK";
        private POPClient popClient = new POPClient();
        public Form_Receive()
        {
            InitializeComponent();
        }
        // 声明一个 List 集合，存储邮件
        List<OpenPOP.MIMEParser.Message> messagelist = new List<OpenPOP.MIMEParser.Message>();
        int count;
        private void ThreadConnect()
        {
            try
            {
                int index = textBoxUser.Text.IndexOf('@');
                // 大部分 POP3 服务器都加前缀 POP3.，这里仅获取这种服务器
                //// 本实例是以 QQ 邮箱做测试，服务器的前缀名为 pop.，
                string pop3Server = "pop." + textBoxUser.Text.Substring(index + 1);
                // 建立与 POP3 服务器的连接，使用默认端口 110
                tcpClient = new TcpClient();
                tcpClient.ReceiveTimeout = _receiveTimeOut;
                tcpClient.ReceiveBufferSize = _receiveBufferSize;
                tcpClient.SendBufferSize = _sendBufferSize;
```

```csharp
try
{
    // 本实例是以 QQ 邮箱做测试，端口号为 995
    tcpClient.Connect(pop3Server, 995);
}
catch (SocketException ex)
{
    throw ex;
}
SslStream stream = new SslStream(tcpClient.GetStream(), false, delegate (object senders, X509Certificate
    cert, X509Chain chain, SslPolicyErrors errors) { return true; });
stream.AuthenticateAsClient(pop3Server);
// 读对象
sr = new StreamReader(stream, Encoding.Default, true);
// 写对象
sw = new StreamWriter(stream);

sw.AutoFlush = true;
WaitForResponse(ref sr, 100);
string strResponse = sr.ReadLine();
// 给 popClient.reader 和 popClient.writer 赋值，是为了在 popClient 内对用户名和密码进行验证
popClient.reader = sr;
popClient.writer = sw;
MessageBox.Show(" 链接成功 ");
// 此句是验证用户名和密码
popClient.Authenticate(textBoxUser.Text.Trim(), textBoxPassword.Text.Trim());
// 在加载数据时，按钮控件设置为不可用
SetButtonEnable(false, buttonConnect);
SetButtonEnable(false, buttonDisconnect);
SetButtonEnable(false, buttonRead);
SetButtonEnable(false, buttonDelete);
// 得到邮件的总个数
count = GetMessageCount();
MessageBox.Show(" 邮件总数为 " + count.ToString());
// 设置进度条的可见性
SetprogressBar1Visable(true);
for (int i = 1; i <= count; i++)
{
    OpenPOP.MIMEParser.Message ms = null;
    // 这里调用的是 OpenPoP 里面的一个方法，取一个邮件
    ms = popClient.GetMessage(i, false);
    // 设置进度条的进度
```

```
            SetProgressBar1Value(100 / count * i);
            messagelist.Add(ms);
            // 给邮件列表框添加每个邮件的主题
            ListBoxAddItem(ms.Subject);
        }
        SetprogressBar1Visable(false);
        SetButtonEnable(true, buttonConnect);
        SetButtonEnable(true, buttonDisconnect);
        SetButtonEnable(true, buttonRead);
        SetButtonEnable(true, buttonDelete);
    }
    catch (Exception ex)
    {
        MessageBox.Show(" 请检查用户名和密码 ");
        return;
    }
}
private void buttonConnect_Click(object sender, EventArgs e)
{
    // 要求满足电子邮件格式
    if (!Regex.IsMatch(textBoxUser.Text, @"^\w+([-+.’]\w+)*@\w+([-.]\w+)*\.\w+([-.]\w+)*$"))
    {
        MessageBox.Show(" 电子邮件格式错误 ");
        return;
    }
    if (!Regex.IsMatch(textBoxPassword.Text, @"^\w{5,20}$"))
    {
        MessageBox.Show(" 电子邮件密码错误 ");
        return;
    }
    Thread thread = new Thread(new ThreadStart(ThreadConnect));
    thread.IsBackground = true;
    thread.Start();
}

private delegate void DelListBoxAddItem(string sub);
/// <summary>
/// 给邮件列表框添加每个邮件的主题
/// </summary>
/// <param name="sub"></param>
private void ListBoxAddItem(string sub)
{
```

```
        if (listBoxOperation.InvokeRequired)
        {
            this.Invoke(new DelListBoxAddItem(ListBoxAddItem), sub);
        }
        else
        {
            listBoxOperation.Items.Add(sub);
        }
    }
    private delegate void DelSetProgressBar1Visable(bool b);
    /// <summary>
    /// 设置进度条的可见性
    /// </summary>
    /// <param name="b"></param>
    private void SetprogressBar1Visable(bool b)
    {
        if (progressBar1.InvokeRequired)
        {
            this.Invoke(new DelSetProgressBar1Visable(SetprogressBar1Visable), b);
        }
        else
        {
            progressBar1.Visible = b;
        }
    }
    private delegate void DelSetProgressBar1Value(int value);
    /// <summary>
    /// 设置进度条的值
    /// </summary>
    /// <param name="value"></param>
    private void SetProgressBar1Value(int value)
    {
        if (progressBar1.InvokeRequired)
        {
            this.Invoke(new DelSetProgressBar1Value(SetProgressBar1Value), value);
        }
        else
        {
            progressBar1.Value = value;
        }
    }
    private delegate void DelSetButtonEnable(bool b, Button bt);
```

```csharp
/// <summary>
/// 设置 button 按钮的可用性
/// </summary>
/// <param name="b"></param>
/// <param name="bt"></param>
private void SetButtonEnable(bool b, Button bt)
{
    if (bt.InvokeRequired)
    {
        this.Invoke(new DelSetButtonEnable(SetButtonEnable), b, bt);
    }
    else
    {
        bt.Enabled = b;
    }
}
/// <summary>
/// 等待响应
/// </summary>
/// <param name="rdReader"></param>
/// <param name="intInterval"></param>
private void WaitForResponse(ref StreamReader rdReader, int intInterval)
{
    if (intInterval == 0)
        intInterval = 100;
    //while(rdReader.Peek()==-1 || !rdReader.BaseStream.CanRead)
    while (!rdReader.BaseStream.CanRead)
    {
        Thread.Sleep(intInterval);
    }
}
/// <summary>
/// 获取总的邮件个数
/// </summary>
/// <returns></returns>
public int GetMessageCount()
{
    return SendCommandIntResponse("STAT");
}
private int SendCommandIntResponse(string strCommand)
{
    int retVal = 0;
```

```
            if (SendDataToServer(strCommand))
            {
                try
                {
                    retVal = int.Parse(_lastCommandResponse.Split(' ')[1]);
                }
                catch (Exception e)
                {
                    throw e;
                }
            }
            return retVal;
        }
        /// <summary>
        /// 向服务器发送命令
        /// </summary>
        /// <param name="strCommand"></param>
        /// <returns></returns>
        private bool SendDataToServer(string strCommand)
        {
            return SendDataToServer(strCommand, false);
        }
        /// <summary>
        /// 向服务器发送命令
        /// </summary>
        /// <param name="strCommand"></param>
        /// <param name="blnSilent"></param>
        /// <returns></returns>
        private bool SendDataToServer(string strCommand, bool blnSilent)
        {
            _lastCommandResponse = "";
            try
            {
                if (sw.BaseStream.CanWrite)
                {
                    sw.WriteLine(strCommand);
                    sw.Flush();
                    WaitForResponse(ref sr);
                    _lastCommandResponse = sr.ReadLine();
                    return IsOkResponse(_lastCommandResponse);
                }
                else
```

```
            return false;
        }
        catch (Exception e)
        {
            if (!blnSilent)
            {
            }
            return false;
        }
    }
    /// <summary>
    /// 等待响应数据
    /// </summary>
    /// <param name="rdReader"></param>
    private void WaitForResponse(ref StreamReader rdReader)
    {
        DateTime dtStart = DateTime.Now;
        TimeSpan tsSpan;
        while (!rdReader.BaseStream.CanRead)
        {
            tsSpan = DateTime.Now.Subtract(dtStart);
            if (tsSpan.Milliseconds > _receiveTimeOut)
                break;
            Thread.Sleep(200);
        }
    }
    /// <summary>
    /// 判断相应数据是否正确
    /// </summary>
    /// <param name="strResponse"></param>
    /// <returns></returns>
    private bool IsOkResponse(string strResponse)
    {
        return (strResponse.Substring(0, 3) == RESPONSE_OK);
    }

    // 刷新邮箱内容
    public void Panel1Update(string str)
    {
        panel1.Controls.Clear();
        WebBrowser txtBox = new WebBrowser();
        txtBox.DocumentText = str;
```

```
    panel1.Controls.Add(txtBox);
    txtBox.Dock = DockStyle.Fill;
}
// 显示邮件详细内容
// 双击邮件列表选项显示邮件详细内容
private void listBoxOperation_MouseDoubleClick(object sender, MouseEventArgs e)
{
    if (listBoxOperation.SelectedIndex < 0 || listBoxOperation.SelectedIndex >= listBoxOperation.Items.Count)
        return;
    string str = (string)messagelist[this.listBoxOperation.SelectedIndex].MessageBody[0];
    Panel1Update(str);

}
// 使用阅读信件按钮显示邮件详细内容
private void buttonRead_Click(object sender, EventArgs e)
{
    if (listBoxOperation.SelectedIndex < 0 || listBoxOperation.SelectedIndex >= listBoxOperation.Items.Count)
        return;
    string str = (string)messagelist[this.listBoxOperation.SelectedIndex].MessageBody[0];
    Panel1Update(str);
}
/// <summary>
/// 断开连接
/// </summary>
/// <param name="sender"></param>
/// <param name="e"></param>
private void buttonDisconnect_Click_1(object sender, EventArgs e)
{
    if (tcpClient == null)
        return;
    SendDataToServer("QUIT", true);
    sr.Close();
    sw.Close();
    tcpClient.Close();
    MessageBox.Show(" 连接已断开 ");
}
/// <summary>
/// 删除邮件
/// </summary>
/// <param name="sender"></param>
```

```
/// <param name="e"></param>
private void buttonDelete_Click(object sender, EventArgs e)
{
    bool bl = DeleMail(this.listBoxOperation.SelectedIndex);
    if (bl)
    {
        listBoxOperation.Items.RemoveAt(this.listBoxOperation.SelectedIndex);
        MessageBox.Show(" 删除成功 ");
    }
}
/// <summary>
/// 根据索引删除邮件
/// </summary>
/// <param name="index"></param>
/// <returns></returns>
public bool DeleMail(int index)
{
    //DELE 和 QUIT 这两一个命令一起使用才能达到删除的目的
    if (SendDataToServer("DELE " + index.ToString()))
        if (SendDataToServer("QUIT"))
            return true;
    return false;
}
}
}
```

（4）按 F5 键进行编译和运行。在文本框中输入电子邮件地址（example@qq.com），然后输入用户名和密码，单机建立连接，观察邮件接收情况。

注意：该实例是根据电子邮件地址自动寻找 POP3 服务器的，但是由于并非所有的 POP3 邮件服务器对应的域名均在前面带有前缀 POP3，因此对于某些随便起名字的服务器可能会出现找不到服务器的情况。

 强化练习

本章介绍了网络编程技术，先从端口与串口讲起，再讲解串口通信和 TCP/IP 通信，最后讲解邮件协议。请完成以下练习，对本章所讲内容进行巩固。

练习 1：

常见的扫描技术有哪些，简述其原理。

练习 2：

用哪个类可以做串口通信？

练习 3：

简述基于 TCP 的服务器端和客户端程序的工作流程。

练习 4：

简述异步套接字编程的过程。

练习 5：

简述使用 SMTP 发送电子邮件的过程。

练习 6：

设计一套系统，采用 TCP/IP 通信协议，分别用同步和异步的方式实现客户端和服务器端之间的数据通信。

参 考 文 献

[1] 谭浩强 . C 程序设计 [M]. 4 版 . 北京：清华大学出版社，2010.

[2] 张基温 . 新概念 C 语言程序设计教程 [M]. 南京：南京大学出版社，2007.

[3] 何钦铭，颜晖，C 语言程序设计 [M]. 3 版 . 北京：高等教育出版社，2015.

[4] 顾元刚，等 . C 语言程序设计教程 [M]. 北京：机械工业出版社，2004.

[5] 周必水，沃钧军，边华 . C 语言程序设计 [M]. 北京：科学出版社，2004.

[6] Brian W. Kernigham, Dennis M. Ritchie. The C Programming Language [M]. 2 版 .
北京：机械工业出版社，2004.

[7] 黄迪明 . C 语言程序设计 [M]. 北京：电子工业出版社，2005.

[8] 朱承学 . C 语言程序设计教程 [M]. 北京：中国水利水电出版社， 2006.

[9] Richard Johnsonbaugh, Marin Kalin. ANSI C 应用程序设计 [M]. 杨季文，吕强，译 .
北京：清华大学出版社，2006.

[10] Ivor Horon . C 语言入门经典 [M]. 4 版 . 杨浩，译 . 北京：清华大学出版社，2013.